獣医微生物学実験マニュアル

Laboratory Manual for Veterinary Microbiology

監修 **原澤　亮** 岩手大学農学部 教授
　　 本多英一 東京農工大学農学部 教授

チクサン出版社

＊（註）ゾーノシス（zoonosis）は動物を意味するゾーン（zoon）から派生した言葉で，ヒトと動物の間を伝播しうる病原体による感染症を指し，人獣共通感染症と訳されることもある。ズーノーシスとするのはcommon mistakeで，動物園（ズー）の病気と誤解されるおそれがある。

序

　本書は，獣医学を学ぶ学生や現場で働く獣医師たちを対象に，獣医微生物学領域において必要とされる実験手技を図版を用いて平易にまとめたものである。

　21世紀は感染症の時代とも言われており，新たな感染症の出現やすでに制圧されたと考えられていた感染症の再来に遭遇している。獣医学領域における家畜伝染病のみならず，動物からヒトへ伝播するゾーノシス*(zoonosis)の診断，予防についても獣医師は大きな責任を負う時代を迎えている。このような状況にあって，動物感染症の病原体を取り扱うための基本的な手技をまとめた手引書がこれまでわが国にはなく，不便を感じる教員や実験者は少なくなかった。獣医微生物学に関わる教科書や参考書は複数出版されているが，知識としては解っていることでも，技術として理解されていない事情が根底にあるようで，獣医学課程の学生や現場で働く獣医師に役立つ実用的な実験書がかねてから求められていた。

　本書は，獣医系大学のシラバスならびに実習内容を集約して編纂されたもので，わが国の獣医学課程で必修とされている「獣医微生物学実習」に活用できる実験書(マニュアル)としての役目を果たせるものと考える。もとより，乏しい実習時間において，本書に収載された内容をことごとく履修することは不可能であろうから，各大学の実情に応じて取捨選択せざるを得ないであろう。図版の採用は本書の最大の特色であり，履修できない実習課題についても，本書の図版をとおしての仮想体験により，理解を深められるように構成されている。執筆には，国内において獣医微生物学の実習を担当されている先生方にご協力をいただいた。また，監修にあたっては，誤謬のないよう注意を払ったつもりであるが，不適切な箇所については，読者諸賢のご指摘をお願いし，他日の改訂を期したい。

　本書の刊行にあたり，多大のご尽力をいただいた緑書房編集部には心から御礼申し上げる。

2009年7月30日

監修者

執 筆 者 (執筆順)

第1章	加藤 健太郎	東京大学	大学院農学生命科学研究科
第2章	加藤 健太郎	東京大学	大学院農学生命科学研究科
第3章	牧野 壮一	帯広畜産大学	大動物特殊疾病研究センター
	楠本 晃子	帯広畜産大学	大動物特殊疾病研究センター
第4章	鎌田 寛	日本大学	生物資源科学部獣医学科
第5章	田島 朋子	大阪府立大学	大学院生命環境科学研究科
第6章	佐藤 久聡	北里大学	獣医学部獣医学科
第7章	後藤 義孝	宮崎大学	農学部獣医学科
第8章	木内 明男	麻布大学	獣医学部獣医学科
第9章	谷口 隆秀	東京農工大学	農学部獣医学科
第10章	原澤 亮	岩手大学	農学部獣医学課程
第11章	迫田 義博	北海道大学	大学院獣医学研究科
第12章	片岡 康	日本獣医生命科学大学	獣医学部獣医学科
第13章	木内 明男	麻布大学	獣医学部獣医学科
第14章	高瀬 公三	鹿児島大学	農学部獣医学科
第15章	迫田 義博	北海道大学	大学院獣医学研究科
第16章	田島 朋子	大阪府立大学	大学院生命環境科学研究科
第17章	田原口 智士	麻布大学	獣医学部獣医学科
	原 元宣	麻布大学	獣医学部獣医学科
第18章	田邊 太志	北里大学	獣医学部獣医学科
第19章	遠矢 幸伸	日本大学	生物資源科学部獣医学科
第20章	芳賀 猛	宮崎大学	農学部獣医学科
第21章	白井 淳資	東京農工大学	農学部獣医学科
第22章	田邊 太志	北里大学	獣医学部獣医学科
第23章	川本 恵子	帯広畜産大学	大動物特殊疾病研究センター
第24章	白井 淳資	東京農工大学	農学部獣医学科
第25章	芳賀 猛	宮崎大学	農学部獣医学科
第26章	萩原 克郎	酪農学園大学	獣医学部獣医学科
第27章	川本 恵子	帯広畜産大学	大動物特殊疾病研究センター

2009年7月現在

口絵 カラーで見る獣医微生物学実験

このページの図版は、本文中のモノクロ図版（カラーP参照 マーク付）を、カラー版にして掲載したものです。

第3章　固形培地とコロニー観察

図12　血液寒天培地　本文32P

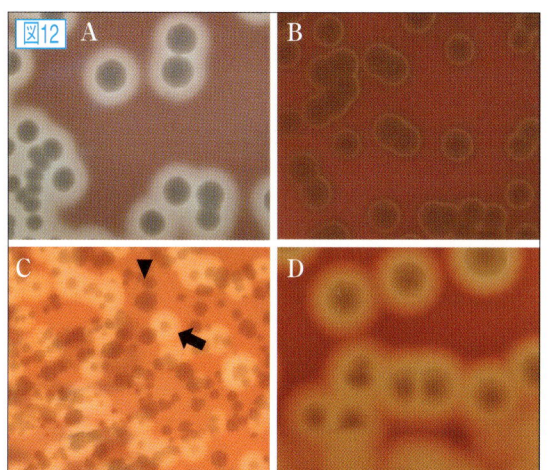

A. β溶血性のコロニー
B. α溶血性のコロニー
C. β溶血（矢印）と非溶血（矢頭）のコロニーの違い
D. *Clostridium perfringens*の溶血環

コロニー周囲の強い溶血環はθ毒素によるβ溶血である。また、β溶血環のさらに外周に見える弱い溶血環がα毒素によるα溶血である（倉園原図）。

図13　血液寒天培地　本文32P

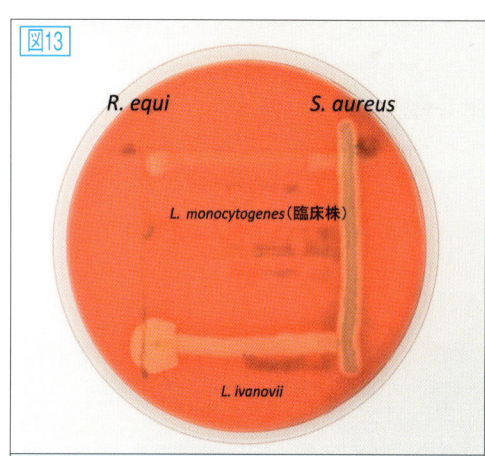

一般的に*L. monocytogenes*は*S. aureus*で溶血が増強されるが、*R. equi*では相乗効果は認められないとされている。しかし、菌株によっては図のように*S. aureus*と*R. equi*の両者で増強反応が見られることがあるので鑑別時には要注意である。観察される溶血帯は、タマネギのような丸みを帯びた形である。
一方、*L. ivanovii*の溶血性は*S. aureus*では増強されず、*R. equi*で増強され、ショベル型の溶血帯が観察される。

図19　マッコンキー寒天培地　本文35P

 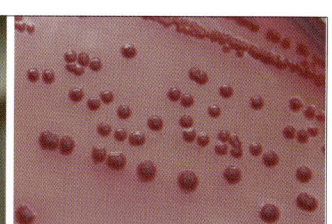

乳糖分解菌である大腸菌のコロニーは濃いピンク色を示し、周辺部には紅赤色の沈殿が認められる。

第5章　染色と顕微鏡観察

図5　グラム染色　本文59P

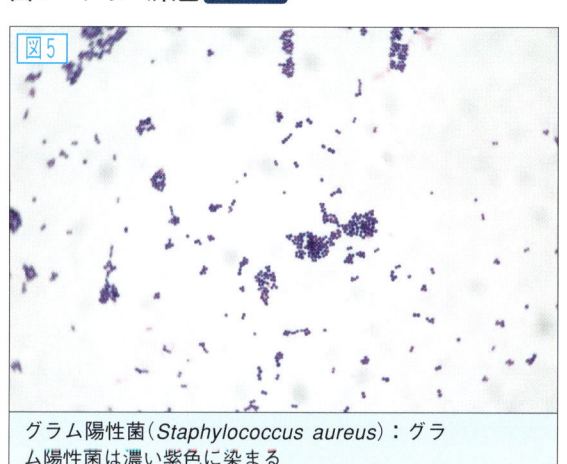

グラム陽性菌（*Staphylococcus aureus*）：グラム陽性菌は濃い紫色に染まる

図6　グラム染色　本文59P

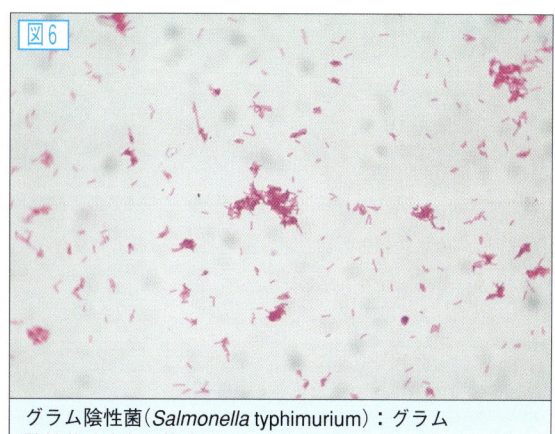

グラム陰性菌（*Salmonella* typhimurium）：グラム陰性菌は赤色に染まる

図8　芽胞染色 本文60P

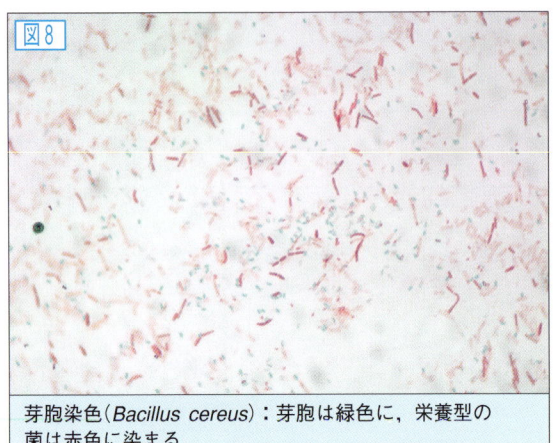

芽胞染色（*Bacillus cereus*）：芽胞は緑色に，栄養型の菌は赤色に染まる

図10　抗酸菌染色 本文62P

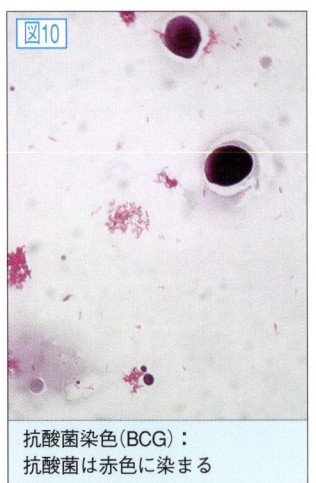

抗酸菌染色（BCG）：抗酸菌は赤色に染まる

図11　抗酸菌染色 本文62P

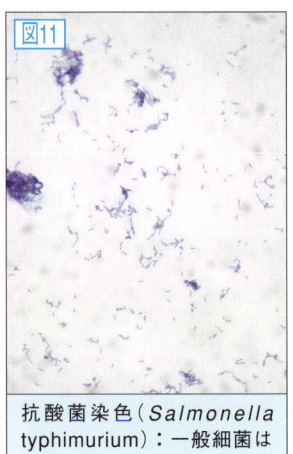

抗酸菌染色（*Salmonella typhimurium*）：一般細菌は青色に染まる

第6章　通性嫌気性菌の培養

図9　グラム陽性球菌の同定 本文67P

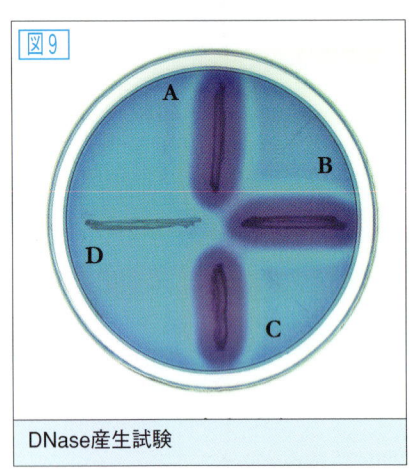

DNase産生試験

図12　グラム陽性球菌の同定 本文67P

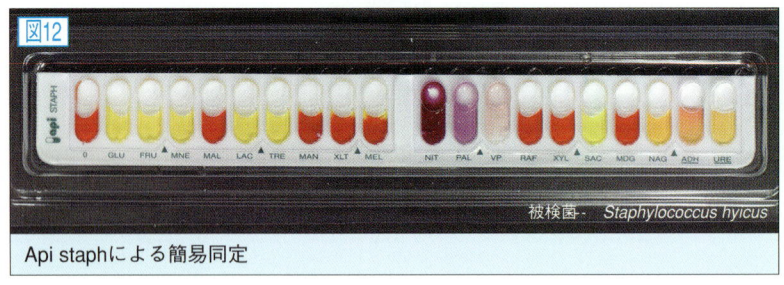

被検菌 - *Staphylococcus hyicus*

Api staphによる簡易同定

図16　*Streptococcus*属菌の同定 本文69P

Arabinoseの分解

図17　*Streptococcus*属菌の同定 本文69P

Riboseの分解

図18　*Streptococcus*属菌の同定 本文69P

Sorbitolの分解

図19　Streptococcus属菌の同定 本文69P

Trehaloseの分解

図20　簡易同定キット 本文69P

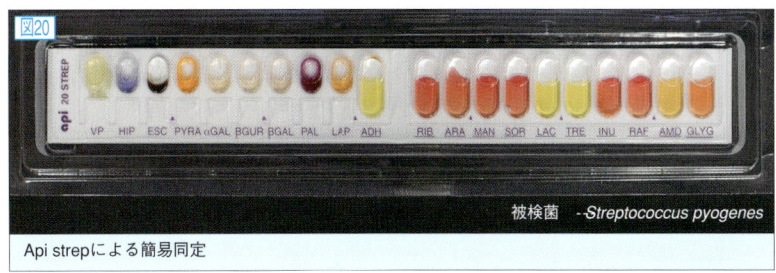

Api strepによる簡易同定

図21　グラム陰性桿菌の分離培養 本文70P

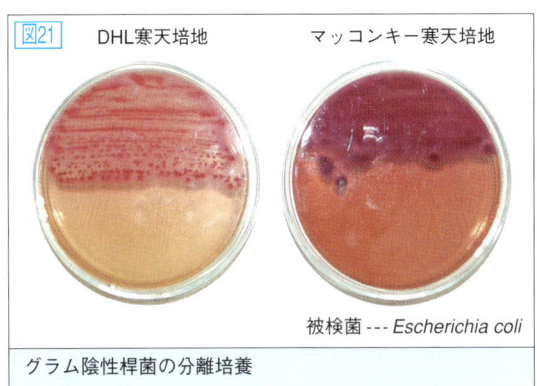

グラム陰性桿菌の分離培養

図22　グラム陰性桿菌の分離培養 本文70P

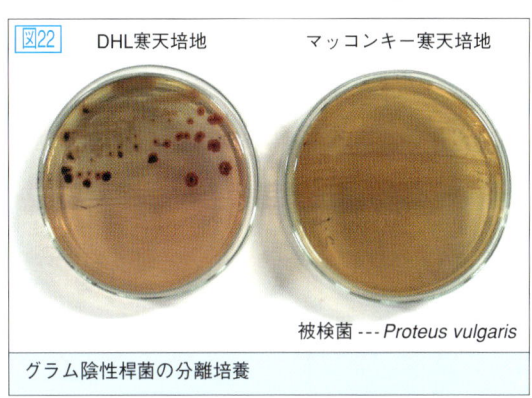

グラム陰性桿菌の分離培養

図23　グラム陰性桿菌の分離培養 本文70P

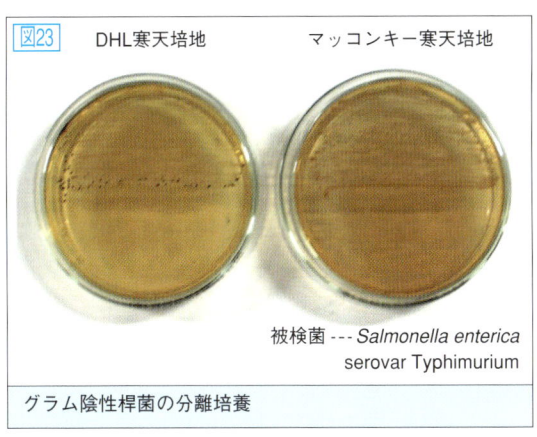

グラム陰性桿菌の分離培養

図24　グラム陰性桿菌の同定 本文70P

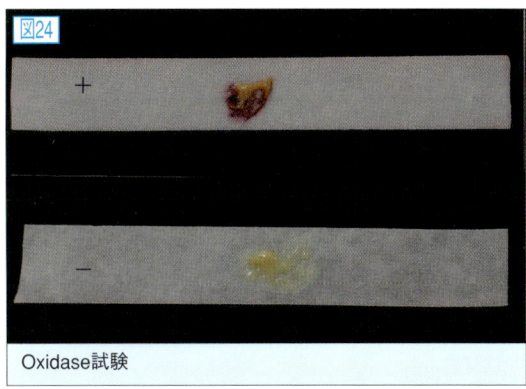

Oxidase試験

図25　腸内細菌科の菌の同定 本文71P

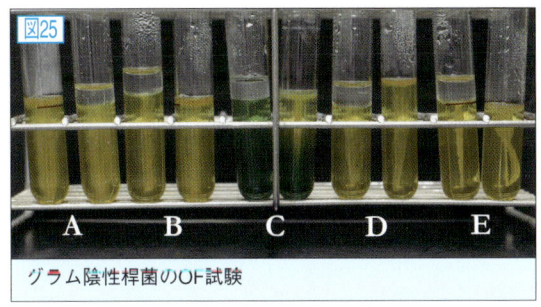

グラム陰性桿菌のOF試験

図26　腸内細菌科の菌の同定 本文71P

SIM培地での発育

図27 腸内細菌科の菌の同定 本文71P

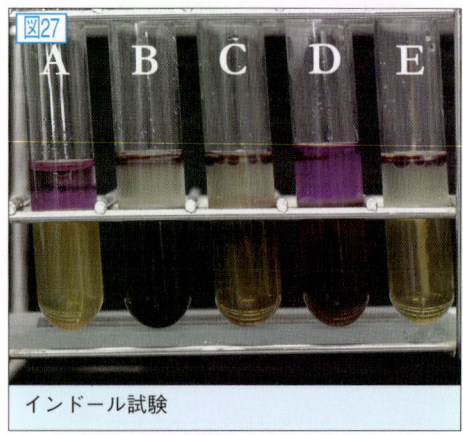

インドール試験

図28 腸内細菌科の菌の同定 本文72P

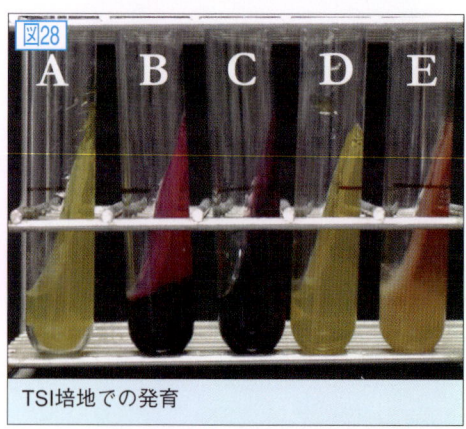

TSI培地での発育

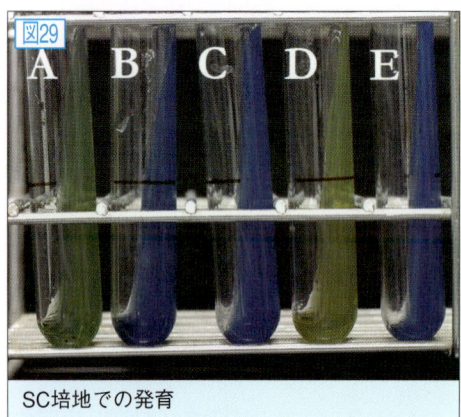

図29 腸内細菌科の菌の同定 本文72P

SC培地での発育

図30 腸内細菌科の菌の同定 本文72P

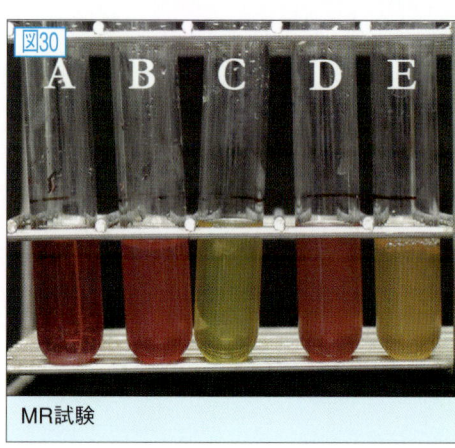

MR試験

図31 腸内細菌科の菌の同定 本文72P

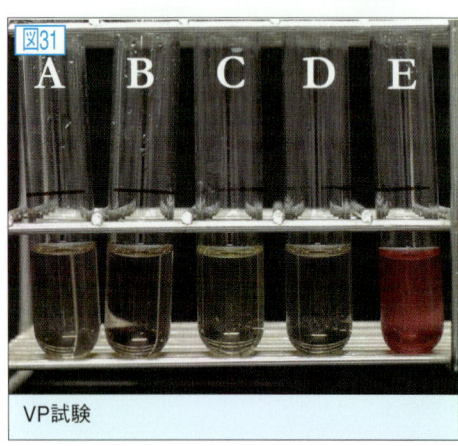

VP試験

図32 腸内細菌科の菌の同定 本文73P

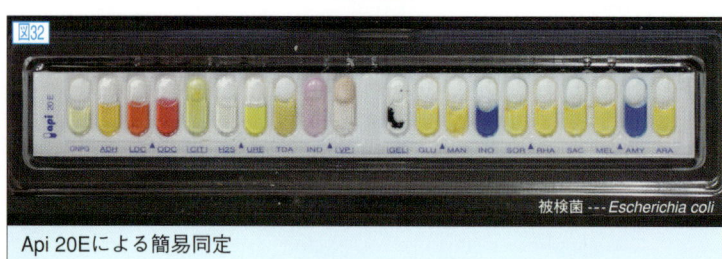

Api 20Eによる簡易同定　被検菌 --- *Escherichia coli*

図33 腸内細菌科以外の菌の同定 本文73P

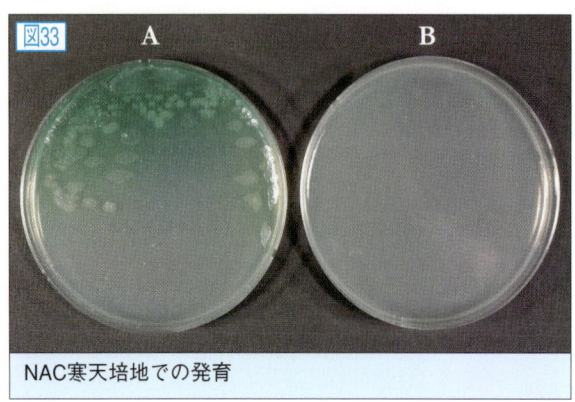

NAC寒天培地での発育

図35 腸内細菌科以外の菌の同定 本文73P

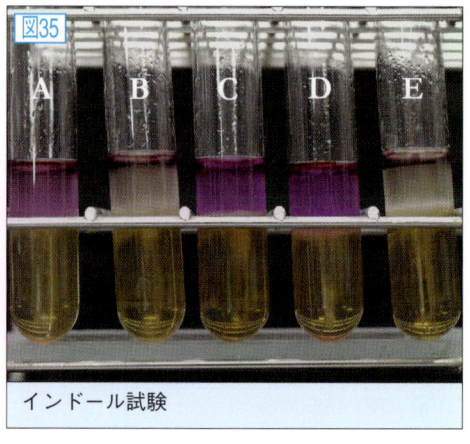

インドール試験

第7章　嫌気培養法

図7　酸化還元指示薬 本文79P

培養開始時の嫌気指示薬（ブルー）と嫌気培養24時間後の同指示薬（ピンク）

第8章　真菌の培養

図1　分離培養法 本文81P

*Microsporum canis*のDTM培地での色調の変化

図6　巨大集落検査法 本文83P

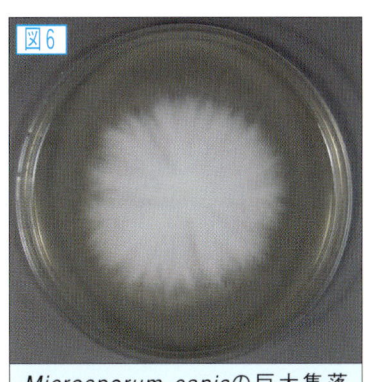

*Microsporum canis*の巨大集落（SDA培地）

図7　巨大集落検査法 本文83P

*Microsporum gypseum*の巨大集落（SDA培地）

図8　巨大集落検査法 本文83P

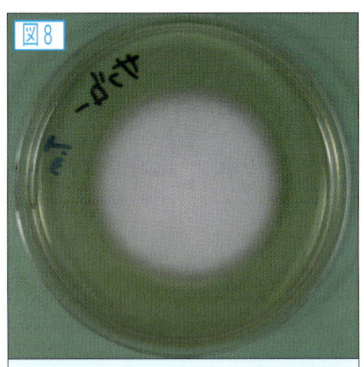

*Tricophyton mentagrophytes*の巨大集落（SDA培地）

第16章　鶏卵接種

図10　スライド赤血球凝集反応 本文137P

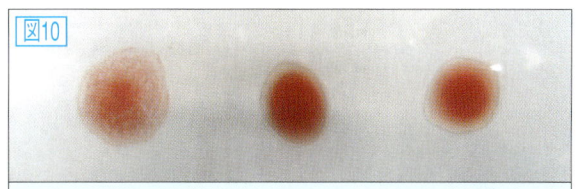

スライド赤血球凝集反応
左からニューカッスル病ウイルス接種卵の漿尿液，未接種卵の漿尿液，ニューカッスル病ウイルスに対する抗血清と混合したもの

第23章　免疫酵素抗体法

図11　ELISAの発色例 本文181P

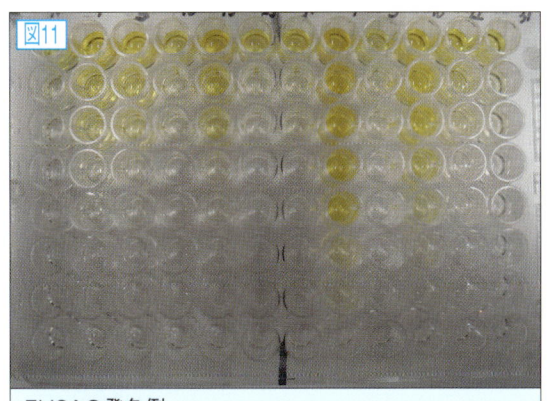

ELISAの発色例

図9　ELISAの発色例 本文180P

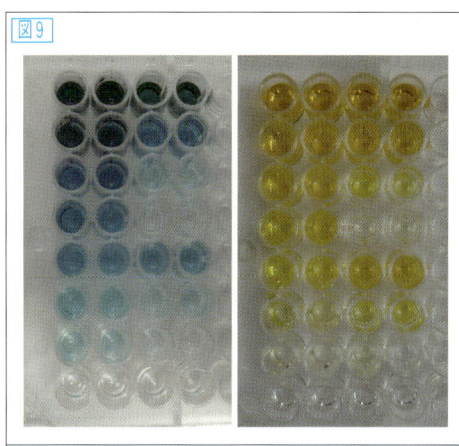

ELISAの発色例
左：TMBを基質として用いた場合，青色に発色する。この状態で吸光度を測定する場合は450 nmで測定する。
右：1N H₂SO₄で発色反応を停止させた場合。反応液は青色から黄色へと変化する。吸光度測定は405 nmで行う。

獣医微生物学 実験マニュアル

目　次

序 ………………… 3
執筆者 ……………… 4
口絵 ………………… 5

第1章　無菌操作とバイオセーフティ ……… 16

　　本実験の目的　使用材料・機器
　　実験時，特に注意すべき事項 ……… 16
　実験概要 ……… 16
　実験の手順 ……… 17
　　［1］クリーンベンチ内での無菌操作 ……… 17

第2章　消毒と滅菌 ……… 22

　　本実験の目的　使用材料・機器
　　実験時，特に注意すべき事項 ……… 22
　実験概要 ……… 22
　　［1］消毒 ……… 23
　　［2］滅菌 ……… 23
　実験の手順 ……… 24
　　［1］高圧蒸気滅菌 ……… 24
　　［2］乾熱滅菌 ……… 25
　　［3］ろ過滅菌（ろ過除菌） ……… 26

第3章　固形培地とコロニー観察 ……… 28

　［A］血液寒天培地 ……… 28
　　本実験の目的　使用材料・機器
　　実験時，特に注意すべき事項 ……… 28
　実験概要 ……… 29
　実験の手順 ……… 29
　　［1］血液寒天培地の調整法 ……… 29

　　［2］試験菌の培養 ……… 31
　　［3］CAMP試験 ……… 31
　実験の結果 ……… 32
　［B］マッコンキー寒天培地 ……… 33
　　本実験の目的　使用材料・機器
　　実験時，特に注意すべき事項 ……… 33
　実験概要 ……… 33
　実験の手順 ……… 34
　　［1］マッコンキー寒天培地の調整法 ……… 34
　　［2］試験菌の培養 ……… 35
　実験の結果 ……… 35

第4章　液体培養と生菌数測定 …… 36

　　本実験の目的　使用材料・機器
　　実験時，特に注意すべき事項 ……… 36
　実験概要 ……… 37
　実験の手順 ……… 42
　［A］混釈法 ……… 42
　　［1］実験素材，機器の準備 ……… 42
　　［2］混釈法による菌数測定 ……… 44
　［B］平板塗抹法 ……… 47
　　［B］-1　平板塗抹法 ……… 47
　　［1］実験素材，機器の準備 ……… 47
　　［2］平板塗抹法による菌数測定 ……… 47
　　［B］-2　メンブレン・フィルター法 ……… 48
　　［1］実験素材，機器の準備 ……… 48
　　［2］メンブレン・フィルター法による
　　　　菌数測定 ……… 49

[C] 液体培地希釈法 50
　[1] 実験素材，機器の準備 50
　[2] 液体培地希釈法による菌数測定 50
[D] 最確数法(most probable number : MPN) 52
　[1] 実験素材，機器の準備 52
　[2] 最確数法による菌数測定 52
[E] 全菌数測定法 54
　[E]-1 細胞計算盤による全菌数計測 54
　[E]-2 濁度に基づく全菌数の推計 54

第5章　染色と顕微鏡観察 56

本実験の目的　使用材料・機器 56
実験概要 56
実験の手順 57
[A] グラム染色（Huckerの変法） 57
　[1] 染色液 57
　[2] 検体の準備 57
　[3] 染色 58
　[4] 結果 59
[B] 芽胞染色（Wirtzの法） 60
　[1] 染色液 60
　[2] 検体の準備 60
　[3] 染色 60
　[4] 結果 60
[C] 抗酸菌染色 61
　[1] 染色液 61
　[2] 検体の準備 61
　[3] 染色 61
　[4] 結果 62
[D] 顕微鏡観察法 62
　[1] 油浸レンズ 62
　[2] 観察方法 62

第6章　通性嫌気性菌の培養 64

本実験の目的　使用材料・機器 64
実験概要 64
実験の手順 65
　[1] 分離材料の調整 65
　[2] グラム陽性球菌の分離と同定 65
　[3] グラム陰性桿菌の分離と同定 70

第7章　嫌気培養法 74

本実験の目的　使用材料・機器
実験時，特に注意すべき事項 74
実験概要 74
実験の手順 76
嫌気培養法 76
　[1] スチールウール（ガス置換）法 76
　[2] ガスパック法 78
　[3] 酸素吸着剤（アネロパック）法 78
　[4] 高層培地を用いた培養法 79
　[5] パラフィン重層法 79

第8章　真菌の培養 80

本実験の目的 80
実験概要 80
実験の手順 80
[A] 分離培養法 80
　実験[A]の目的，使用材料・機器 80
　[A]の実験概要 81
　[1] 実験進行手順，実験の結果 81
[B] 直接鏡検法 81
　実験[B]の目的，使用材料・機器 81
　[B]の実験概要 81
　[1] 実験進行手順，実験の結果 81
[C] 巨大集落検査法 82
　実験[C]の目的，使用材料・機器 82
　[C]の実験概要 82

　　　　［1］実験進行手順，実験の結果 …… 82
　　［D］スライドグラス培養法 …… 84
　　　　実験［D］の目的，使用材料・機器 …… 84
　　　　［D］の実験概要 …… 84
　　　　［1］実験進行手順，実験の結果 …… 84
　　［E］発芽管試験
　　　　（ジャームチューブテスト） …… 87
　　　　実験［E］の目的，使用材料・機器 …… 87
　　　　［E］の実験概要 …… 87
　　　　［1］実験進行手順，実験の結果 …… 87
　　［F］糖類の同化能試験
　　　　（オキサノグラフ法） …… 88
　　　　実験［F］の目的　使用材料・機器 …… 88
　　　　［F］の実験概要 …… 88
　　　　［1］実験進行手順，実験の結果 …… 88

第9章　抗生物質感受性試験 …… 90
　　本実験の目的　使用材料・機器 …… 90
　　実験概要 …… 91
　　実験の手順 …… 92
　　　［1］実験素材，機器の準備 …… 92
　　　［2］ディスク拡散法による薬剤感受性試
　　　　　験の実施 …… 92
　　　［3］判定 …… 94
　　　［4］精度管理 …… 95

第10章　プラスミドの検出 …… 96
　　本実験の目的 …… 96
　　［A］プラスミドの抽出 …… 96
　　　使用材料・機器
　　　実験時，特に注意すべき事項 …… 96
　　実験概要 …… 98
　　実験の手順 …… 99
　　　［1］実験素材の準備 …… 99
　　　［2］機器の準備と電気泳動 …… 100
　　［B］プラスミドの分子量推定 …… 100

第11章　薬剤耐性プラスミドの伝達 …… 102
　　本実験の目的　使用材料・機器
　　実験時，特に注意すべき事項 …… 102
　　実験概要 …… 102
　　実験の手順 …… 103
　　　［1］予備培養 …… 103
　　　［2］細菌の培養 …… 103
　　　［3］DHL寒天培地の作製 …… 103
　　　［4］DHL寒天培地への菌の接種 …… 104
　　実験の結果 …… 105

第12章　ファージ型別 …… 106
　　本実験の目的　使用材料・機器
　　実験時，特に注意すべき事項 …… 106
　　実験概要 …… 106
　　実験の手順 …… 107
　　　［1］ファージ液の準備 …… 107
　　　［2］ファージの力価検定 …… 107
　　　［3］ファージ型別試験 …… 108
　　実験の結果 …… 109

第13章　血清反応 …… 110
　　本実験の目的 …… 110
　　実験概要 …… 110
　　実験の手順 …… 110
　　［A］凝集反応 …… 110
　　　実験［A］の目的，使用材料・機器 …… 110
　　　［A］の実験概要　［1］実験進行手順 …… 111
　　　実験の結果 …… 112
　　［B］沈降反応 …… 113
　　　実験［B］の目的，使用材料・機器 …… 113
　　　［B］の実験概要　［1］実験進行手順 …… 113
　　実験の結果・1 …… 115
　　実験の結果・2 …… 116

第14章　初代細胞培養法 ……………… 118

本実験の目的　使用材料・機器
実験時，特に注意すべき事項 …………… 118
実験概要 ……………………………………… 118
実験の手順 …………………………………… 119
　[1] 実験場所，機器等の準備 …………… 119
　[2] 培養液と必要な溶液の調整 ………… 119
　[3] 発育鶏卵の準備 ……………………… 119
　[4] 培養手順の実際 ……………………… 120
　[5] 培養細胞の観察（実験の結果）……… 125
　[6] 応用例：腎細胞の培養 ……………… 125

第15章　培養細胞の継代とウイルス接種 …………… 126

本実験の目的　使用材料・機器
実験時，特に注意すべき事項 …………… 126
実験概要 ……………………………………… 126
実験の手順 …………………………………… 127
　[1] 実験前の準備 ………………………… 127
　[2] 培養液の調整 ………………………… 127
　[3] 細胞の観察 …………………………… 128
　[4] 細胞の継代 …………………………… 128
　[5] ウイルス接種用の細胞の準備 ……… 131
　[6] ウイルスの接種 ……………………… 131
実験の結果 …………………………………… 133

第16章　鶏卵接種 …………………………… 134

本実験の目的　使用材料・機器
実験時，特に注意すべき事項 …………… 134
実験概要 ……………………………………… 134
実験の手順 …………………………………… 135
　[1] 尿膜腔内接種法 ……………………… 135
　[2] 漿尿膜接種法 ………………………… 137
　[3] 卵黄嚢内接種法 ……………………… 138

第17章　細胞変性効果の観察 ……… 140

本実験の目的　使用材料・機器 …………… 140
実験概要 ……………………………………… 140
実験の手順 …………………………………… 140
　[A] 検体がスワブの場合：猫カリシウイルス（FCV）の分離 ………… 140
　　[1] 実験素材，機器の準備 …………… 140
　　[2] 実験進行手順 ……………………… 140
　[B] 検体が組織の場合：鶏アデノウイルス（FAV）の分離 ………… 142
　　[1] 実験素材，機器の準備 …………… 142
　　[2] 実験進行手順 ……………………… 142
　[C] 検体が組織の場合：潜伏感染しているオーエスキー病ウイルス（ADV）の分離 …………………… 144
　　[1] 実験素材，機器の準備 …………… 144
　　[2] 実験進行手順 ……………………… 144
　●顕微鏡観察のポイント ………………… 145

第18章　ウイルス感染価の測定 …… 146

本実験の目的 ………………………………… 146
実験概要 ……………………………………… 146
実験の手順 …………………………………… 146
　[A] 細胞変性効果によるウイルス感染価（$TCID_{50}$/mL）の測定 ………… 146
　　[A]の実験概要，使用材料・機器 …… 146
　　[1] 実験進行手順 ……………………… 147
　　[2] $TCID_{50}$/mLの算出（Reed and Muenchの方法）……………………………… 147
　[B] プラック形成法によるウイルス感染価（PFU/mL）の測定 ………… 148
　　[B]の実験概要，使用材料・機器 …… 148
　　[1] 実験進行手順 ……………………… 148
　　[2] PFU/mLの算出方法 ……………… 149

[C] フォーカス形成によるウイルス
　　　　　感染価(FFU/mL)の測定 ……… 150
　　　　[C]の実験概要，使用材料・機器 ……… 150
　　　　[1] 実験進行手順 ……… 150
　　　[D] 赤血球吸着反応による
　　　　　ウイルス感染価の測定 ……… 151
　　　　[D]の実験概要，使用材料・機器 ……… 151
　　　　[1] 実験進行手順 ……… 151
　　　[E] 発育鶏卵を用いた
　　　　　ウイルス感染価の測定 ……… 152
　　　　[E]の実験概要，使用材料・機器 ……… 152
　　　　[1] 実験進行手順 ……… 152

第19章 封入体の染色と観察 ……… 154

　　本実験の目的　使用材料・機器
　　実験時，特に注意すべき事項 ……… 154
　実験概要 ……… 154
　実験の手順 ……… 154
　　　[1] 滅菌カバーグラスの準備 ……… 155
　　　[2] ウイルス感染細胞の準備 ……… 155
　　　[3] 染色液などの準備 ……… 155
　　　[4] ラックへの移動 ……… 156
　　　[5] 染色 ……… 156
　　　[6] 顕微鏡観察 ……… 156

第20章 中和試験 ……… 158

　　本実験の目的　実験概要
　　実験時，特に注意すべき事項 ……… 158
　[A] 血清希釈法による中和試験 ……… 159
　　使用材料・機器 ……… 159
　実験の手順 ……… 159
　　　[1] 攻撃ウイルスと感受性細胞の準備 … 159
　　　[2] 血清希釈列の作成 ……… 159
　　　[3] 中和反応 ……… 161
　　　[4] 細胞の準備と添加 ……… 162
　　　[5] 抗体価の算出 ……… 162

　[B] ウイルス希釈法による中和試験 ……… 163

第21章 赤血球凝集反応と 赤血球凝集抑制反応 ……… 164

　　本実験の目的　使用材料・機器 ……… 164
　実験概要 ……… 165
　実験の手順 ……… 166
　　　[1] 実験素材，機器の準備 ……… 166
　　　[2] HA反応 ……… 166
　　　[3] HI反応 ……… 167
　実験の結果 ……… 169

第22章 蛍光抗体法 ……… 170

　　本実験の目的　使用材料・機器 ……… 170
　実験概要 ……… 170
　実験の手順 ……… 171
　　　[1] 試料の準備 ……… 171
　　　　a. 培養細胞の場合 ……… 171
　　　　b. 感染臓器の場合 ……… 172
　　　　c. 組織片の場合 ……… 172
　　　[2] 抗原抗体反応 ……… 173
　　　　a. 直接法 ……… 173
　　　　b. 間接法 ……… 174

第23章 免疫酵素抗体法 ……… 176

　　本実験の目的　使用材料・機器 ……… 176
　実験概要 ……… 176
　実験の手順 ……… 177
　[a] 前日からの準備 ……… 177
　[b] 実習当日 ……… 178
　　　[1] ブロッキング ……… 178
　　　[2] 段階希釈による標準物質と
　　　　　検体の調整 ……… 179
　　　[3] 標準液および検体との反応 ……… 180
　　　[4] 2次抗体との反応 ……… 180

［5］発色反応と吸光度測定 …………… 180
　実験の結果 …………………………………… 181

第24章　補体結合反応 …………… 182

　本実験の目的　使用材料・機器 …………… 182
　実験概要 ……………………………………… 183
　実験の手順 …………………………………… 184
　　［1］実験素材，機器の準備 ……………… 184
　　［2］溶血素単位の測定 …………………… 184
　　［3］補体単位の測定 ……………………… 185
　　［4］本試験 ………………………………… 185
　実験の結果 …………………………………… 187

第25章　サイトカイン …………… 188

　本実験の目的 ………………………………… 188
　実験概要 ……………………………………… 188
　[A]活性を利用したサイトカイン測定
　　　（バイオアッセイ）……………………… 188
　　［A］の実験概要　使用材料・機器 ……… 188
　　実験の手順 ………………………………… 189
　　　［1］1日目：L929細胞の調整 ………… 189
　　　［2］2日目 ……………………………… 190
　　　［3］3日目 ……………………………… 191
　[B]ELISAを利用した
　　　サイトカイン測定 ……………………… 194
　　［B］の実験概要 …………………………… 194
　　実験の手順 ………………………………… 194
　　●応用編 …………………………………… 195
　　　a．Bio Plex/Luminex（FCM）等による
　　　　サイトカイン測定 ………………… 195

　　　b．RT-PCRによるmRNA測定 ………… 195

第26章　リンパ球の幼若化反応 …… 196

　本実験の目的　使用材料・機器 …………… 197
　実験概要 ……………………………………… 198
　実験の手順 …………………………………… 198
　[A]PBMC（末梢血単核球）分離 ………… 198
　　　［1］準備 ………………………………… 198
　　　［2］手順 ………………………………… 198
　[B]リンパ球幼若化能試験
　　　（Con Aを用いた場合）………………… 199
　　　［1］準備 ………………………………… 199
　　　［2］手順 ………………………………… 199
　実験結果の整理 ……………………………… 201

第27章　フローサイトメトリーによる
　　　　　T細胞サブセットの解析 … 202

　本実験の目的　使用材料・機器
　実験時，特に注意すべき事項 ……………… 202
　実験概要 ……………………………………… 202
　実験の手順 …………………………………… 204
　　［1］脾臓および胸腺の摘出 ……………… 204
　　［2］細胞の調整 …………………………… 205
　　［3］2重免疫染色 ………………………… 207
　　［4］フローサイトメーターによる解析 … 207
　実験の結果 …………………………………… 209

参考文献 ………………………………………… 210
索　　引 ………………………………………… 213

［表紙写真：（上）田原口 智士　（中）迫田義博　（下）原澤 亮］

第 1 章 無菌操作とバイオセーフティ

本 実 験 の 目 的

［1］細菌の培養を通じて無菌操作に関する理解を深める。
［2］細菌の培養を通じてバイオセーフティに関する理解を深める。
［3］無菌操作中に，実験遂行に有害な物質による汚染（コンタミネーション）を起こさない無菌操作技術を習得する。

使用材料・機器

［1］実験素材
・細菌のコロニーのある寒天培地

［2］卓上機器
・ガスバーナー・オートピペッター・ピペットポンプ・安全ピペッター・ライター・滅菌缶に入ったピペット・試験管立て・白金耳・ピンセット

［3］大型機器
・クリーンベンチ・使用済みピペット槽

［4］消耗材
・液体培地・寒天培地・アルコール綿・70％エタノール・0.002〜0.5％次亜塩素酸ソーダ

実験時，特に注意すべき事項

［1］実験器具，試薬の滅菌を完全に行う。
［2］無菌操作中は浮遊塵，落下塵の滅菌物への混入に注意する。
［3］無菌操作中における未滅菌物への接触を防止する。
［4］クリーンベンチ内をきれいにし，70％エタノールで拭いておく。
［5］手をよく洗い，70％エタノールをかけておく。
［6］無菌操作中はしゃべらない。
［7］手が触れた箇所は汚染していると考える。
［8］落下塵を考え，試薬や培養液の容器の蓋を開けておく時間は最短限度にする。
［9］蓋の開いた滅菌済容器の上で作業を行わない。

実 験 概 要

［1］バイオセーフティ

獣医微生物実験を念頭にその安全対策（バイオセーフティ）について述べる。

バイオセーフティの基本は，病原体によりヒトが感染・発症する確率を一定レベル以下に低減させるため，取り扱う病原体の危険性や感染の過程を認識し，知識と技術を備えることが必要である。

病原体等は，その危険性に応じて，4段階（レベル1から4）のリスクグループに分類される。一方，細菌・ウイルスなどの病原体等を取り扱う実験室の格付けとして，バイオセーフティーレベル（Biosafety Level）が定められている。Biosafety Levelを略してBSLと呼ばれることが多く，例えば「レベル4」の実験室はBSL-4と呼ばれることが多い。バイオセーフティーレベルはリスクグループに対応しており，例えば，リスクグループ3の病原体

は，バイオセーフティーレベル3以上の実験室で扱えば，安全と考えられるが，これはあくまで原則である。

獣医微生物実験では，主にレベル1，2の病原体を扱うと考えられるが，レベル2の病原体を実験で使用する際は，BSL-2に規定された要件を満たす実験室で適切に操作する必要がある。その詳細については，国立感染症研究所の「病原体等安全管理規定」を参照されたい。

[2] 無菌操作

獣医微生物実験での無菌操作は，実験机上で火炎を利用して行うもの，あるいはクリーンベンチ内で行うものが考えられる。基本的な操作は同じなので，ここではクリーンベンチ内で行う操作について解説する。

以下に，寒天培地上の大腸菌等のコロニーを液体培養へ移すことを例に，無菌操作の実際について解説する。

実 験 の 手 順

[1] クリーンベンチ内での無菌操作

1. ①クリーンベンチ内が紫外線照射されている場合は，紫外線照射を切り，エアーカーテンをオンにする。クリーンベンチ内を70％エタノールで拭いておく。
②手を洗って，70％エタノールをスプレーし，乾くのを待つ。
③ガス栓を開き，ガスバーナーに火をつける。この際，足元のペダルを踏むことで，ガス栓の開閉を行い，種火から火炎に点火する装置もある。
④液体培地，滅菌缶に入ったピペット，試験管をバーナーの周辺に配置し，作業しやすくする（図1）。

2. 液体培地の入った瓶の開口部と栓の周りを火炎で軽くあぶり，栓を緩めておく（図2）。

図1

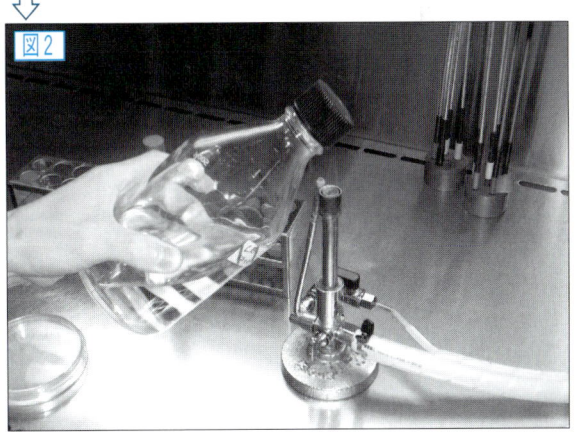
図2

ポイント・メモ〈実験のコツ〉

[1] 目盛りに気を取られてピペットの先端が他の物体に触れないように注意する。

[2] コンタミネーション（汚染）の可能性が高い作業箇所を抑え，それらの箇所についてはコンタミネーションの可能性を最小限に抑える工夫をしつつ，実験作業としては全体的に手早く行うようにする。この意識で実験に望むことで，慣れとともに作業を効率的に行えるようになる。

[3] コンタミネーションの可能性を最小限に抑えても，落下塵によるコンタミネーションは完全にはなくなることはないので，まれにコンタミネーションが起こってしまった場合は作業を振り返り，無菌操作を点検し，適切な対処を行う。

[4] 使用済みピペット槽には，0.002～0.5％次亜塩素酸ソーダを入れておき，ガラスピペットについては一晩以上浸けた後，洗浄を行う。

第1章　無菌操作とバイオセーフティ

3 ①滅菌缶の蓋を閉めたまま，なかのピペットを蓋の方に傾け，缶の口の部分にそろえる。
②蓋を開けた後，火炎で軽くピペットの後端をあぶる。
③火炎で軽くあぶったピンセットの先でピペットを取り出し，ピペットの後端を指で持つ（図3）。

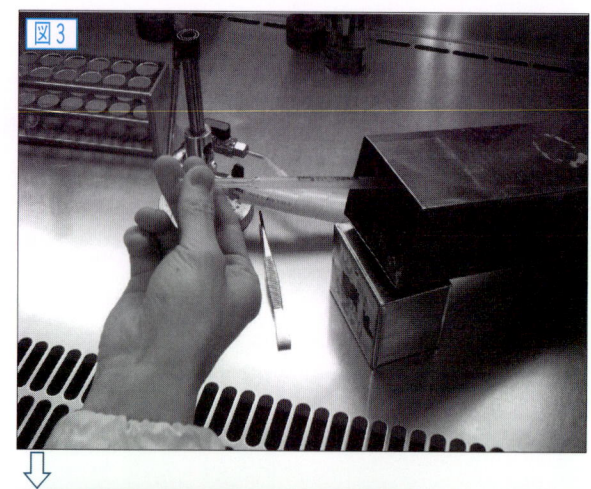

4 ①ピペットの後端を持ち，先端部分を火炎で2，3回軽くあぶる。
②オートピペッターへ差し込む。この際，ピペットの瓶に入り込む部分には触ってはいけない。液体培地のコンタミネーションの原因となる（図4）。

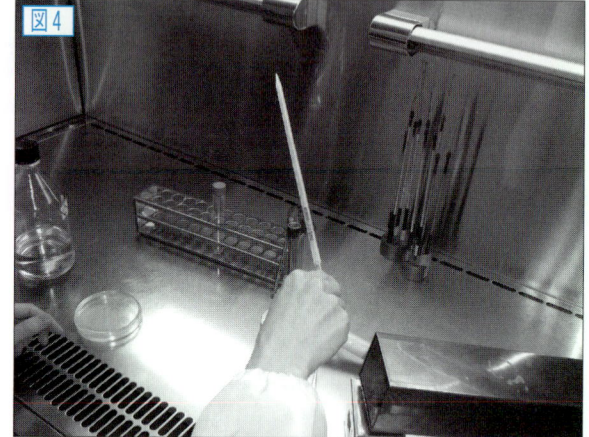

5 ①片手で瓶の栓を開け，ピペットを入れて必要量の液体培地を吸い上げる。
②その際，逆流を防ぐためピペットの先端を手元より上に上げないように注意する（図5）。

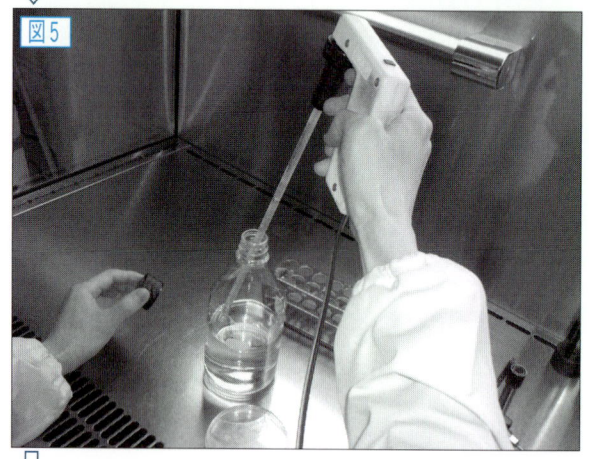

6〜7
①瓶の栓を閉める。
②ピペッターを持っていない方の手で試験管を取り，栓の部分を軽くあぶる（図6）。
③ピペッターを持った手の小指と小指の付け根で栓を持って開ける（図7）。

 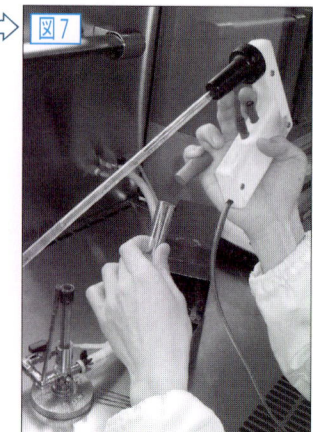

8 液体培地を試験管へ入れる（図8）。

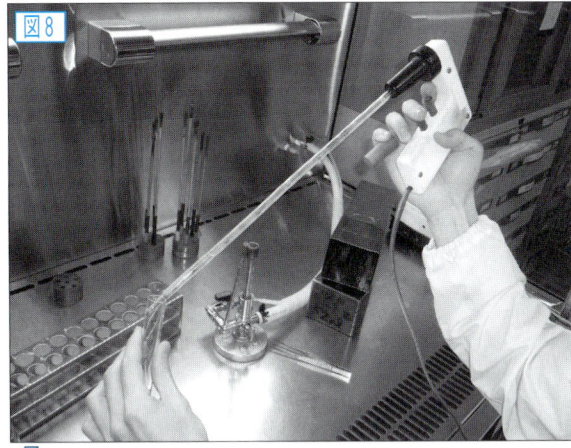
図8

⇩

9 試験管の栓を火炎で軽くあぶりながら閉める（図9）。

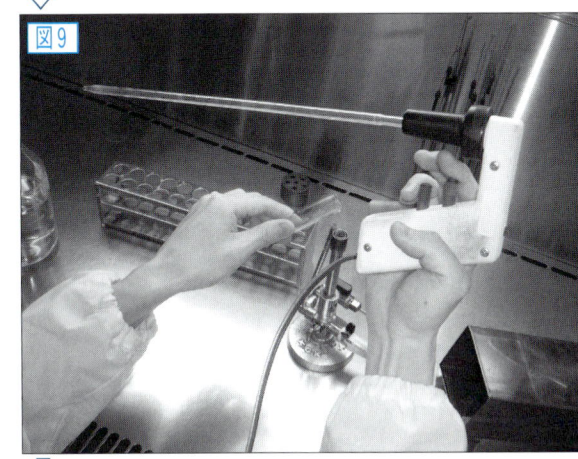
図9

⇩

10 培地を入れ終わったピペットを，使用済みピペット槽へ先端から入れる（図10）。

図10

⇩

11 白金耳を火炎であぶり，先端部を赤熱させる（図11）。

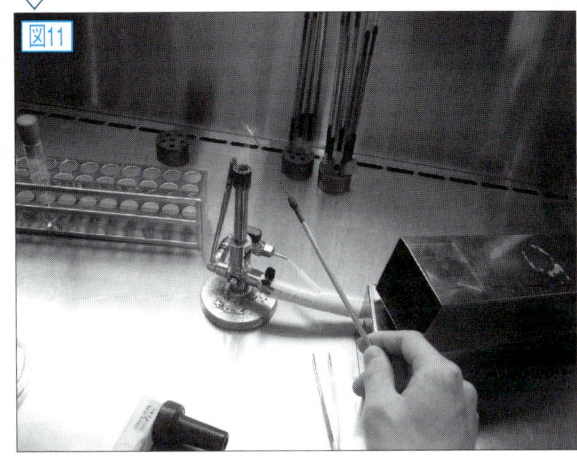
図11

第1章 無菌操作とバイオセーフティ

12 ①寒天平板培地はコロニーのある面を下に向けたまま作業を行う。寒天培地の本体部を蓋を外して持ち上げる。
　②コロニーのない寒天部に白金耳をあて，白金耳を冷ます（図12）。

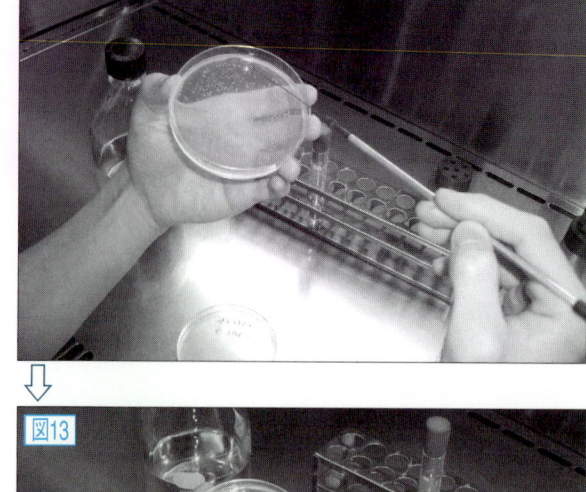

13 白金耳でこれから培養する目的のコロニーをかき取る（図13）。

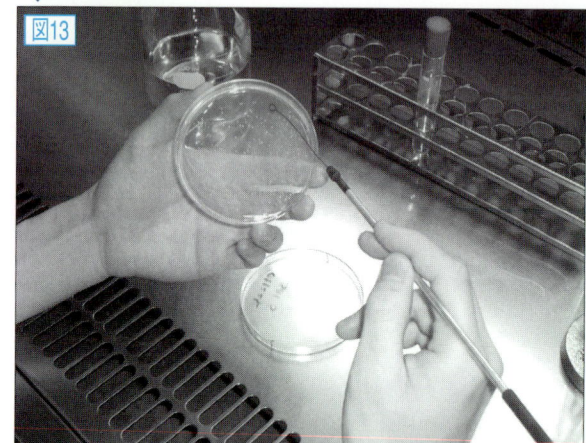

14 ①寒天培地の本体部に蓋をする。
　②白金耳を持っていない方の手で試験管を取り，蓋の部分を軽くあぶる。
　③白金耳を持った手の小指と小指の付け根で蓋を持って開ける（図14）。

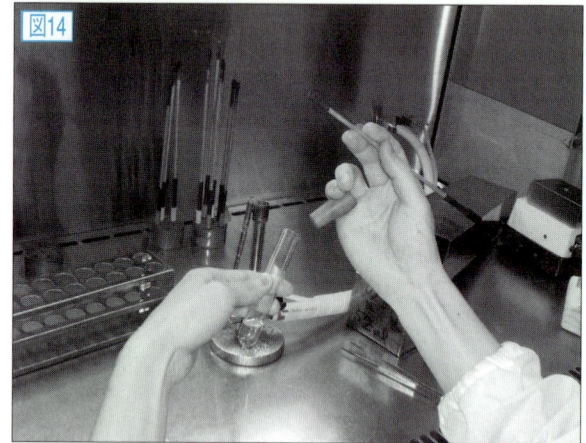

15 ①試験管を傾けて培地の液面を試験管の口に近づける。
　②白金耳の白金線の部分のみを試験管に入れ，味噌をとぐ要領で先端部の細菌を液体培地に溶かし込む（図15）。

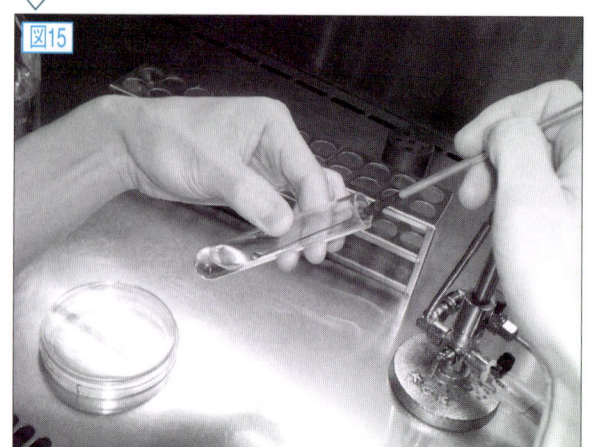

16 試験管の栓を火炎で軽くあぶりながら閉める（図16）。

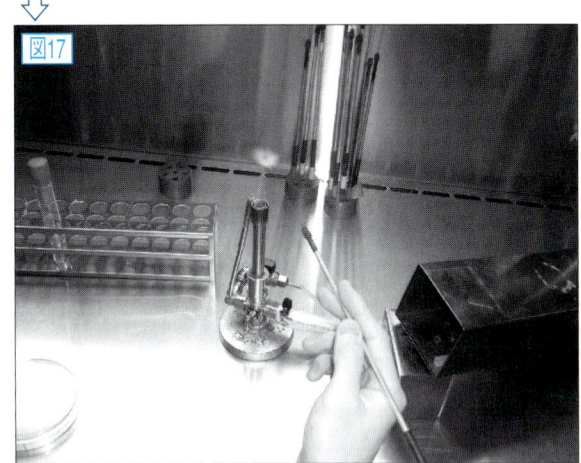

17 白金耳を火炎で赤熱させ，付着している細菌を滅菌する（図17）。

――［実験メモ］――
　無菌操作は獣医微生物学実験のみならず，生物学実験における基本操作であり，不用意なコンタミネーションが実験計画の不順や実験データの解釈の誤りの原因となる可能性がある。従って，獣医微生物学実験を始める前に，無菌操作については十分に慣れておく必要がある。

（加藤　健太郎）

第 2 章 消毒と滅菌

本 実 験 の 目 的

［1］消毒と滅菌の違いを理解する。
［2］獣医微生物学実験で汎用される滅菌法の手順について理解する。
［3］獣医微生物学実験で汎用される消毒剤について理解する。

使用材料・機器

［1］実験素材
　［高圧蒸気滅菌の対象物］：・マイクロチューブやマイクロピペッターチップ等のプラスチック製品，ガラス瓶等のガラス製品，培養液等（いずれも高圧蒸気滅菌可能なものに限る）
　［乾熱滅菌の対象物］：・ガラス瓶，ガラス製試験管等のガラス器具（いずれも乾熱滅菌可能なものに限る）
　［ろ過滅菌の対象物］：・培養液，溶液等の液体

［2］大型機器
　・高圧蒸気滅菌器（オートクレーブ）・乾熱滅菌器（オーブン）・吸引ろ過滅菌器

［3］消耗材
　［高圧蒸気滅菌の場合］：・インディケーターテープ（オートクレーブ用）・ガラス瓶・ビーカー・アルミ箔等
　［乾熱滅菌の場合］：・インディケーターテープ（乾熱滅菌用）
　［ろ過滅菌の場合］：・ディスポーザブルフィルターディスク・注射器・ヌクレオポアフィルター

実験時，特に注意すべき事項

［1］高圧蒸気，乾熱滅菌では，滅菌中の機器は高温，高圧力を伴うため，大きな事故につながらないように特にその取り扱いに気をつける。
［2］滅菌後に，一度滅菌した器具が再度汚染しないように，その後の乾燥，整頓，無菌操作等を確実に行う。

実 験 概 要

　消毒と滅菌は実験者が自ら行うバイオセーフティの基本である。消毒（disinfection）とは病原体の病原性（毒力や感染力）を消滅させることである。滅菌（sterilization）とは病原体とそれを含むすべての微生物を完全に死滅あるいは除去することである。
　滅菌法にはそれぞれ特徴があり，微生物の種類，汚染状況，滅菌の対象物の性質および状態に応じて選択する。また，消毒薬もその有効性と毒性をよく理解して使用する必要がある。

[1] 消毒

主な消毒薬とその用途を表1に示す。

表1　主な消毒薬とその用途

消毒薬	用　途
3％石炭酸水	消毒薬の効力の基準
1〜5％クレゾール	糞便
0.1〜1％逆性石鹸	手指，ガラス，金属
70％（w/w）エタノール	手指，注射局所
ヨードチンキ	皮膚，注射局所，鶏卵
3％過酸化水素水	傷口，口中に菌を入れた時のうがい
0.002〜0.5％次亜塩素酸ソーダ	ガラス器具
ホルムアルデヒド（ガス）	部屋，容器，金属製以外の器具

[2] 滅菌

1）加熱滅菌

①火炎滅菌：ガスバーナー等の火炎に直接さらし，焼却する滅菌法である。白金耳や無菌操作の際に試験管口の滅菌に用いる。抗酸菌等は飛散するので注意する。

②乾熱滅菌：下記「実験の手順」参照。

③煮沸滅菌：ハサミ，ピンセット等を水中で加熱煮沸する消毒法であり，滅菌法としては不完全である。

④常圧蒸気滅菌，間欠滅菌：常圧蒸気釜で100℃，30分間加熱する。芽胞は死滅しないので，一昼夜室温に静置して発芽を促し，栄養型細菌とする。この操作を3回繰り返し滅菌することを間欠滅菌というが，滅菌法としては不完全である。

⑤高圧蒸気滅菌：「実験の手順」参照。

2）ろ過滅菌（ろ過除菌）

「実験の手順」参照

3）化学的滅菌

①ガス滅菌：殺傷性の強いガスを密閉空間に充満させ滅菌する方法で，エチレンオキサイドまたはホルムアルデヒドガス等を用いる。エチレンオキサイドガスは，殺菌力，浸透性ともに優れ，ポリエチレンで包装したままでも滅菌できる。遺伝毒性および発がん性があり，引火性もあるので，使用には十分注意をする。残留ガスも十分に除去する。ホルムアルデヒドガスは，病室や鶏舎，孵卵器内部または敷料の燻蒸に使われる。

4）物理的滅菌

①放射線滅菌：X線やγ線のような電離放射線は細胞構成成分をイオン化し，細胞を不活化する。また，活性酸素を産生し，これが酸化剤として作用し殺菌効果を示す。コバルト60のγ線照射による滅菌法は信頼度が高く，様々な材質に適応でき，対象物に残留することもない。プラスチック製品や手袋等易熱性のものの滅菌に使われる。

②紫外線滅菌：波長260〜280nmの紫外線は，DNAに強く吸収されて，DNAの塩基，特にピリミジンの二量体を形成し，DNAの複製や転写を阻害し，微生物を死滅させる。しかし，このピリミジン二量体は可視光線の照射で修復されるので，可視光線を避ける必要がある。殺菌灯を用い手術室や無菌室の滅菌に利用されるが，浸透性が弱く陰の部分に対する効果は低い。また，皮膚や結膜に毒性があるので直接照射しないように注意する。

以下に，獣医微生物学実験において汎用される滅菌法の手順について解説する。

第2章 消毒と滅菌

実験の手順

[1] 高圧蒸気滅菌

高圧蒸気滅菌は加圧した水蒸気による滅菌法である。高圧蒸気滅菌器（オートクレーブ）で，2気圧，121℃，15分間加熱すると，あらゆる生物は死滅する。比較的低い温度で乾熱滅菌より高い滅菌効果を示す滅菌法である。オートクレーブによる滅菌は，極めて有効な方法であり，微生物培地，手術用器具，治療用器具，衣類，包帯，ガーゼなどの滅菌に広く利用されている。液体の滅菌も可能である反面，蒸気による結露があり，再度乾燥させる必要があるなどの欠点を持つ。また，比較的低温とはいうものの，プラスチック等，高圧蒸気滅菌できない材質も多い。

図1

1 ①高圧蒸気滅菌の対象物をガラス瓶等に入れ，専用の蓋あるいはアルミ箔で被いをする。メディウム瓶の蓋等は少し緩めておく。
　②インディケーターテープ（オートクレーブ用）を貼り，日付，滅菌者，サンプル名等を記載しておくとよい（図1）。

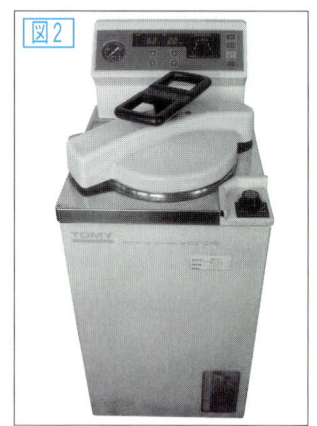

図2

2 ①オートクレーブ（図2）の水位不足がないか確認する。
　②高圧蒸気滅菌の対象物をラック等に入れ，適当な滅菌状態が保てる状態でオートクレーブ内のカゴに入れる（図3）。
　③オートクレーブの蓋を閉め，121℃，20分間にセットし，スタートする。
　④オートクレーブ終了後は，自然に冷めるのを待つ。

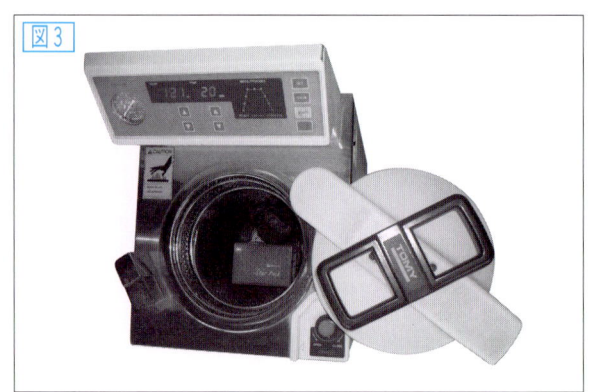

図3

3 ①高圧蒸気滅菌された器具類を取り出す。
②乾かす必要があるものについては乾燥器に入れて乾燥させてから使用する（図4，図5）。

図4

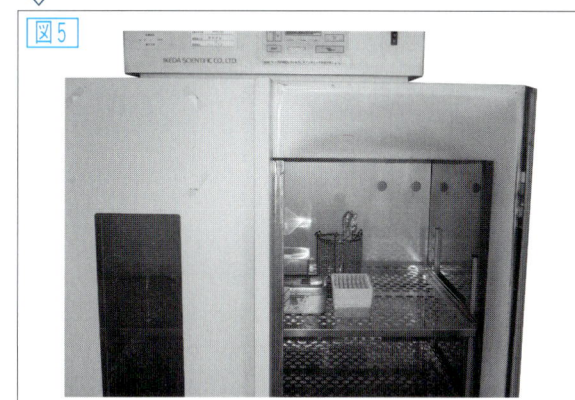
図5

ポイント・メモ〈実験のコツ〉
高圧蒸気滅菌終了後も，無理に蓋を開けると高圧蒸気によって火傷する危険性があるので，安全のため十分に冷めてから取り出す。

[2] 乾熱滅菌

乾熱滅菌器の中で160℃，1〜2時間あるいは180℃，30〜60分間加熱する滅菌法である。ガラス器具，金属器具等，200℃程度の高温に耐えられる材質のみでできているものに限られる。

1 ①乾熱滅菌の対象器具の開口部をアルミ箔で被うか，全体をアルミ箔で包む。
②ガラスピペットは種類ごとに整理し，滅菌缶に入れる（図6）。
③インディケーターテープ（乾熱滅菌用）を事前に貼っておき，滅菌の有無を確認する。

図6

ポイント・メモ〈実験のコツ〉
ガラスのメディウム瓶は栓が樹脂製であると全体では乾熱滅菌できないので，栓のみ高圧蒸気滅菌し，滅菌後に無菌的に組み立てるのが一般的である。

2 ①乾熱滅菌器（図7）に入れ，160℃，2時間にセットし，乾熱滅菌をスタートする。
②乾熱滅菌終了後は，自然に冷めるのを待つ（図8）。

[3] ろ過滅菌（ろ過除菌）

　ヌクレオポアフィルターでろ過し，真菌や細菌を取り除くことで，溶液を滅菌することができるが，ろ過限界を超えるウイルスや一部のマイコプラズマを通過させるため厳密な意味での滅菌ではないが，習慣的にろ過滅菌と呼ぶことが多い。高圧蒸気滅菌できない試薬や溶液を滅菌するために，よく用いられる。

1 ディスポーザブルフィルターディスクを使う場合：
①ヌクレオポアフィルターをハウジングで覆ったディスポーザブルフィルターディスク（図9）を注射器につなぐ。
②滅菌したい溶液を押し出す。

2 **吸引ろ過滅菌器を使う場合：**
①メディウムなどで，高圧蒸気滅菌ができない溶液の滅菌に汎用される。
②ろ液の溜まる部分を気密にする。
③ポンプで負圧をかけることで，ろ過を行う（図10）。

> **ポイント・メモ〈実験のコツ〉**
> 　溶液の種類，ろ過量によっては，ヌクレオポアフィルターが目詰まりを起こすことがあり，無理に負荷をかけるとフィルターを破損することがあるので注意する。目詰まりを起こした場合は新しいフィルターに取り替える。

図7

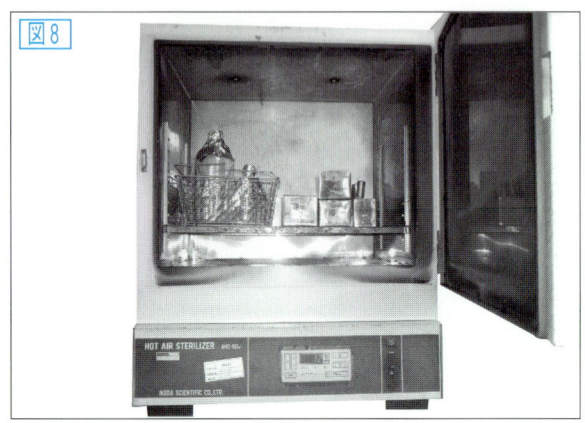
図8

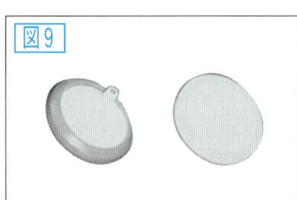
図9

図10

（加藤　健太郎）

第 3 章 固形培地とコロニー観察

> 本章では，臨床材料における非選択的培地として用いられる「血液寒天培地」および様々な材料からの腸内細菌の選択分離培養等に使用される「マッコンキー寒天培地」について述べる。

[A] 血液寒天培地

本 実 験 の 目 的

[1] 基礎的な細菌培地の一種である血液寒天培地の調整法を学ぶ。
[2] 血液寒天培地を用いて試験菌の溶血性を調べる。
[3] CAMP試験法を学ぶ。

使用材料・機器

[1] 実験素材
　代表的な使用菌株を示す。

- *Streptococcus pneumoniae*：α溶血性
- *Streptococcus pyogenes* ATCC19615：β溶血性
- *Escherichia coli*：γ溶血性（非溶血性）
- *Staphylococcus aureus*
- *Rhodococcus equi*
- *Listeria monocytogenes*
- *Listeria ivanovii*

[2] 卓上機器
- ガスバーナー
- 恒温槽
- ピペッター
- 電子レンジ
- メスシリンダー
- 三角フラスコ（高圧蒸気滅菌時の噴出を防ぐため，調整したい量の2～3倍大きめの容量のフラスコを用いる）
- 電子天秤
- ディスポピペット

[3] 大型機器
- 高圧蒸気滅菌装置（オートクレーブ）
- インキュベーター
- クリーンベンチ

[4] 消耗材
- 精製水
- ヒツジ脱繊維素血液
- 血液寒天基礎培地
- 消毒用アルコール，手袋など

実験時，特に注意すべき事項

[1] 病原体を使用するため，不注意な扱いによっては感染や汚染の危険性を伴うことを認識する。
[2] 扱う病原体のバイオハザードレベルに応じた施設で取り扱い，作業後の器具の滅菌や作業者の手指の消毒を徹底するなど，安全対策を十分に心がける。

第3章 固形培地とコロニー観察

実 験 概 要

　血液寒天培地はオートクレーブした普通寒天の冷却後，固まる前に新鮮な赤血球を加えた培地のことで，溶血性試験や栄養要求性の厳しい細菌の分離培養用に用いられる。ほとんどの菌が増殖するため，臨床材料における非選択培地として用いられる。血液寒天培地に用いられる血液の種類は，ヒツジ，ウマ，ウサギ，ヤギなどがあるが，通常，ヒツジ脱繊維素血液（脱繊維血液ともいう）が用いられる。

　また，多くのグラム陽性菌が外毒素として溶血素を産生するが，溶血性の違いからα（不完全溶血），β（完全溶血）およびγ型（非溶血）に分類される（表1）。α溶血では溶血帯は小さく，やや緑色を帯びた色調を示すのに対し，β溶血では赤血球の完全溶血により，コロニーの周囲は透明に変化する。

　血液寒天培地はCAMP試験にも用いられる。リステリア菌を S. aureus や R. equi のβ溶血素の共存下で培養すると，溶血作用の増強現象がみられる。この現象を利用して，細菌を同定する方法をCAMP試験と呼び，β溶血性連鎖球菌の判定にも利用されている。リステリアの場合，L. monocytogenes の溶血性は S. aureus によって増強されるが，R. equi では増強されない。しかし，株によっては両者で増強反応が見られる場合がある。一方，L. ivanovii の溶血性は R. equi によって増強されるが，S. aureus では増強されない。このような違いを利用して，L. monocyto-genes の同定に用いられている。

表1　血液寒天培地上での溶血性

菌	コロニーの形態	溶血性
S. pneumoniae	くぼみがある	α溶血
S. pyogenes	黄白色	β溶血
S. aureus	白色	β溶血
L. monocytogenes	白色	β溶血
Enterococci	灰白色	α、β、γ溶血

血液寒天培地上に発育した細菌は，培地中に含まれる赤血球に対する溶血性により，α型（不完全溶血），β型（完全溶血），γ型（非溶血）に分類される。培地の組成や用いる赤血球の動物種により反応性が異なるので注意する。

実 験 の 手 順

[1] 血液寒天培地の調整法

1　フラスコにあらかじめ必要な量の1/3ほどの精製水を加える（図1）。

2　下記の基礎培地成分（表2）を必要量秤量し，フラスコの口につかないよう注意深く少しずつ加えて混ぜる。フラスコの内側についた粉末培地は残りの精製水で洗い落とすようにして混ぜ，均一になるようよく撹拌する（図2）。

　市販の基礎培地を使用する場合，それぞれの培地の調整の仕方はラベルに記載されているので，必ずそれを確認してから作成する。ハートインフュージョン寒天培地でも可。

図1

表2　基礎寒天培地1Lあたりの組成

Peptone	4.5 g
Trypton	14.0
Yeast Extract	4.5
NaCl	5.0
Agar	12.5
pH7.3〜7.4	

第3章　固形培地とコロニー観察

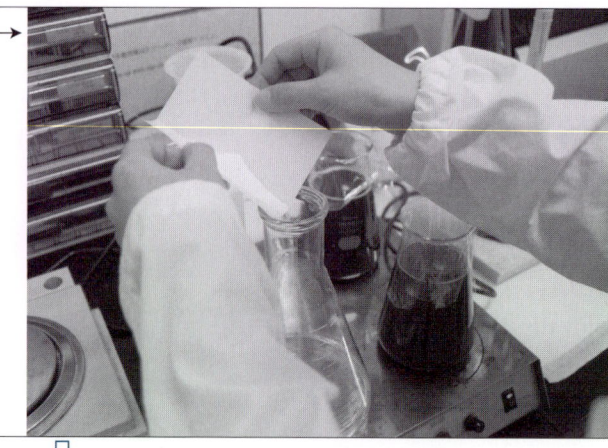

3. 電子レンジ等で基礎培地を加温して溶解する（図3）。

4. 121℃で15分間，高圧蒸気滅菌する（図4）。その後，恒温槽中で約50℃にまで冷やす（図5）。高圧蒸気滅菌中に恒温槽を50℃に温めておくとよい。50℃より低いと固化する。また高すぎると，例えば56℃では，血液が溶解してしまうので，恒温槽の温度には注意すること（ちなみに，チョコレート寒天培地とは，このように溶解した赤血球を添加した寒天培地である）。

5. 添加する脱繊維素血液は，あらかじめ恒温槽などで50℃に加温しておく。

6. 基礎培地に温めたヒツジあるいはウマ脱繊維素血液を5％になるよう無菌的に添加し，均一になるよう十分混和する。このとき，泡立たないように注意深く混ぜること。持ち上げて混ぜるのではなく，実験台にこすりつけるようにして混ぜると良い。

7. フラスコの口をバーナーで軽く炙り，滅菌シャーレに無菌的に分注する（約15〜20mL程度）（図6）。泡ができた場合は，培地が固まる前に，バーナーあるいはライターの火炎で培地の表面を軽く炙ると消える。あるいは無菌的な注射針などでつついて消泡する。

8. 水平な台に置き，完全に固化するまで静置する。約30分（図7）。

固形培地とコロニー観察 第3章

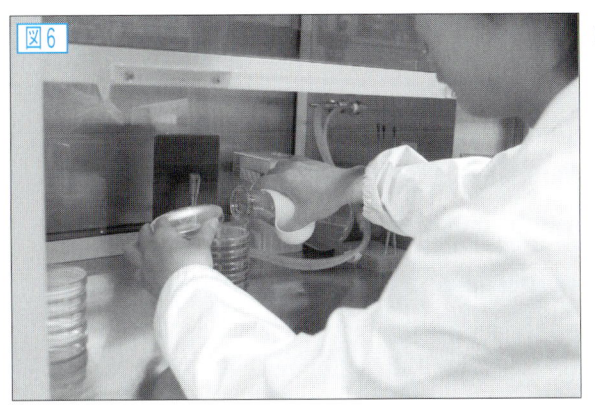

⑨ 固化後，シャーレを倒して30〜37℃のインキュベーター内で表面を乾燥させる（図8）。

⑩ 直ぐに使用しない場合は，シャーレの梱包袋などに入れ，冷暗所（2〜8℃）にて保管する。作成した培地のうち，ランダムに選んだ1，2枚を37℃で48時間培養し，無菌的であることを確認する。

[2] 試験菌の培養

① 試験菌を血液寒天培地に画線塗抹し（図9），35〜37℃，16〜24あるいは48時間培養する。培地が足りない場合は，ひとつの寒天培地を二分画して（図10），それぞれの試験菌を画線塗抹するとよい。増菌培地から接種する場合は一白金耳（1ループ）を塗抹する。

② コロニーの大きさ，色，形状，溶血性および溶血性の強さ，コロニー周囲などを観察する。

[3] CAMP試験

① 図11のように，培地の端にS. aureusを，もう一方の端にR. equiをそれぞれ縦一直線に塗抹する。

② それと直角になるようL. monocytogenes, L. ivanoviiを直線に塗抹し，35〜37℃，16〜24時間培養する。

③ S. aureusやR. equiとの接点付近のリステリア菌の溶血性の増強の有無を観察する。

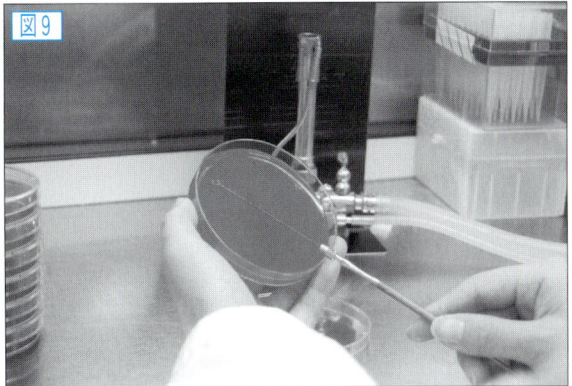

第3章　固形培地とコロニー観察

ポイント・メモ〈実験のコツ〉

● 添加する血液について

[1] 古い血液は使用しない：古い血液には溶血がみられる。

[2] 添加する血液：検査したい病原体により使用する動物種が異なる。例えば，ヘモフィリス属の発育にはヒツジ血液ではなく，ウマあるいはウサギ血液寒天培地を用いる。ウマとウサギ以外の動物の血液には本菌の発育に必要なV因子（NAD）を壊す酵素が赤血球中に多量に存在するためである。

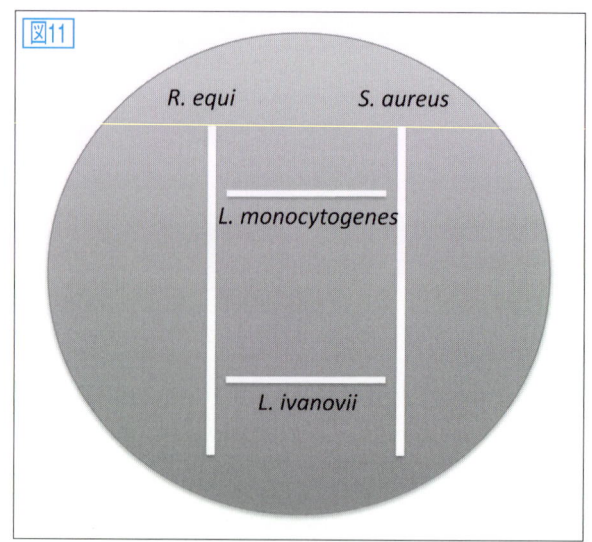

図11

実験の結果

①溶血性試験

*S. pneumoniae*のコロニー周辺の培地の色の変化は不明瞭で緑色がかっており，狭い溶血帯を示すことから，α型と判定される。一方，*S. pyogenes*では，コロニーの部分は透明に抜けており，溶血帯も広い。完全溶血を示すβ型であることが分かる。γ型の*E. coli*では溶血帯や培地の変色は見られない（図12）。

②CAMP試験

一般的に*L. monocytogenes*は*S. aureus*で溶血が増強されるが，*R. equi*では相乗効果は認められないとされている。しかし，菌株によっては図13のように*S. aureus*と*R. equi*の両者で増強反応が見られることがある。溶血帯は，タマネギのような丸みを帯びた形である。一方，*L. ivanovii*は*R. equi*で溶血が増強され，ショベル型の溶血帯が観察される。

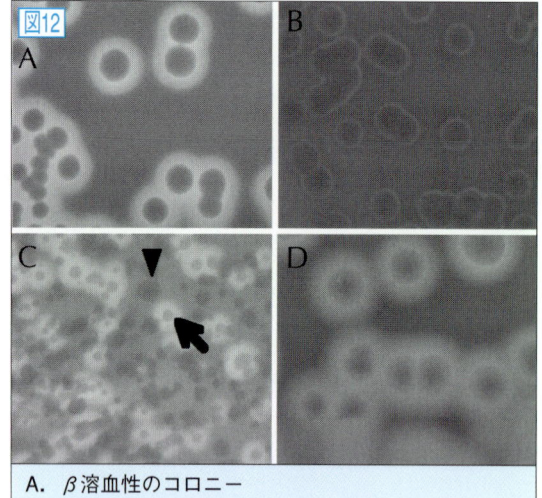

A. β溶血性のコロニー
B. α溶血性のコロニー
C. β溶血（矢印）と非溶血（矢頭）のコロニーの違い
D. *Clostridium perfringens*の溶血環

コロニー周囲の強い溶血環はθ毒素によるβ溶血である。また，β溶血環のさらに外周に見える弱い溶血環がα毒素によるα溶血である（倉園原図）。

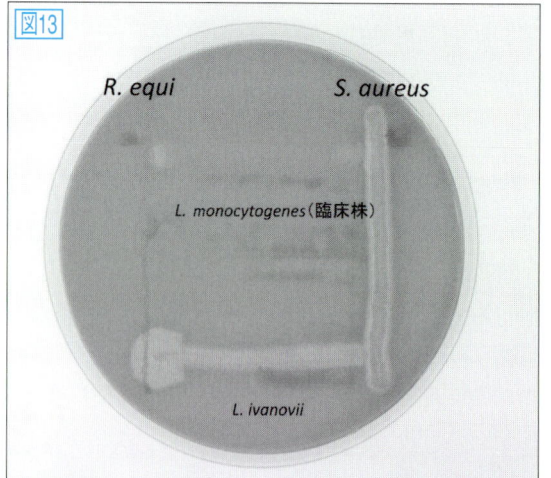

図13

一般的に*L. monocytogenes*は*S. aureus*で溶血が増強されるが，*R. equi*では相乗効果は認められないとされている。しかし菌株によっては図のように*S. aureus*と*R. equi*の両者で増強反応が見られることがあるので鑑別時には要注意である。観察される溶血帯は，タマネギのような丸みを帯びた形である。

一方，*L. ivanovii*の溶血性は*S. aureus*では増強されず，*R. equi*で増強され，ショベル型の溶血帯が観察される。

[B] マッコンキー寒天培地

本実験の目的

[1] 大腸菌群や腸内細菌用の選択分離培地である，マッコンキー培地の組成による選択分離性の原理を知る。
[2] 同培地の作製法を学ぶ。
[3] 同培地上での，乳糖分解菌と非分解菌のコロニーの特徴の違いを観察し，理解する。

使用材料・機器

[1] **実験素材** 代表的な使用菌株を示す。
- *Escherichia coli*：乳糖分解菌
- *Salmonella* Typhimurium：乳糖非分解菌

[2] **卓上機器**
- 電子天秤
- ガスバーナー
- 恒温槽
- ピペッター

[3] **大型機器**
- 高圧蒸気滅菌装置（オートクレーブ）
- インキュベーター

- クリーンベンチ

[4] **消耗材**
- メスシリンダー
- 三角フラスコ（オートクレーブ時の噴出を防ぐため，調整したい量の2～3倍大きめの容量のフラスコを用いる）
- 細菌用プラスティックシャーレ（10cm径）
- ディスポピペット
- 精製水
- マッコンキー寒天培地
- 消毒用アルコール，手袋，など

実験時，特に注意すべき事項

[1] 病原体を使用するため，不注意な扱いにより，感染や汚染の危険性を伴うことを認識する。
[2] 扱う病原体のバイオハザードレベルに応じた施設で取り扱い，作業後の器具の滅菌や作業者の手指の消毒を徹底するなど，安全対策を十分に心がける。

実験概要

マッコンキー培地は，臨床材料，食品，水，糞便など様々な材料からの腸内細菌の選択分離培養に使用される。特に大腸菌群の検出や鑑別培地として使用され，また病原腸内細菌の病原性株の分離用としても使用される。

培地に含まれる胆汁酸塩がグラム陽性菌の発育を阻止するため，培地上で発育できるのはグラム陰性菌がほとんどであるが，病原性を持つ一部のグラム陽性菌も発育できる。また，培地には乳糖とpH指示薬としてニュートラルレッドが含まれるため，乳糖分解菌は赤色～濃いピンク色のコロニーを形成し，乳糖非分解菌のコロニーは無色透明を呈する。

研究室や検査室では，市販の粉末培地を使用することが多く，原材料から培地を作ることはほとんどないと思われるが，基本的な培地の組成を理解することは非常に重要である。

第3章　固形培地とコロニー観察

実　験　の　手　順

[1] マッコンキー寒天培地の調整法

1. フラスコにあらかじめ必要な量の1/3ほどの精製水を加える。

2. 下記の培地成分（表3）を必要量秤量し，フラスコの口につかないよう注意深く少しずつ加えて混ぜる。フラスコの内側についた粉末培地は残りの精製水で洗い落とすようにして混ぜ，均一になるようよく攪拌する。
   市販の基礎培地を使用する場合，それぞれの培地の調整の仕方はラベルに記載されているので，必ずそれを確認してから作成する。

表3　マッコンキー基礎寒天培地1Lあたりの組成

カゼインペプトン	17.0 g	塩化ナトリウム	5.0 g
肉ペプトン	3.0	ニュートラルレッド	0.03
乳糖	10.0	クリスタルバイオレット	0.001
胆汁酸塩	5.0	寒天	15.0
pH 7.4			

3. 電子レンジ等で基礎培地を加温して溶解する。

4. 121℃で15分間，高圧蒸気滅菌する。その後，恒温槽中で約50℃にまで冷やす。あらかじめ恒温槽を高圧蒸気滅菌中に50℃に温めておくとよい。

5. 使用直前に，フラスコを実験台にすりつけるようにしてよく混ぜる。

6. フラスコの口をバーナーで軽く炙り，滅菌シャーレに無菌的に分注する（約15〜20mL程度）（図14〜図16）。泡ができた場合は，培地が固まる前に，バーナーあるいはライターの火炎で培地の表面を軽く炙ると消える。あるいは無菌的な注射針などでつついて消泡する。

7. 水平な台に置き完全固化するまで約30分静置する。

8. 固化後，30〜37℃のインキュベーター内で表面を乾燥させる（図17）。

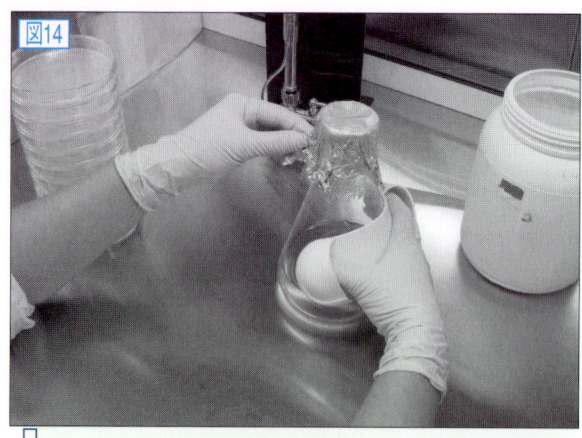
図14

⇩

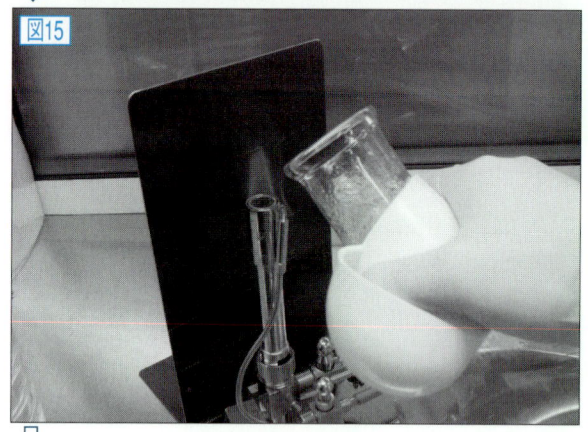
図15

⇩

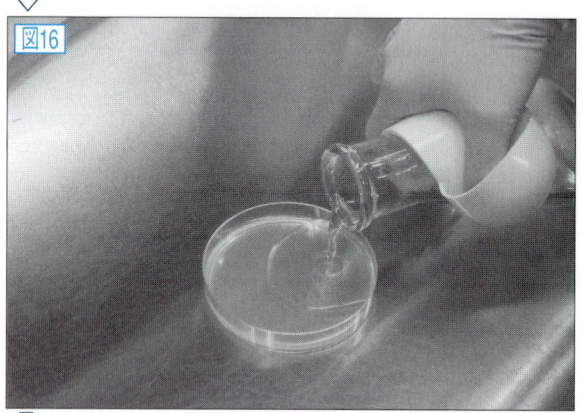
図16

⇩

図17

9 直ぐに使用しない場合は，シャーレの梱包袋などに入れ，冷暗所（2～8℃）にて保管する。作成した培地のうち，ランダムに選んだ1，2枚を37℃で48時間培養し，無菌的であることを確認する。

［2］試験菌の培養

1 試験菌を寒天培地に画線塗抹し（図18），35～37℃，16～24時間あるいは48時間培養する。培地が足りない場合は，ひとつの寒天培地を2分画して，それぞれの試験菌を画線塗抹するとよい。増菌培地から接種する場合は一白金耳（1ループ）を塗抹する。

2 コロニーの大きさ，色，形状などを観察する。

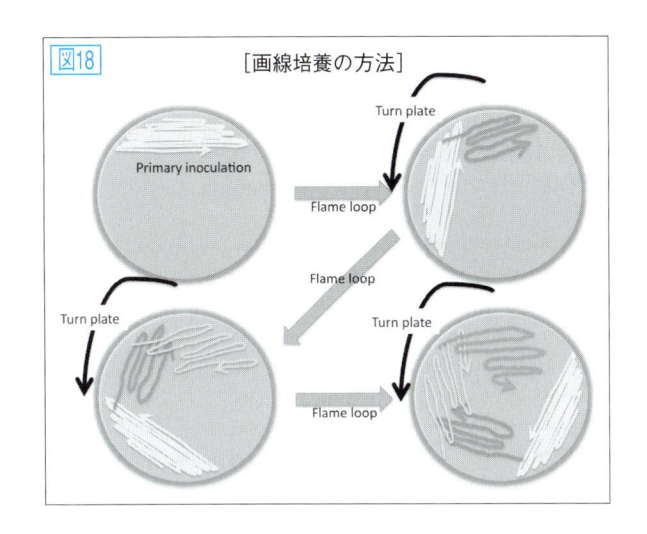

図18 ［画線培養の方法］

実験の結果

乳糖分解菌である大腸菌は鮮やかな濃いピンク色のコロニーを示し，コロニーの周辺部には紅赤色の沈殿が見られる（図19）。大腸菌の乳糖分解により生じた酸が培地のpHを低下させ，これが培地に指示薬として添加されているニュートラルレッドの黄褐色を変化させると同時に，胆汁酸塩から不溶性の胆汁酸を析出させ，これがさらにニュートラルレッドと結合し，集落の色を紅レンガ色に変化させる。一方，非分解菌は無色透明あるは灰白色のコロニーを呈する。

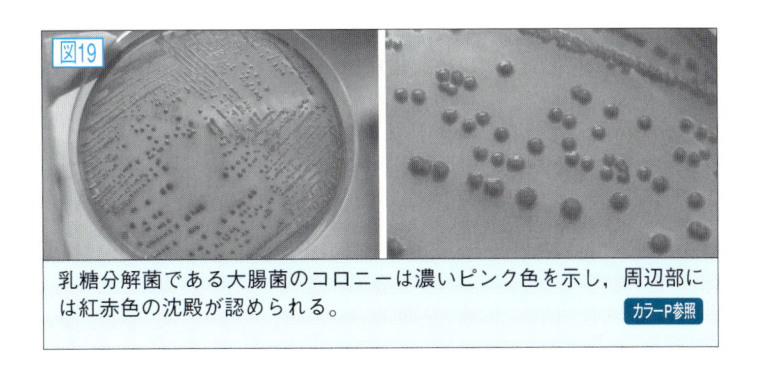

図19 乳糖分解菌である大腸菌のコロニーは濃いピンク色を示し，周辺部には紅赤色の沈殿が認められる。 カラーP参照

［参　考］

ソルビトール・マッコンキー培地（SMAC）

腸管出血性大腸菌の血清型のひとつであるO157：H7の分離と識別に有効である。通常の常在性大腸菌もO157も乳糖を分解するため，マッコンキー培地では両者の区別をすることはできない。通常の大腸菌はソルビトールを発酵するため，培地のpHが変化し，ピンク色のコロニーを呈する。しかし，O157はソルビトールを発酵しないか，発酵速度が遅いので，無色のコロニーを形成する。

結果の観察は24時間以内に行う。時間が経ちすぎると，ソルビトール発酵性および非発酵性コロニーの区別がつきにくくなる。

（牧野　壮一，楠本　晃子）

第4章 液体培養と生菌数測定

本実験の目的

[1] 安全で正確な無菌操作(10倍階段希釈系列)の習得。
[2] 集落形成に基づく細菌の生菌数測定：混釈法，平板塗抹法，メンブレン・フィルター法。
[3] 集落形成に依拠しない細菌の生菌数測定：液体培地希釈法，最確数法(MPN)。
[4] 液体試料中の全菌数測定法。

使用材料・機器

[1] 実験素材
- 生菌含有試料(糞便，血液，組織液，乳製品，食品他)

[2] 卓上機器
- ブンゼンバーナー(ガスバーナー：約10cm程度の内芯・外芯の分かれた炎高)・35%イソプロピルアルコール浸漬カット綿(消毒用：有蓋容器〈例：平板等〉に入れておく)・恒温槽(50〜60℃)，ボルテックス・ミキサー・電動ピペット(必須ではない)・ピペット吸排気用ゴム球・分光光度計(全菌数用)・Petroff-Hauser・TATAI・その他諸血球・細胞計算盤(全菌数用)

[3] 大型機器
- オートクレーブ
- インキュベーター

[4] 消耗材
- 滅菌生理食塩水(0.8〜0.9%NaCl*)・滅菌済み平板(混釈用，塗抹用)・綿栓(紙栓，プラスチック栓等)付き滅菌中型試験管(希釈用，増菌用)・滅菌1,10mL各先端目盛り(吹き出し)型ピペット(図1)・ガラス製コンラージ棒(図2)・滅菌済み細菌ろ過膜(孔径0.45〜0.22μm)・培地(液体，固形)・使用済みピペット浸漬用消毒薬の入ったバット
*ウシ由来材料では0.5〜0.6%

実験時，特に注意すべき事項

[1] 無菌(sterile)状態下の機材使用。
[2] 無風環境(無菌ゾーン)の形成，確保への留意。
[3] 可能であれば，2名の人員で実施する。

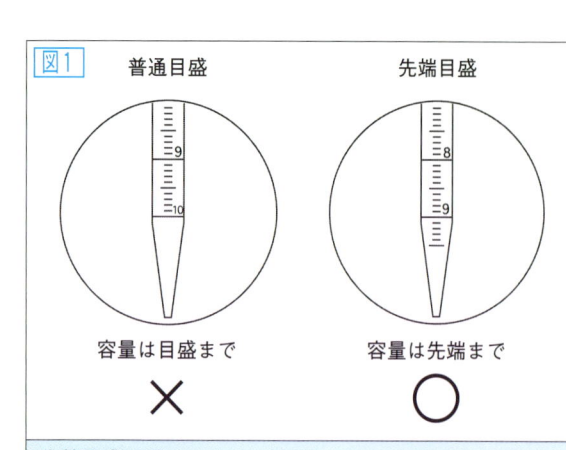

図1　普通目盛　　先端目盛
容量は目盛まで　✕　　容量は先端まで　○
先端目盛りピペット

- 生菌数計測では，先端目盛ピペットを用いる。
- プラスチック製品は滅菌済みで市販されている(1mL, 10mL)。
- ガラス製品では，乾熱滅菌(160℃，40分)，を施す。
- 希釈のための1mLピペットの最少必要本数は，希釈の段階数と同数であるが，通常その倍を用意しておく(10^1〜10^{10}まで10段階希釈する場合なら20〜25本程度)。容量10mLピペットは，5〜10本程度あればよい。
- その他の容量のピペット(2mL, 5mL, 20mL, 50mL等)は，状況に応じ適宜用意。

液体培養と生菌数測定　第4章

図2

コンラージ棒（Conradi stick, Conradi bar）
細菌を平板培地表面に塗抹（spread）するのに使用。エタノール70～80％中に浸漬し，ブンゼン・バーナーで火炎滅菌する

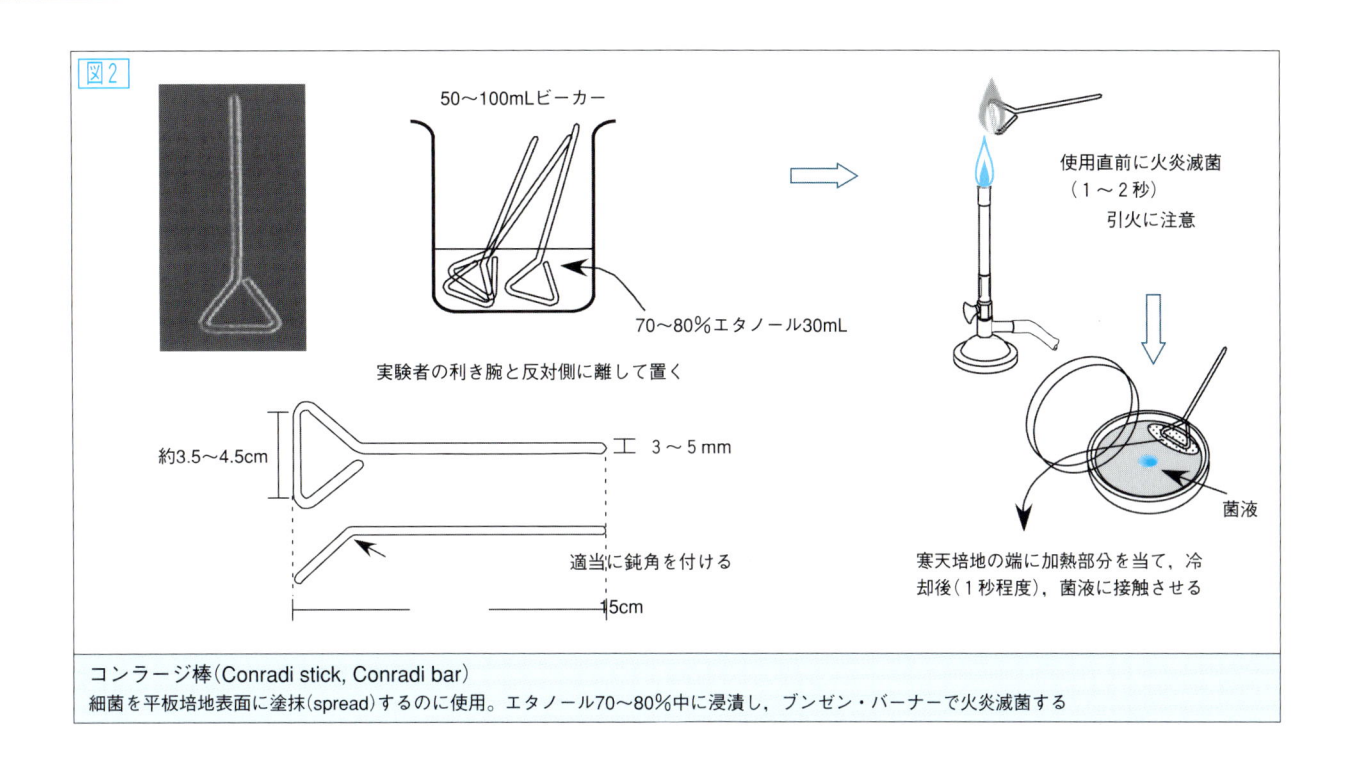

実 験 概 要

[1] 培地と細菌発育の特性

　生菌数測定は，固形培地を用い，その表面・内部に形成させた集落数を基に算定する場合と，液体培地を用い，集落形成数ではなく，発育の有無を基に推定する場合とに二大別できる。

　いずれも目的の菌の性状に合致した培地を必要とするが，現在，すべての菌種に発育支持能を持つような培地組成は未だ知られていないので，使用する培地の性能により，検出可能な菌属・菌種の範囲が限定されてくる。従って特に菌種を特定せず，広く一般的な生菌数測定を行う際の培養基には，出来るだけ広い菌発育支持能を持つ培地を選び，得られた測定値についても，試料中に本来存在していた全生菌中で，使用培地に適合した一部の菌種の増殖による，相対的結果である可能性に常に留意する必要がある（図3）。

　液体培地では，環境適応性の高い株での優勢発育が，固形培地上での場合より早く生ずる傾向が高く，優勢発育菌と計数目的菌とが合致しない場合も生ずる。そのため，増殖の有無により菌数を判定する液体培地での菌数測定は，純培養株への実施，もしくは選択培地（目的の菌のみを発育させる培地）による特定菌属・菌種の計数に，より適している。固形培

図3

GAM（General Anaerobic Medium）液体培地

組成　　1L中	
ペプトン	10.0g
大豆ペプトン	3.0
プロテオースペプトン	10.0
消化血清末	13.5
酵母エキス	5.0
肉エキス	2.2
肝臓エキス末	1.2
ブドウ糖	3.0
リン酸二水素カリウム	2.5
塩化ナトリウム	3.0
溶性デンプン	5.0
L-システイン塩酸塩	0.3
チオグリコール酸	0.3
pH 7.3±0.1	

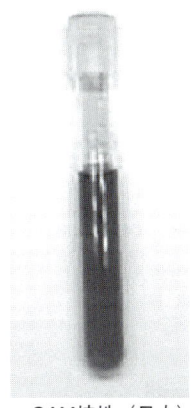

GAM培地（日水）

発育支持能の高い液体培地の例（一般細菌用）
　本来は偏性嫌気性菌用の培地であるが，通性嫌気性菌や偏性好気性菌の一部を含め，高い発育支持能を持つ（日水）。
　他にBHI（Brain Heart Infusion）液体培地，トリプトソイ（Tryptosoya）液体培地なども一般発育支持能が高い（各社）。液体，固形，半流動など種々の形態で使用する。

37

第4章　液体培養と生菌数測定

地使用においても，測定対象が特定の菌属・菌種に限定している場合，選択培地の使用が効率的である。

多くの菌属・菌種に選択培地が開発されている（図4）。選定は培地会社（日水，栄研，極東，Difco，Oxoid他）の解説書，選択培地収録資料等を参考に行う。

（参考文献例：Handbook of Microbiological Media, 3rd ed. Atras, R.M., CRC Press, Tokyo, 2004.）

［2］試料中の菌数の維持，全菌数と生菌数

実際の菌数測定実施までに時間（細菌の一般的な倍加時間平均を考慮するなら，4時間を限度）を要する場合には，試料を栄養分を含まずpHを安定化させる培地（輸送用培地）（図5）に移植し，細菌数増減の抑制・維持に努めねばならない。

菌数には，検査時点での生死に関わらず視認可能な細菌細胞数をすべて測定する全菌数（total cell count）と，増殖能力を保持する細菌のみを対象に計る生菌数（viable cell count）との2種がある。例えばウシ乳房炎の病勢判定では全菌数，食品衛生管理では生菌数をそれぞれ用いる。目的に応じ，適切な測定方法を選ぶ。通常，菌数のデータは，生菌について求められる場合が多い。

［3］生菌数測定方法

試料中にある，現在生きて増殖活動能力を保持している細菌数を示す生菌数は，細菌検査における基本情報のひとつである。

生菌数の測定は，原則として集落数測定により行う。ここで集落（colony）とは，固形培地上～培地内において，ただ1個の生きた細菌細胞が分裂し，隣接して増殖する他の生菌から十分単離した状態の下で増殖，肉眼視可能な大きさになった増殖塊を指す（図6）。形成された細菌集落の元は1個の細菌細胞に由来した無性性増殖塊であるから，定性的には，そこに含まれるすべての細胞は，最初の菌細胞と同一な単一クローン集団である。

形成集落に基づく測定は，直接視認の可能な点で計数結果の信頼性が高く，また元来1個の細胞に由来する点で，出現集落数と当初存在した細菌数とは一致していると考えて良いので，集落数に基づく菌

図4

BGLB（brilliant green lactose bile）液体培地組織（大腸菌群の選択液体培地）

組成	1L中
ウシ胆汁（Oxgall）乾燥末	20.0g
乳糖	10.0
膵分解ゼラチン末	10.0
ブリリアント・グリーン	0.013
pH 7.2±0.2	

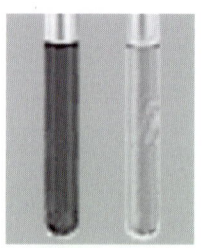

陽性　　陰性
［大腸菌群の発育］

選択性の高い液体培地の例
グラム陰性通性嫌気性菌では，大腸菌群のみ積極的に利用可能な乳糖を唯一の炭素源として含み，強力な胆汁成分によって他の菌発育を抑制する。大腸菌群は乳糖を分解し，酸とガスとを産生する性状を持つため，酸性条件下で変色する緑色色素ブリリアント・グリーンの色調変化とガス産生とを同時に観察した場合，発育菌は大腸菌群と考えてよい。

［他の選択培地の例］
マンニット・食塩（Mannitol salt broth）液体培地（ブドウ球菌用），ミドルブルック（Middlebrook 13A）液体培地（マイコバクテリウム用）など（各社），目的の菌に合わせた組成の培地が考案・市販されている。

［主な培地販売会社（Powder Maker）］
Difco, Oxoid, Kyokuto（極東），Nissui（日水），Eiken（栄研），など多数

数算定の結果は，生残菌数の最も正確な反映と見なし得る。

集落数は，細菌細胞の当初存在数と同一と見なせる（上述）ので，菌数を集落形成単位（colony forming unit：CFU）として記録（通常1mL中の値として表記）する。

集落の複数結合した融合集落（mixed colony）は，正確な菌数測定を阻害する。また，菌液希釈の際生ずる確立誤差（α％）は，希釈回数nに応じ累積増加（$\alpha \times \sqrt{n}$％）する。測定操作では菌の混釈，塗抹時での充分な混和操作，および正確なピペット操作を遵守し，誤差軽減に努めねばならない。

[A] 混釈法（plate count）

集落形成に基づく菌数測定法。最も信頼性が高い。測定対象の原試料中の菌濃度を基に，10^1〜10^{10}倍程度まで（希釈範囲は，実験目的に応じ増減）の範囲で10階段希釈菌液（各10mL）を作製（生理食塩水等）する。各階段希釈菌液1mLを平板に入れ，固形培地と混和，培養する（直径9cm，培地量20mL程度）。形成された集落数と希釈倍数とから，当初の菌数を推定する。1名でも可能だが，2名一組での実施が効率的である。

[B] 平板塗抹法（spreading count, surface culture）とメンブレン・フィルター法（membrane count）

[B]-1 平板塗抹法：簡易菌数測定法。混釈培養と同様，形成集落数と希釈倍数とから，当初の菌数を推定する。平板培地上中央に，希釈菌液100μL（中シャーレでの上限量）を滴下し，コンラージ棒で表面全面に拡大塗布した後，培養する。混釈法に比べ，10^1/mL前後の誤差を生ずる場合がある。

[B]-2 メンブレン・フィルター法：細菌ろ過膜（直径0.45〜0.22μm）で細菌試料をろ過し，膜面上に捕捉された菌を，固形培地に圧着接種して培養後，形成集落数と希釈倍数とから，当初の菌数を推定する。融合集落を生じやすいので，当初から菌を相当数含むと予想されている試料については，菌濃度を低減させるため，適当に試料希釈を施してから行う。

[C] 液体培地希釈法（dilution method）

液体培地における菌発育の有無に基づき菌数を測定する方法。試料を希釈して順次液体培地に接種・培養し，発育の起きた最終希釈段階に基づき菌数（概数値）を推定する。集落計数の手間の無い等比較的簡便性が高い。簡易結果で充分な場合，固形培地を欠く場合，集落を形成し難い微生物（藻類，原生動物，一部の細菌）等の菌数測定に有用。原試料の10倍階段希釈菌液を10mLずつ作製（生理食塩水等）し，希釈段階毎に菌液を1mLずつ5本の液体培地に接種・培養する。すべてに菌発育の起きた最終希釈段階を菌数とする。通常，生菌数測定は菌濃度10^1個/10mL（=10^0個/mL；1個/mL）時点での希釈段階を計数の指標とするが，10^0/mLの次の10倍希釈である

図5　キャリー・ブレア培地（Cary-Blair medium）の組成

組成　1L中	
リン酸二水素ナトリウム	1.1g
塩化ナトリウム	5.0
チオグリコール酸ナトリウム	1.5
塩化カルシウム	0.09
寒天	5.6
pH 8.2〜8.6	

試料中の細菌数を保持する培地組成の例

いわゆる輸送用培地の代表例として，他にアミー培地（Amies transport medium）やスチュアート培地（Stuart transport medium）がある。原試料から菌脱落および酸化の影響の軽減のため，いずれも半流動状態で（0.5%程度）用いられる。栄養分を含まず，pH変動を抑制しやすい組成中では，4時間程度までの生菌数保持が可能である。

キャリー・ブレア培地の含有栄養成分は少なく，緩衝剤としてリン酸塩を用いるため E.coli Citrobacter freundii, Klebsiella pneumoniae の過剰発育が阻止されやすい。これらの菌は，特異的なグリセロン酸脱水素酵素を持つため，Stuart輸送培地では，過剰発育が起こりやすいとされる。また酸化還元電位が低く，菌がより長時間生存しやすいともされている。

本培地で嫌気性細菌を輸送しようとするときには，試験管に十分培地を満たして使用する。

アミー培地もリン酸緩衝系を使用し，キャリー・ブレアと同様の過剰発育を抑制する。カルシウム（Ca）塩およびマグネシウム（Mg）塩が，菌の生存性向上の観点から添加されている。

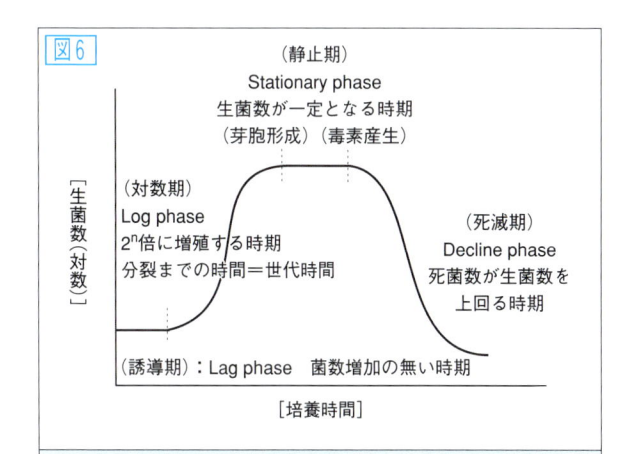

図6

細菌の増殖曲線

細菌増殖は誘導，対数，静止，死滅の四期で経過する。試料中の細菌は，培地に接種されると誘導期に入り，分裂を一時的に休止し，培地に適応するように生理条件を整えると，対数期に移り盛んに分裂する。複数種の菌の混在する試料では，最も早く対数期に到達した菌が優勢になる。栄養素獲得が容易な液体培地では，とくにこの傾向が顕著な点に留意して増殖の様相を観察せねばならない。

濃度10^{-1}/mLは，実質上1〜9個/10mLの範囲で菌を含んでいる。菌増殖は1個の生菌で起こるから，発育の有無で菌数を推定する本法では，濃度10^{-1}/mL溶液の生菌数濃度範囲が5〜9個/10mLの場合，菌液1mL接種で，培地5本すべてで菌増殖を観察し得る（これ以下（4〜1個/10mL）では最高4本までしか発育できない）。このため実数より10倍多い可能

性を含む点を考慮し、「多くとも」得られた結果以内の生菌数（α）が存在した（≦α）として、測定結果に不等号を付して記載する。

[D] 最確数法（most probable number：MPN）

　糞便汚染の指標である大腸菌の検出に対し用いられる場合が多い。目的菌数が少い、簡便性を特に要する、雑菌で集落形成法での測定が困難、等の場合にも用いる。

　最確数とは、大腸菌を念頭に置き、「水中に菌（大腸菌）は一様に分布」、「採取した菌（大腸菌）は生きていて、生化学反応を起こし得る」の二点を統計処理の条件に置き、培養後出現する集落数の、統計学的確率（ポアソン分布）を表した数値である（表1, 表2）。例えば菌濃度5個/10mLの大腸菌液を1mL宛平板培地で10枚培養すると、5枚に集落が形成され、他5枚には無集落の確率が最も高くなる。次いで形成平板4－非形成6、形成平板3－非形成7、以下2－8、1－9の割合の発生確率が数学的に計算可能となる。例えばMPN表（表1）の数値「33」（4-3-1の数列項のMPN値）とは、被験水道水100mLを固形培地で培養すると、大腸菌集落が33個形成される確率の最も高いことを示す。

　MPN法は本来、水道水のように菌数の少ない試料を被験対象とし、成人一回の平均飲水量100mLの1/10量（10mL）を希釈開始試料量とする。1mLあるいは0.1mLを希釈開始試料量とする場合もあるが、その場合にはMPN表の値に10（希釈開始試料量1mLの場合）もしくは100（同0.1mL）を乗ずる。固形物は通常10倍希釈（w/v）溶液を作製、原液とする。

　MPN法は、適切な選択培地の併用を前提とする。大腸菌検出では増菌用にBGLB (brilliant green lactose bile) 培地を用いる場合が多い。培養本数をn、発育本数をpとすると、正確性はn数に比例し増すが実用上、各希釈段階でn＝5本とする場合が多い（他に3, 8, 10本法等）。ひとつの試料について原液、10、100倍まで3段階の10倍階段希釈を作る。原液については、その10mLずつを2倍濃度BGLB 5本と等量混和する。10、100倍希釈試料各1mLを1倍濃度BGLBそれぞれ5本に接種する。48時間後まで培養（35±1℃）する。

　大腸菌（$Escherichia\ coli$）は、乳糖分解によりガス及び酸を共産生する。酸産生によるBGLB培地（緑色）色調の変化（黄色化）はしばしば不明瞭となる。そこで陽性判定は、著明化しやすいガス貯留の確認（ダルハム管）を第一義に行う。菌発育（培地の混濁化）、培地の黄色化があったとしても、ガス産生を認めなければ陰性と判定する。

　希釈三段階毎に接種五本中での陽性の試験管数を数え、希釈の低い（高濃度）順に連続した3個の数を得る。例えば原液（10^0）接種管で陽性3本、10倍（10^{-1}）希釈接種管で2本、100倍（10^{-2}）希釈接種管で1本の場合、MPN数列は3-2-1となる。表中の該当MPN値は17なので、非希釈原試料なら菌数はそのまま17（個）/100mLとなる。希釈原試料であれば希釈倍数を乗ずる。結果は、100もしくは1mL中の菌数として記載する。

第4章 液体培養と生菌数測定

表1　最確数(most probable number：MPN 5本法)表

陽性管数			MPN	95%信頼限界		陽性管数			MPN	95%信頼限界	
10mL	1mL	0.1mL	100mL	下限	上限	10mL	1mL	0.1mL	100mL	下限	上限
0	0	0	<2	<1	7	4	1	1	21	7	41
0	0	1	2	<1	7	4	1	2	26	10	66
0	1	0	2	<1	7	4	1	3	31	10	66
0	1	1	4	1	10	4	2	0	22	7	48
0	2	0	4	1	10	4	2	1	26	10	66
0	2	1	6	2	14	4	2	2	32	10	66
0	3	0	6	2	14	4	2	3	38	13	100
1	0	0	2	<1	10	4	3	0	27	10	66
1	0	1	4	<1	10	4	3	1	33	10	66
1	0	2	6	2	14	4	3	2	39	13	100
1	1	0	4	<1	11	4	4	0	34	13	100
1	1	1	6	2	14	4	4	1	40	13	100
1	1	2	8	3	22	4	4	2	47	14	110
1	2	0	6	2	14	4	5	0	41	13	100
1	2	1	8	3	22	4	5	1	48	14	110
1	3	0	8	3	22	5	0	0	23	7	66
1	3	1	10	3	22	5	0	1	31	10	66
1	4	0	11	3	22	5	0	2	43	3	100
2	0	0	5	1	14	5	0	3	58	21	150
2	0	1	7	1	15	5	1	0	33	10	100
2	0	2	9	3	22	5	1	1	46	14	110
2	1	0	7	2	17	5	1	2	63	21	150
2	1	1	9	3	22	5	2	3	84	34	110
2	1	2	12	4	25	5	2	0	49	15	150
2	2	0	9	3	22	5	2	1	70	22	170
2	2	1	12	4	25	5	2	2	94	34	220
2	2	2	14	6	34	5	2	3	120	30	240
2	3	0	12	4	25	5	2	4	150	60	350
2	3	1	14	6	34	5	3	0	79	23	220
2	4	0	15	6	34	5	3	1	110	30	240
3	0	0	8	2	22	5	3	2	140	50	350
3	0	1	11	4	22	5	3	3	170	70	390
3	0	2	13	6	34	5	3	4	210	70	390
3	1	0	11	4	25	5	4	0	130	30	350
3	1	1	14	6	34	5	4	1	170	60	390
3	1	2	17	6	34	5	4	2	220	70	440
3	2	0	14	6	34	5	4	3	280	100	700
3	2	1	17	7	39	5	4	4	350	100	700
3	2	2	20	7	39	5	4	5	430	150	1100
3	3	0	17	7	39	5	5	0	240	70	700
3	3	1	21	7	39	5	5	1	350	100	1100
3	3	2	24	10	66	5	5	2	540	150	1700
3	4	0	21	7	40	5	5	3	920	230	2500
3	4	1	24	10	66	5	5	4	1600	400	4600
3	5	0	25	10	66	5	5	5	>1600		
4	0	0	13	4	34						
4	0	1	17	6	34						
4	0	2	21	7	39						
4	0	3	25	10	66						
4	1	0	17	6	39						

ISO/DIS：Microbiology-general guidance for the enumeration of coliforms-most probable number techinique(1989)(食品衛生検査指針所収より転記)。
載っていない数列のMPNは，最も近い数列で最確数(MPN)の大きい方を使用する。

表2　最確数(most probable number：MPN 3本法)表

陽性管数			MPN	95%信頼限界		陽性管数			MPN	95%信頼限界	
10mL	1mL	0.1mL	100mL	下限	上限	10mL	1mL	0.1mL	100mL	下限	上限
0	0	0	<3	<1	9	2	2	0	21	5	40
0	0	1	3	<1	10	2	2	1	28	9	94
0	1	0	3	<1	10	2	2	2	35	9	94
0	1	1	6	1	17	2	3	0	29	9	94
0	2	0	6	1	17	2	3	1	36	9	94
0	3	0	9	4	35	2	0	0	23	5	94
1	0	0	4	<1	17	3	0	1	38	9	100
1	0	1	7	1	17	3	0	2	64	16	180
1	0	2	11	4	35	3	1	0	43	9	180
1	1	0	7	1	20	3	1	1	75	17	200
1	1	1	11	4	35	3	1	2	120	30	360
1	2	0	11	4	35	3	1	3	160	30	380
1	2	1	15	5	38	3	2	0	93	18	360
1	3	0	16	5	38	3	2	1	150	30	380
2	0	0	9	2	35	3	3	2	210	30	400
2	0	1	14	4	35	3	2	3	290	90	990
2	0	2	20	5	38	3	3	1	240	40	990
2	1	0	15	4	38	3	3	2	460	90	2000
2	1	1	20	5	38	3	3	3	1100	200	4000
2	1	2	27	9	94	3	3	0	>1100		

ISO/DIS：Microbiology-general guidance for the enumeration of coliforms-most probable number techinique(1989)(食品衛生検査指針所収より転記)。
載っていない数列のMPNは，最も近い数列で最確数(MPN)の大きい方を使用する。

第4章 液体培養と生菌数測定

実 験 の 手 順

［A］混釈法

［1］実験素材，機器の準備

1 希釈用試験管と培地の準備

原試料の10倍階段希釈系列を作製するため，希釈度の数に応じて，清浄な中試験管に生理食塩水を9mLずつ分注し，高圧蒸気滅菌（121℃，2気圧，15分）後，室温に冷却しておく（図7）。例えば，原試料液（10^1倍）から10^{10}倍まで希釈する場合，必要な試験管数は10本となる（途中の希釈度から測定する場合でも，原則的には原液から順次10倍階段希釈するので，例えば10^4倍希釈から10^9倍希釈までの菌数を測定したい場合，10^1から10^9まで9本の生理食塩水分注試験管を準備する）。

混釈に用いる寒天培地を作製し，例外（DHL培地など一部）を除き，高圧蒸気滅菌（121℃，2気圧，15分）する。終了後恒温槽で，50℃に保温する。混釈で平板に必要な培地量を，約20mL/平板として作製培地量を計算，準備する。

2 希釈用菌原液の準備

菌数測定の原試料が液体もしくは水に懸濁可能な固形物で，ピペット操作を阻む粗粒子を含まない場合には，そのまま希釈用菌原液として使用できる。最低1mLに満たない場合，滅菌生理食塩水で増量して1mLとし，その際の希釈倍数を記録する。

測定対象の原試料が，懸濁液が粗粒子を多く含み（例　乳，血液，組織液など），ピペット詰まりなど懸念のある場合には，乾熱滅菌したステンレス・メッシュ（#200または#250：池本理化工業）でろ過し，操作を阻む恐れのある夾雑物を除き，希釈用菌原液とする（図8）。

水に不溶性の固体表面の菌数測定を行う場合には，適当量の滅菌水に試料を浸漬し，菌を浮遊させた後，ステンレス・メッシュでろ過して希釈用菌原液とする。

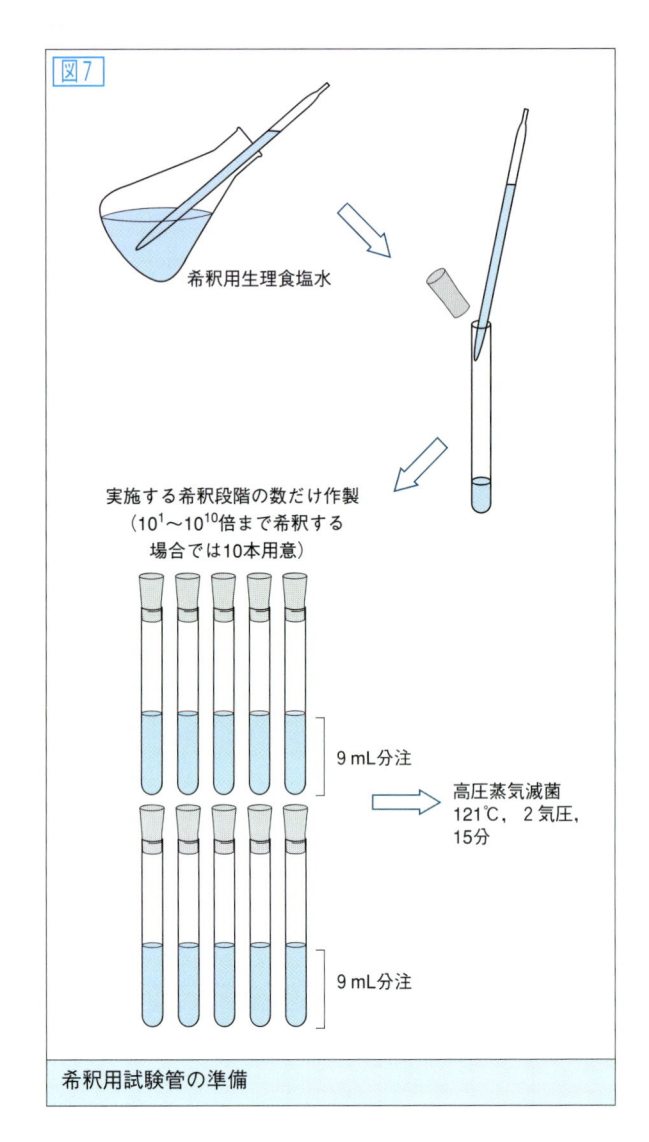

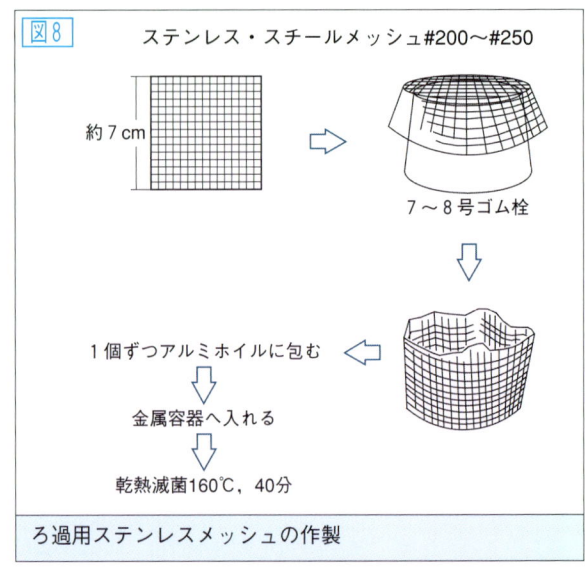

図7

希釈用生理食塩水

実施する希釈段階の数だけ作製
（10^1〜10^{10}倍まで希釈する場合では10本用意）

9mL分注

高圧蒸気滅菌
121℃，2気圧，15分

9mL分注

希釈用試験管の準備

図8

ステンレス・スチールメッシュ#200〜#250

約7cm

7〜8号ゴム栓

1個ずつアルミホイルに包む

金属容器へ入れる

乾熱滅菌160℃，40分

ろ過用ステンレスメッシュの作製

第4章 液体培養と生菌数測定

ポイント・メモ1〈実験のコツ〉

測定の誤差を生む主な原因は，以下の3つなので，これらを避けるよう留意する。

[1] **菌の管底，管壁への沈降・付着**：菌原液の希釈開始時点までに，混釈に用いる培地の滅菌を終え，保温下に置いておく。希釈開始から混釈終了までの間，希釈用試験管内での菌の沈下，管壁への付着を減らすため，手早いピペット操作を心懸ける。

[2] **高濃度側ピペットからの菌汚染**：低希釈倍数（より濃い菌濃度）管で用いたピペットに付着する菌（主にピペット外則）の，次管混入を防止するため，低希釈度からの1mL菌液接種を終えた時点でのピペットの廃棄，次管希釈開始時点での新ピペット使用を，それぞれ徹底する。

[3] **融合集落の発生**：充分に単離した計数しやすい集落を形成させるため，混釈用の希釈菌液100μLは，常に平板の中央に置く。栄養型細菌は，概ね55〜56℃で死滅し始め，寒天は50℃以下で固化を始める。混釈に使用する培地温度を50℃に保持・保温し，培地熱による被験菌死滅を防止し，かつ培地流動性を保つように心懸ける。

---

3 測定前の機材の準備

① （無菌ゾーンの設定）　机上の作業範囲の表面を，35％イソプロピルアルコール浸漬カット面で清拭し，1分程度放置する。ブンゼン燈を点火し内芯炎，外炎に分かれた炎高10cm程度の完全燃焼炎を作る（図9）。

② （希釈用試験管へのマーキング）　試験管立てに，目的とする希釈段階数に応じ，生理食塩水9mLを入れた滅菌済み菌液希釈用の試験管（例えば10^1〜10^{10}倍までなら10本）を1列に並べる。管壁にそれぞれの希釈倍数を記す（例1，2，…10）（図10）。

③ （混釈平板へのマーキング）　滅菌済み中平板（ガラス製，プラスチック製）にも希釈用試験管に対応して蓋側もしくは体則のどちらかの端に，計測対象の希釈倍数を記す（例1，2，…10，途中の希釈菌液から3，4，…10など）。蓋側に記す場合，取り違え防止の為，蓋と体部とにまたがる線などの印を入れる（図10）。

④ （希釈用1mLピペットの準備と本数確認）　希釈段数に被験菌原液採取用の1本を加えた数の滅菌済み先端目盛りピペットを用意する（例　希釈度10段階〈10^1〜10^{10}〉の場合，11本用意）。（図10）。

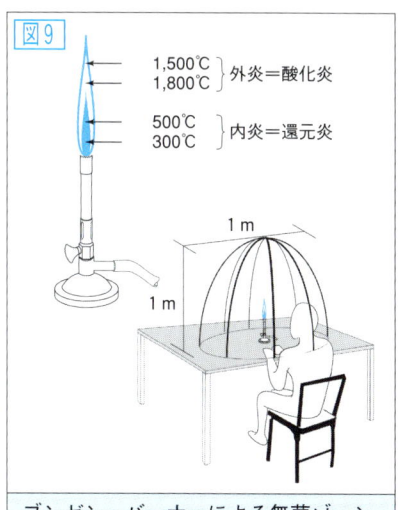

図9

1,500℃ / 1,800℃ } 外炎＝酸化炎
500℃ / 300℃ } 内炎＝還元炎

ブンゼン・バーナーによる無菌ゾーン
炎高15cm程度のガス二重炎（内芯炎，外芯炎）を点火すると半径50cm，高さ1m程度の範囲の空中は，対流により落下細菌数が極端に少なくなり，無風状態下では，ほぼ無菌ゾーンが形成される。
操作は，この範囲内で行うよう心懸ける。

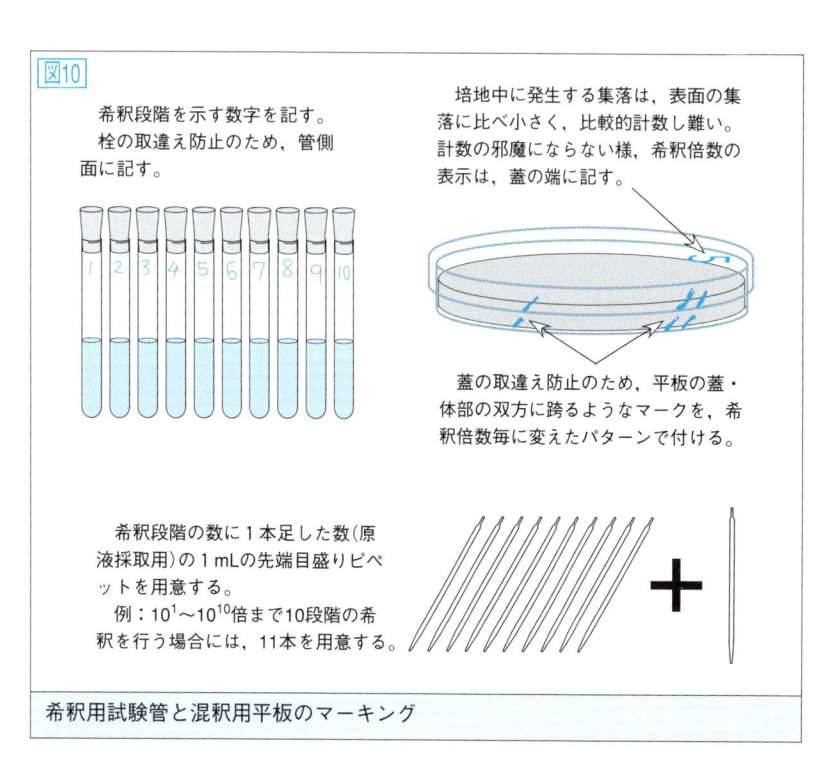

図10

希釈段階を示す数字を記す。栓の取違え防止のため，管側面に記す。

培地中に発生する集落は，表面の集落に比べ小さく，比較計数し難い。計数の邪魔にならない様，希釈倍数の表示は，蓋の端に記す。

蓋の取違え防止のため，平板の蓋・体部の双方に跨るようなマークを，希釈倍数毎に変えたパターンで付ける。

希釈段階の数に1本足した数（原液採取用）の1mLの先端目盛りピペットを用意する。
例：10^1〜10^{10}倍まで10段階の希釈を行う場合には，11本を用意する。

希釈用試験管と混釈用平板のマーキング

第4章　液体培養と生菌数測定

[2] 混釈法による菌数測定

1 希釈系列の作製（図11-1～図11-5〈B〉）

①新しいピペットとゴム球（電動ピペット）で，菌原液1mLを正確に採取する。

②左手で希釈第1管（10^1倍希釈）底部を持ち，右手の小指と掌とで蓋を取り，管口をブンゼン燈で素早く火炎滅菌する（図11-3）。

③ピペット先端およそ5mm程度を液面に差し入れ，菌原液を生理食塩水に移し，容量を10mLとする。

④そのまま2回，生理食塩水を吸引・排水し，ピペット内残存菌を洗浄，接種する。
　管壁に接触せぬようピペットを抜き，いったん試験管に蓋をし，ピペットは消毒用バットに廃棄する。

⑤新しいピペット（10^1倍希釈用）を用意し，試験管の蓋を開け（②参），管口とピペットとを素早く火炎滅菌後，ピペット先端を管底部まで入れ，1mL吸引する。ピペット先端を液面の上数cmまで引き上げる（図11-4）。

⑥左手で管を回転させながら，管壁を伝わらせて菌液を排出させる（図11-4）。

⑦再び同一ピペットを管底に入れ，1mLを採取し，液外に引き上げて，回転する管壁を伝わらせながら排出させる。

⑧上記⑥，⑦をさらに10回繰り返す（計12回）。

⑨正確に1mLを採取し（13回目），「1」番（10^1倍）のシャーレの中央に排出，混釈用試料とする。蓋をし，操作の邪魔にならない位置に静置する。正確を期して同一菌濃度で混釈用試料を2枚以上設置する場合（2枚法他），この時点で接種枚数を増やす。

⑩再度正確に1mLを採取後，第1管に蓋をし，試験管立ての異なる位置に戻す。

⑪希釈第2管（10^2倍希釈）を保持，蓋を取り火炎滅菌後，手順⑤～⑩を行う。

⑫新しいピペット（10^2倍の希釈用）で，手順⑤～⑩を行う。

以下，最終希釈段階まで繰り返す。終了後には，混釈用菌液1mLの入った希釈度表示付きシャーレ10枚（一枚法）が残る（図11-5〈A〉）。

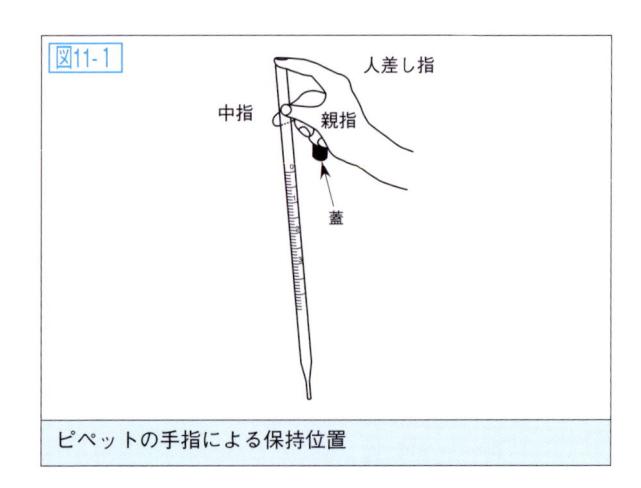

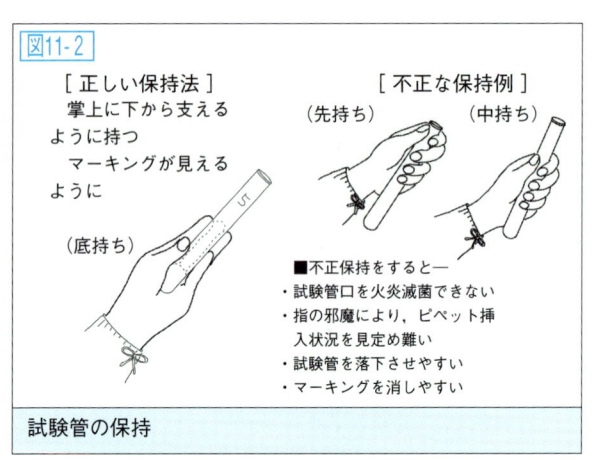

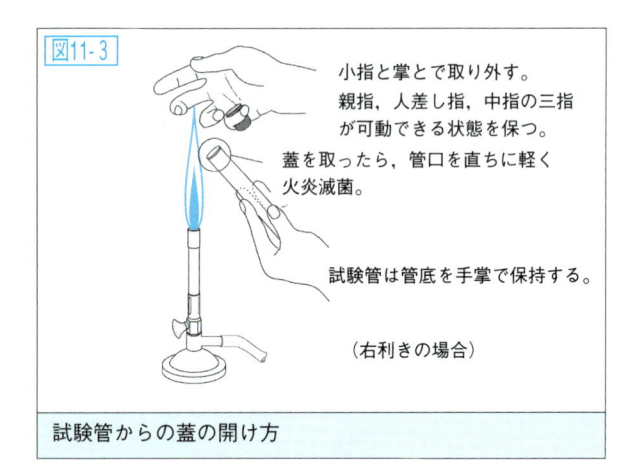

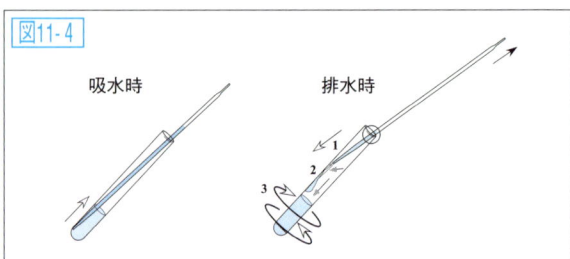

図11-1　ピペットの手指による保持位置（人差し指，中指，親指，蓋）

図11-2　試験管の保持
[正しい保持法] 掌上に下から支えるように持つ　マーキングが見えるように（底持ち）
[不正な保持例]（先持ち）（中持ち）
■不正保持をすると—
・試験管口を火炎滅菌できない
・指の邪魔により，ピペット挿入状況を見定め難い
・試験管を落下させやすい
・マーキングを消しやすい

図11-3　試験管からの蓋の開け方
小指と掌とで取り外す。親指，人差し指，中指の三指が可動できる状態を保つ。蓋を取ったら，管口を直ちに軽く火炎滅菌。試験管は管底を手掌で保持する。（右利きの場合）

図11-4　先端目盛り（吹き出し）ピペットによる液体試料の混和の基本的手技
吸水時　排水時
1．ピペット先端を界面より上に引き上げ，管壁に付ける。
2．管壁を伝わせる様にして，排水。
3．管口部をピペット支点（〇部）とし，管を持つ側の指で試験管を回転させながら（溶液上層前面に）排水する。

図11-5

A.［混釈法での試料希釈（10倍階段希釈）と希釈用試料の採取］

10^{-1}　10^{-2}　10^{-3}　10^{-4}　10^{-5}　10^{-6}　10^{-7}　10^{-8}　10^{-9}　10^{-10}

1 mL

9 mL 生理食塩水

1 mL

被験原液 希釈度 10^0

B.［培地の分注］

フラスコを覆うように，シャーレの蓋を保持しながら注ぐ

300mLフラスコ 必要培地量より必ず大きい容量のフラスコを用いる

培地200mL（20mL／枚×10枚分）

連続的にシャーレに分注する合間に，フラスコの口を時々火炎滅菌する

［1］滅菌後，培地を55℃に保持しておく（恒温槽）。
［2］シャーレ中央部に置いた試料の真上から注ぎ，充分な混和を図る。
［3］正確に培地量を量りながら行わず，目分量で等分する。

中シャーレで約5mm厚（20mL）

混釈法での試料希釈（10倍階段希釈）と希釈用試料の採取（A），および培地の分注（B）

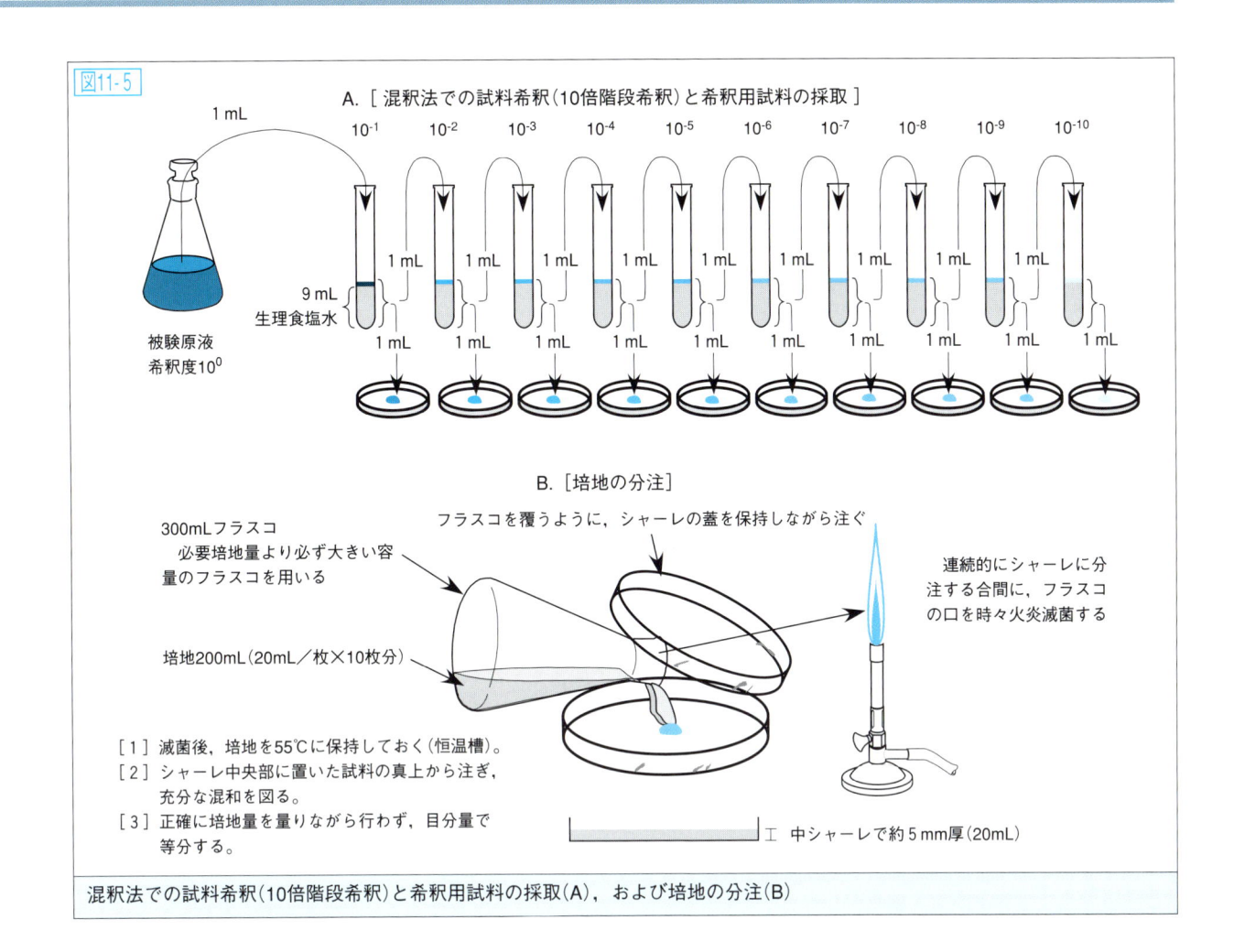

2 混釈と培養（図11-5〈B〉，図11-6）

①机の端に，希釈試料入りシャーレを，相互に2cm程度の間隔を空け一列に並べる。必ずしも希釈倍数の順に並べる必要はないが，相互に密着させないこと（培地分注操作の邪魔になる）。

②中央付近にブンゼン燈を置く。

③保温（50℃）中の寒天培地（フラスコ）の蓋を取り，口を火炎滅菌する。平板の蓋を天蓋としてフラスコ口上方を覆いながら，培地約20mLを，試料の直上から目勘定で注ぎ分散させる。シャーレの蓋を戻す（図11-5〈B〉）。

④シャーレ両端を保持し，ゆっくりと前後左右に動かす。約6～7秒。回すように動かしてはならない（菌が中央部に集まり，融合集落を形成させやすい）（図11-6）。

⑤静置し，固化を待って37℃，18～24時間培養（温度，時間等は条件に依る）。

図11-6

培地を分注したら，直ちに菌液混和を行う。
前後，左右に5～7秒を目安として，平板を震盪させる。
平面な机上で行うと実施しやすい。

［禁忌事項（混釈法を阻害する代表的原因）］

1. 回転運動
   菌が中央部に集中，融合集落形成で測定不能。

2. 高温の培地（56℃以上の培地）
   菌の死亡数が増し，測定不能もしくは誤差増大。しばしば，蒸気で曇った蓋が，雑菌汚染の温床となる。

3. 混釈時に，蓋の天井，側部へ菌を含んだ培地が付着する。
   乱暴な混釈操作に因る。付着部の発育集落数は計数可能だが，外部汚染を発生させやすく，雑菌混入を招くので，測定結果は，しばしば不正確。

混釈操作

第4章　液体培養と生菌数測定

3 菌数の測定（図12，表3）
　①出現集落数30〜300を示す平板を選ぶ（希釈が正当に行われた場合，通常1枚のみ）。
　②集落数を数える。
　③集落数に希釈倍数を乗ずる。
　④菌数の表記：単位体積中の菌数を記す（指数表記）。

測定例：試料1 mLを用い，希釈度10^5倍のシャーレで，集落数134を数えた。他の平板の集落数は30未満もしくは301以上であった。
　この場合の菌数表記：1.3×10^9/mL（小数第2位を四捨五入して表記）。

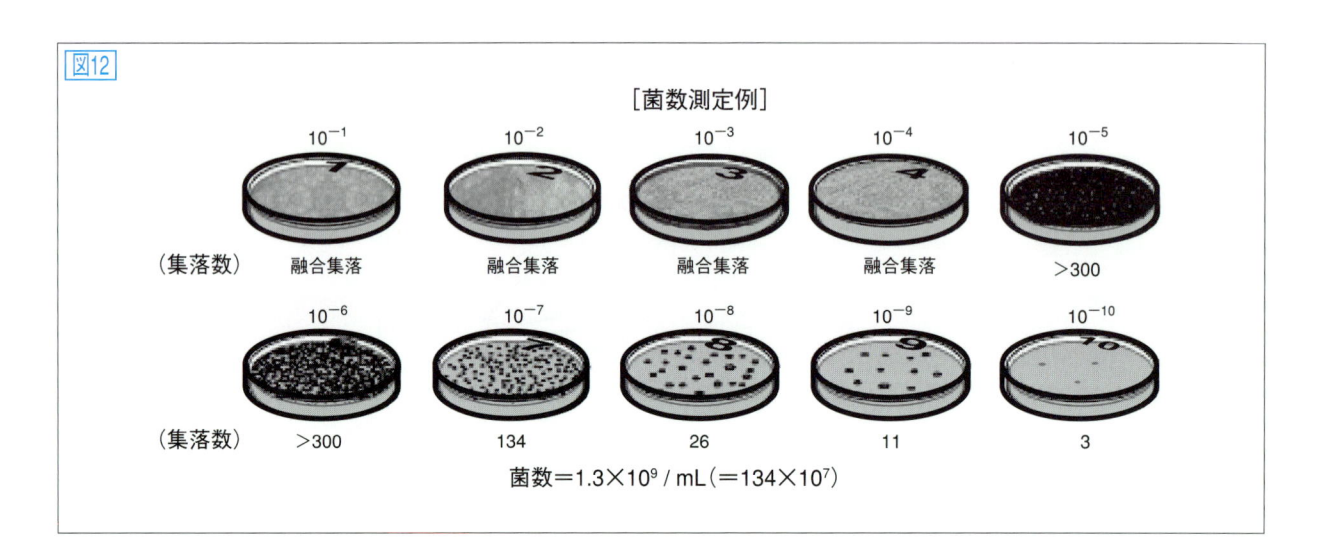

図12　[菌数測定例]

希釈	10^{-1}	10^{-2}	10^{-3}	10^{-4}	10^{-5}
（集落数）	融合集落	融合集落	融合集落	融合集落	>300
希釈	10^{-6}	10^{-7}	10^{-8}	10^{-9}	10^{-10}
（集落数）	>300	134	26	11	3

菌数＝1.3×10^9 / mL（＝134×10^7）

表3　菌数算定基準

集落数の数え方

		希釈倍数					生菌数（CFU）
		10^1	10^2	10^3	10^4	10^5	
集落数	理論値（仮定結果）	50,000	5,000	500	50	5	5.0×10^5/mL
	実際例	計測不能	（同左）	876	31	27	3.1×10^5/mL
	その他　例2	−	234	24	9	2	2.3×10^4/mL
	例3	−	293	41	13	8	3.5×10^4/mL
	例4	−	140	32	3	2	1.4×10^4/mL
	例5	−	1,174	融合集落（菌苔）	22	5	1.2×10^5/mL（参考値：要再実験）
	例6	0	0	0	0	0	L.A.
	例7	−	18	0	0	0	$<3.0 \times 10^3$/mL（参考値：要再実験）

[理論値と実際例]
　集落数30〜300までの平板を選び，指数表記する。ピペットや試験管内への残存，混釈不備，培地温度の影響等々により，測定菌数は理論値と一致しない（希釈操作によっては菌の持ち込みにより，多く計測される場合もある）。　（CFU：colony forming unit）

例2：生菌数は原則的に，仮定部を小数点2位で四捨五入した，単位体積もしくは重量（1 mLもしくは1 g中）中の値として指数表記する。
例3と例4：集落数30〜300までのシャーレが2枚出現した場合，希釈倍数の高い方の集落数を分子，低い方の集落数を分母として，比を得る。
　　　　　比が2未満の場合（例3），両者の平均をCFUとする。2以上であれば（例4），より小さい菌数をCFUとする。
　　　例3　$(41 \times 10^3)/(293 \times 10^2) \fallingdotseq 1.39$　菌数＝3.5×10^4/mL　　例4　$(32 \times 10^3)/(140 \times 10^2) \fallingdotseq 2.28$　菌数＝1.4×10^4/mL
例5：測定を繰り返せず，一方明らかに集落数30〜300までの集落を含むと予想できるシャーレは融合集落で菌数計測不能，且つその一段階前の希釈平板上では計数できた場合，その結果を参考値として記載する。
例6：一般に生菌を含むことが，充分な根拠や以前のデータ等から予想される試料にもかかわらず，集落が全く形成されず，且つ培地や培養方法の不適合等然るべき理由の無い場合，何らかの実験失宜（培地温度60℃以上等）とし，再測定する。（L.A.：laboratory accident）
例7：ひとつ前の希釈倍数（10^1）で300を越える集落数を検出し，次の希釈では30未満に減じた場合，再実験する（希釈の失敗：不充分な菌液混和，ピペット火炎滅菌過剰等）。当研究室では，集落数30未満検出時の希釈倍数を基に，参考値としてのCFU記載をしている

[B] 平板塗抹法

[B]-1 平板塗抹法

[1] 実験素材，機器の準備

1 希釈用試験管と培地の準備
   原試料の10倍階段希釈系列を作製する（生理食塩水）。

2 希釈用菌原液の準備
   滅菌水（滅菌生理食塩水）に懸濁させた菌数測定の原試料を準備する。固形もしくは夾雑物含有する原試料は，前述のようにろ過処理（混釈法の項参照）を行う。

3 測定前の機材の準備。
   ①無菌ゾーンの設定，80％エタノール浸漬コンラージ棒（ビーカー）
   ②希釈用試験管に希釈段階をマーキング
   ③目的の菌に合致した平板培地の準備および蓋に希釈段階を示すマーキングを施す。培地を保温する必要は無い。
   ④原試料希釈用1mLピペットの準備と本数確認。希釈段数に対応した本数に，被験菌原液採取用の1本を加えた数の滅菌済み先端目盛りピペットを用意する。

[2] 平板塗抹法による菌数測定

1 原試料の10倍階段希釈系列を作製する（混釈法の項参照）

2 該当希釈段階に達したら，試料混和のためのピペット操作（混釈法，希釈操作の項目ステップp.44の［2］の1の①～⑨参照）を終え，次の希釈管に1mLを送る。ピペットは廃棄しない。

3 使用中のピペットをそのまま用いて，正確に0.1mLを，対応するマーキングを施した平板の中央に滴下する。ピペットを廃棄する（図13-1）。

4 コンラージ棒を火炎滅菌（引火に注意）し，固形培地の端に2秒程度接触させて棒の塗抹部分を冷却させる。

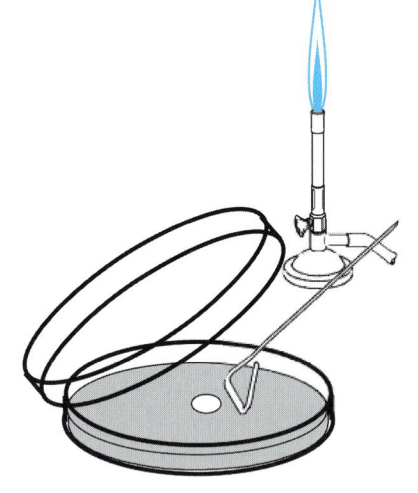

図13-1

バーナー側に向け，被せるように蓋を開ける

試料は，塗抹面中央に滴下すること

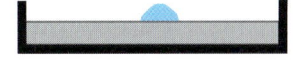

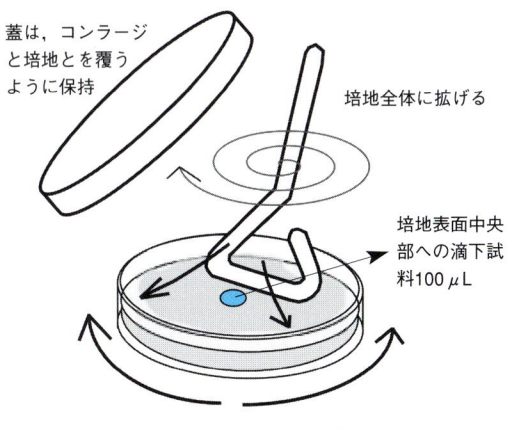

蓋は，コンラージと培地とを覆うように保持

培地全体に拡げる

培地表面中央部への滴下試料100μL

コンラージを操作しながら，平板自体をも指で回し，全域に塗抹を行う

シャーレの蓋は，培地を覆う様に斜めに保持する。
コンラージ棒を菌液の上に乗せ，培地表面に10秒程度で，万遍なく拡げる。時間を措くと培地に染み込むので，試料滴下後直ちに拡げる。
拡げ方に定法は無いが，培地上の全域に充分拡げる。コンラージ棒を動かしながら，蓋を保持している方の手で培地を回転させると，拡げやすい。

平板塗抹法の手順-1

第4章　液体培養と生菌数測定

5 反対側の手（右利きなら左手を指す）で蓋を斜めに比較的広く開け（無菌ゾーン内），同じ手の指で，机上に接触させつつ培地平板体部を左右に回転させる準備をする。

　他方の手でコンラージ棒を中央の菌液に浸したら，直ちに中央部に広げ，培地体部を回転させながら，手早く培地全域に展進させる（図13-1）。

　次の希釈段階での塗抹を更に望むなら，新しいピペットで，次管の希釈を行い，同様操作を行う。

6 静置（3分間）し，原則として37℃，18～24時間培養する。

7 菌数の測定
　①出現集落数10～100を示す平板を選ぶ（希釈操作の正しい場合，1枚のみ出現）。
　②集落数を数える。
　③集落数に希釈倍数を乗ずる。
　④菌数の表記：単位体積（単位重要）中の数として，菌数を記す（前同）。

ポイント・メモ2〈実験のコツ〉

［1］菌液は，滴下後直ちに培地内へ浸透し始める（3分間放置で，0.05mL程度は浸透する）ので，次管の希釈操作を先行させずに，塗抹を先に行う。

［2］培地全面に塗抹することは，融合集落発生防止のために大切だが，1分間までの操作時間に止めるよう心懸ける。

［3］1個の培地表面を2～数等分割（最多で8分割まで）し，複数の試料につき平板塗抹を行う場合，滴下試料液量も分割数に応じて減らし（2～8分割=>50～12.5μL），菌数決定の際に適切な乗算を行う。滴下試料量の少量化に伴い，誤差の必発する点に留意（図13-2）。

図13-2
［平板塗抹法での塗抹面分割数，試料量，計測対象集落数の目安］

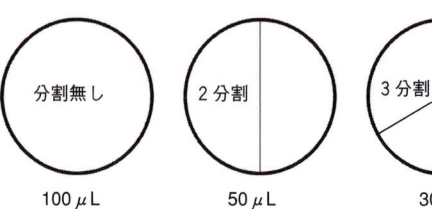

分割無し　100μL　10～100集落/塗抹面
2分割　50μL　5～50集落/塗抹面
3分割　30μL　検出数/塗抹面
4分割　20μL　検出数/塗抹面
8分割　10～5μL　検出数/塗抹面

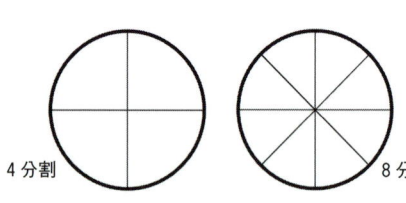

塗抹面の分割使用は，8分割までが実用的。分割数に応じ誤差は拡大する。3分割以上で塗抹する場合，塗抹面に出現する集落数に目安は無い。いずれの場合にも，検出集落数・試料量・試料希釈倍の三者を乗じ，単位体積（1mL）中の菌数を推計，記載する。

平板塗抹法の手順-2。塗抹面の分割使用

［B］-2 メンブレン・フィルター法

比較的菌数が少ない（<10^3/mL）と予想できる試料（緩衝液，血清，薬液，栄養液等々）に用いる。菌数が多いと予想される場合には混釈法等別法が適切であるものの，本法しか手立ての無い場合，充分に希釈した試料について実施する。菌が多いと容易に融合集落の発生する点に留意。一般には少体積（<50mL）の試料を念頭に置く（フィルター径47mm）。より大体積を本法で扱う場合には，相応のろ紙およびろ紙ホルダーを用いる必要があり，個々に選択されたい。

［1］実験素材，機器の準備

1 菌原液および希釈済み試料を準備する（前同）。

2 測定前の機材の準備（図14-1）。
　①無菌ゾーンの設定
　②希釈用試験管に希釈段階をマーキング
　③目的の菌に合致した接種用平板培地の準備（蓋に希釈段階を示すマーキング，蓋と胴体部とに適合組を示すマーキングをそれぞれ施す。接種用培地が冷蔵保存等されていた場合には，30分前からインキュベーター（37℃）庫内で結露等を除去しておく（必須）。一般に，乾燥を図る以外，室温に保持されていれば，接種用平板培地

液体培養と生菌数測定　第4章

に事前保温（37℃等）は必要無い。

④原試料希釈用1mLピペットの準備と本数確認。希釈段数に対応した本数に被験菌原液採取用の1本を加えた数の滅菌済み先端目盛りピペットを用意（例：10^{10}倍希釈まで行う場合最低11本）。

⑤鈍端のピンセット（滅菌済：ろ過膜保持用）

⑥細菌ろ過用ろ過膜（メンブレン・フィルター：孔径0.45μm〈〜0.22μm〉：通常滅菌済製品）および加圧型ステンレス・ホルダー（直径13, 25, 47mm等種々）を，事前にろ過ユニットとして組立て，アルミホイルに包んだり，ビーカー等の容器に収めるホイルで蓋をするなどして，高圧蒸気滅菌を掛けておく（図14-1）。滅菌終了後の取り出し時点から自然に冷める（急激に冷やすと外気による雑菌汚染の恐れがある）まで，最低約40分程度置く。

図14-1

長さ33mm×直径16mm　長さ32mm×直径32mm

O-リング
フィルター
サポート・スクリーン
ガスケット

ファネル（100〜500mL＜各種）
フィルター
ステンレス・フィルターサポート
アルミニウム・クランプ
ベース
直径47mm
シリコン製ストッパー（吸引フラスコ等へ）

ろ過膜表面の微細構造の例
孔径平均：0.22μm

（参考資料：日本ミリポア社）

細菌をろ過するメンブレン・フィルターのホルダーとその構造

[2] メンブレン・フィルター法による菌数測定（図14-2）

①希望する希釈段階の試料1（〜500＜）mLを，滅菌シリンジに取る。

②高圧蒸気滅菌後のユニットは，若干緩んでいる場合がある。無菌ゾーン内で，使用直前に締め直す。ろ過ユニットに，シリンジを装着する。

③緩やかに加圧する。詰まった場合には数度引いてから，再度加圧する。

　完全に詰まった場合は無理せず中止し，一段階低い（もしくはろ過可能な）希釈度の試料液を用いる。

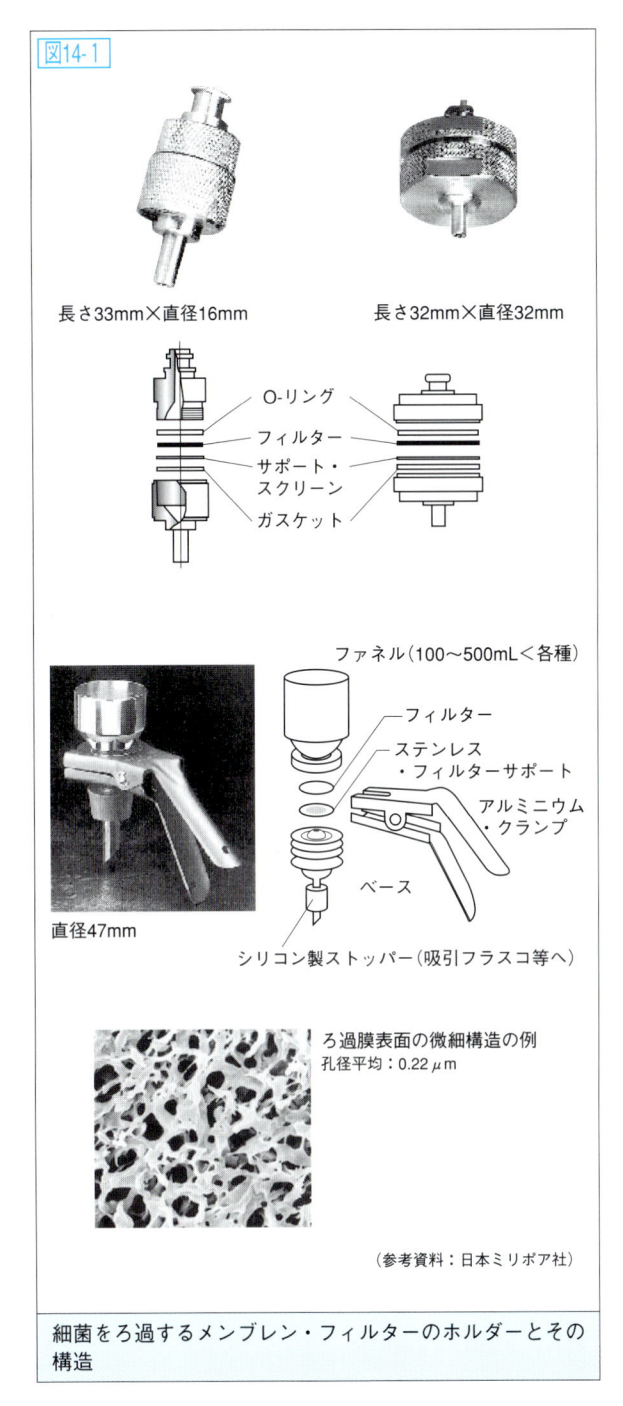

図14-2

リングピンセット　除去
ろ紙の菌付着面
（47mmフィルター）
培養：集落数計数
培地面にろ紙上面（菌付着面：青色部分）を，圧着させる。

メンブレン・フィルターでの培地接種

49

第4章　液体培養と生菌数測定

4 ろ過終了後，ユニットを分解し，鈍端のピンセットでろ過膜を取り出す。

5 平板培地表面に，ろ過膜の菌付着面を押し当てる（図14-2）。ろ膜の小さい場合（直径13，25mm）には，同一培地平面内の数カ所に順次接触させる。大きい場合（直径＞47mm）には，他の平板を複数枚（通常3枚程度）使う。

6 37℃，18～24時間培養する。

7 菌数の測定
　①集落数を数える。同一ろ膜を複数回，もしくは複数の平板に接種した場合には，それらの集落数の平均を取る。
　②出現集落数の総計が，10～100を示した希釈倍数を選ぶ。
　③集落数に希釈倍数を乗ずる。
　④菌数の表記：1 mL中の菌数を記す（前出同様）

ポイント・メモ3〈実験のコツ〉

［1］メンブレン・フィルターを培地面に密着させた後，素早くはがす。
［2］ろ過する試料液量を10～20mLにするとスムーズにろ過し易い（詰まりにくい）。
［3］染色などで原試料中の菌数概数を知り，概ね100個程度の菌体を含む様希釈しておく。
＊：遠心処理（3,000rpm×5分）による菌濃縮は，ろ過体積の減量に有効だが，融合集落も形成され易くなる。主として100mL以上試料に対し行うようにする。

［C］液体培地希釈法

［1］実験素材，機器の準備

1 菌原液および希釈済み試料を準備する（同前）。

2 測定前の機材の準備。
　①無菌ゾーンの設定。
　②希釈用試験管に希釈段階をマーキング。
　③目的の菌に合致した培地の準備および蓋に希釈段階を示すマーキングを施す。培地に保温の必要は無い。
　④原試料希釈用1 mLピペットの準備と本数確認。液体培地を各希釈段数毎に5本ずつ用意する（例：10^{10}倍希釈までの場合5本×10段階=50本）。滅菌済み先端目盛りピペットを，希釈段階に対応じた本数に被験菌原液採取用の一本を加えた数，用意する。

［2］液体培地希釈法による菌数測定
（図15-1，図15-2）

1 原試料の10倍階段希釈系列を10mL宛作製する（混釈法の項参照）。

2 該当測定希釈段階に達したら，試料混和操作（混釈法，希釈操作の項目［2］の1のステップ⑤～⑦参照：p44）を終えた試料1 mLずつを使用中のピペットで正確に取り，五本の培養用液体培地にそれぞれ接種する。ピペットは廃棄しない。

3 次段階の希釈用試験管に試料1 mL（通算6 mLめ）を接種する。

4 ピペットを廃棄し，次段階の希釈，接種操作を新しいピペットで同様に開始する。

5 原則として37℃，18～24時間静置培養する。

6 菌数の測定
　①各希釈段階で，同一希釈濃度接種管5本すべてが発育した最高希釈段階を記録する（例：すべてに発育を観た希釈段階が10^6倍希釈までで，10^7倍以後の希釈段階での全発育は無かった

第4章 液体培養と生菌数測定

図15-1 ［液体培地希釈法での試料希釈（10倍階段希釈）と希釈用試料の採取］

被験原液 希釈度 10^0 → 9mL 生理食塩水、希釈段階 10^{-1}, 10^{-2}, 10^{-3}, 10^{-4}, 10^{-5}, 10^{-6}, 10^{-7}, 10^{-8}, 10^{-9}, 10^{-10}

各希釈段階から1mLずつ液体培地（10mL）×5本／希釈段階へ接種

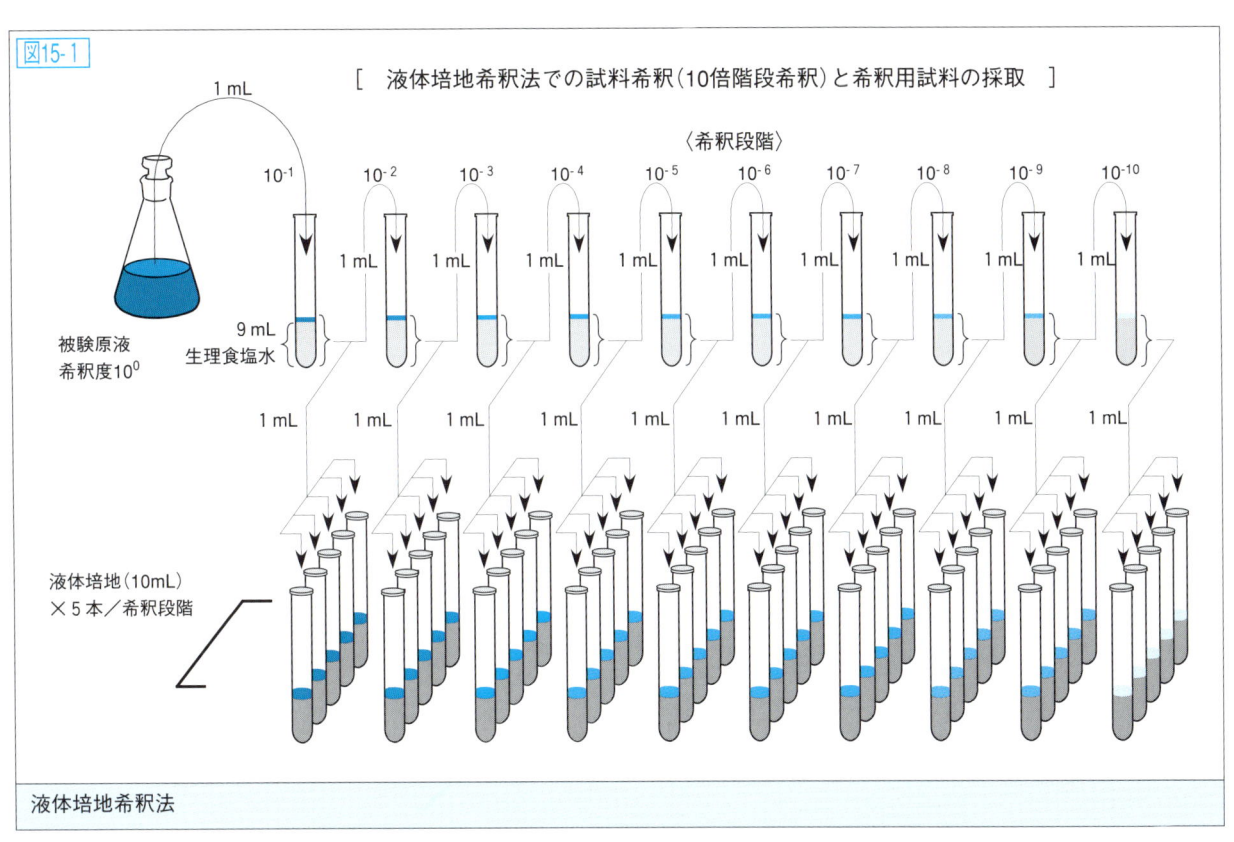

液体培地希釈法

図15-2

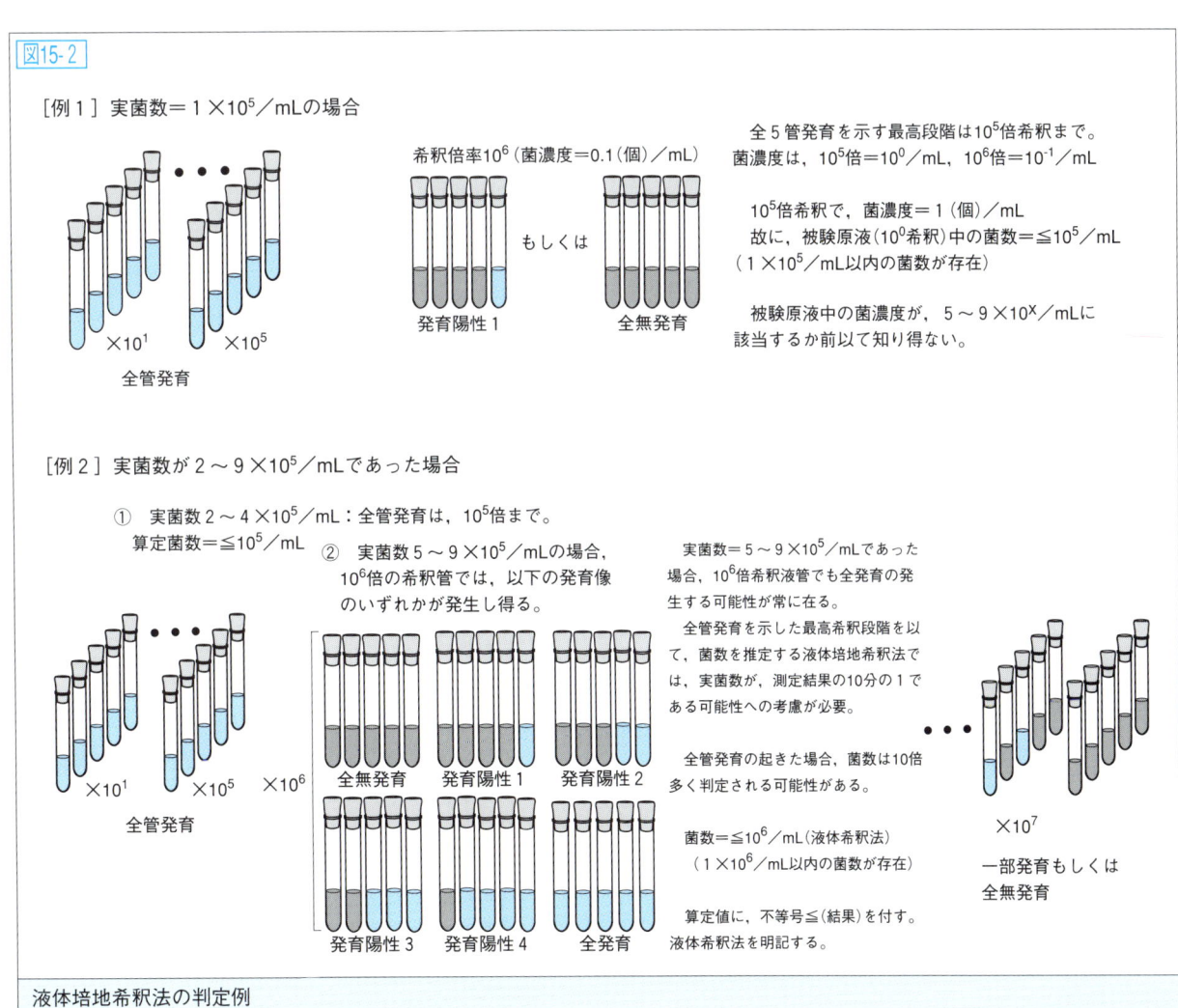

［例1］実菌数＝$1×10^5$／mLの場合

×10^1 〜 ×10^5：全管発育

希釈倍率10^6（菌濃度＝0.1（個）／mL）
発育陽性1 もしくは 全無発育

全5管発育を示す最高段階は10^5倍希釈まで。
菌濃度は、10^5倍＝10^0／mL、10^6倍＝10^{-1}／mL

10^5倍希釈で、菌濃度＝1（個）／mL
故に、被験原液（10^0希釈）中の菌数＝$≦10^5$／mL
（$1×10^5$／mL以内の菌数が存在）

被験原液中の菌濃度が、$5〜9×10^x$／mLに該当するか前以て知り得ない。

［例2］実菌数が$2〜9×10^5$／mLであった場合

① 実菌数$2〜4×10^5$／mL：全管発育は、10^5倍まで。
算定菌数＝$≦10^5$／mL

② 実菌数$5〜9×10^5$／mLの場合、10^6倍の希釈管では、以下の発育像のいずれかが発生し得る。

×10^1 〜 ×10^5：全管発育
×10^6：全無発育／発育陽性1／発育陽性2／発育陽性3／発育陽性4／全発育
×10^7：一部発育もしくは全無発育

実菌数＝$5〜9×10^5$／mLであった場合、10^6倍希釈液管でも全発育の発生する可能性が常に在る。

全管発育を示した最高希釈段階を以て、菌数を推定する液体培地希釈法では、実菌数が、測定結果の10分の1である可能性への考慮が必要。

全管発育の起きた場合、菌は10倍多く判定される可能性がある。

菌数＝$≦10^6$／mL（液体希釈法）
（$1×10^6$／mL以内の菌数が存在）

算定値に、不等号≦（結果）を付す。液体希釈法を明記する。

液体培地希釈法の判定例

第4章　液体培養と生菌数測定

（5本発育，発育を観ない等）場合には，「10^6」を記録）。
②菌数の表記：例：単位体積（単位重要）中の数として，「$\leqq 10^6$/mL（希釈法）」と記す。（　）内の方法名を，必ず此処で示さずとも良いが，同一報告内の何処かでは明示せねばならない。

ポイント・メモ4〈実験のコツ〉

[1] 液体培地希釈法は簡便な反面，希釈操作の未熟な場合，不正確さが増す。

[2] 希釈により菌濃度が「10^{-1}/mL（0.1個/mL）」に達した場合を考える。菌濃度「10^{-1}/mL」とは，10mL中1個の状態のことで，1mLずつ5本の液体培地に接種すると，5本全てに無発育，もしくは5本中1本のみ発育，のいずれかが起きる。ここから，接種管5本に全発育を観察した最終希釈段階（通常ひとつ前の希釈段階）こそ，10mL中に10個の菌の存在した（「10^0/mL」（1個/mL））希釈段階とみなせるので，その希釈倍数を菌数（概数値）として表す。

しかしながら菌濃度「10^0個/mL」（10個/10mL）は実質上，「10^0/mL」以上「10^1個/mL」未満までの菌濃度を含む。菌数測定では，「10^0個/mL」となる最高希釈段階を指標とするが，混釈法と異なり液体培地5本接種法では，菌濃度が10^{-1}個/mLの場合にも事実，全培養管で菌の増殖する可能性がある（菌濃度5～9×10^0/10mLの場合）。このように本法の結果は常に10倍多い菌数を示す可能性を含むので，本法による菌数表記では必ず不等号「$\leqq$（この値もしくはそれ以下）」を付し，方法名（希釈法）を明記する（参；[C] 液体培地希釈法 （dilution method））。

[D] 最確数法（most probable number：MPN）

[1] 実験素材，機器の準備

1️⃣ 菌原液および希釈済み試料を準備する（同前）。

2️⃣ 測定前の機材の準備
　①無菌ゾーンの設定
　②希釈用試験管に希釈段階をマーキング
　③滅菌BGLB培地の準備（3つの希釈段階毎に5本ずつ計15本（培地量10mL／管：いずれもダルハム管入り）。蓋に希釈段階を示すマーキングを施す。培地に保温の必要は無い。
　④原試料（通常は原試料を用いるが，多菌数を予想できる場合には適当な希釈を施す〈10倍程度〉），10倍，100倍希釈水溶液を，各10mL作製しておく。ピペットの準備と本数確認。各試料（3段階）で1本ずつ最低計3本ピペットを要する（滅菌済み先端目盛りピペット）。

[2] 最確数法による菌数測定（図16）

1️⃣ 新しいピペットで，原試料液（もしくはその10倍程度希釈原液）1mLをBGLB培地5本に接種する。

2️⃣ 新しいピペットで，原試料液（10倍希釈原液）の10倍希釈水溶液1mLをBGLB培地5本に接種する。

3️⃣ 新しいピペットで，原試料液（10倍希釈原液）の100倍希釈水溶液1mLを，BGLB培地5本に接種する。接種終了。

4️⃣ 培養する。35～36±1℃，24～48±3時間。

5️⃣ 原則として37℃，18～24時間，静置培養する。

6️⃣ 菌数の測定
　①培養液が混濁し，かつダルハム管に気泡（ガス）の産生されている管を陽性とし，3段階の試料ごとに5本中での陽性管数を数える。
　　ガス産生が判然とせぬ時には，管を軽く振り確認する。大腸菌のガス産生は，通常培養24時間後までに起きる。培養48時間後までにガス産生を認めなければ大腸菌陰性とする。
　②（表1）MPN表で，原液（試料10mLを倍濃度

図16　最確数法(MPN)5本法

MPN法5本法

[Durham(ダルハム)管の例]
糖(乳糖等)分解で生ずる気体の捕捉，検出用にBGLB培地内へ設置するガラス製の一端盲管。
酸産生によるpH低下でBGLB培地は黄色化傾向を呈するが，明確でない場合も多い。

BGLB 10mL ×5本

陽性管＝発泡陽性
陰性管＝発泡無し

菌の発育により，培地が混濁・変色しても，48時間後までにガス産生の無ければ陰性判定。

[結果の例]
◯印：陽性判定

[陽性管数／接種管数]　10^0：5/5　　10^{-1}：2/5　　10^{-2}：1/5

数列 5-2-1 に対応するMPN値(表)＝70
菌数＝$7.0×10^0$／mL（＝$70×10^2$／100mL）

　MPN法での菌数測定は，試料量10mL(もしくは10g)からの希釈を前提にしている。試料量1mLから希釈した場合(本例)には10を，0.1mLより希釈した場合には100を，それぞれMPN値に乗じて後，結果とする(無希釈試料原液)。希釈原液を用いた場合であれば，更に希釈倍数も乗ずる。原則として無希釈原液の菌数(100乃至1mL中)を表記する。

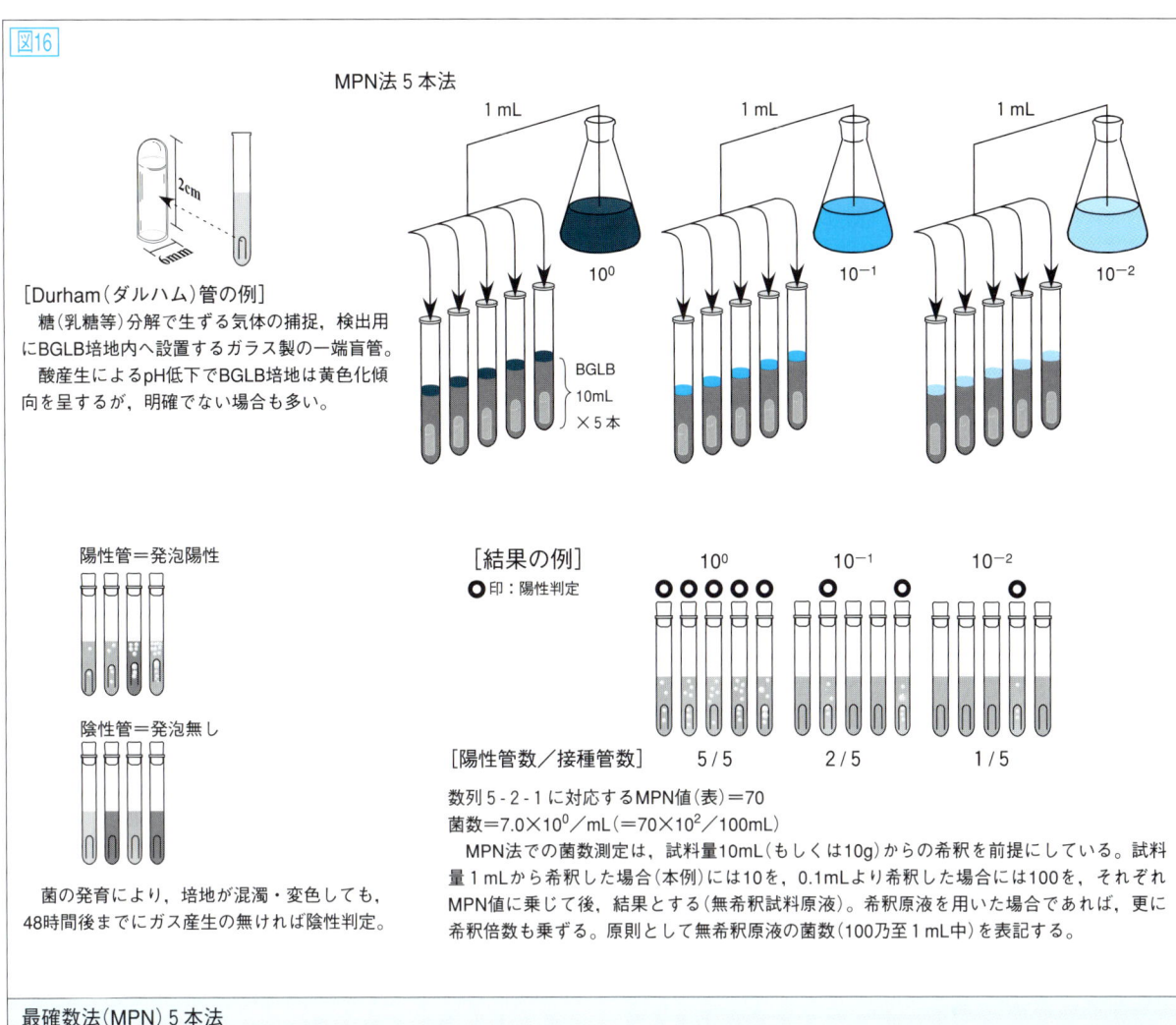

　BGLBに接種)－10倍(原液10倍希釈試料を1倍濃度BGLBに接種：原液として1mL相当)－100倍(原液100倍希釈液を1倍濃度BGLBに接種：原液として0.1mL相当)接種での陽性管数の数列に対応した数値を得る。(例：陽性管数が原液接種4本，10倍接種3本，100倍接種1本の数列は 4-3-1 で，表の同一組合わせからMPN値=33を得て，菌数を33(個)/100mL(あるいは100g)とする。本試料100mLを培養すると，33個の集落を得る確率が最も高いことを意味する。(希釈試料の場合，希釈倍数を乗じる)。

　接種本数を三本に止めた場合が三本法で，五本法と同様に実施する。

　なお，本法で上述のような大腸菌と思しき菌数測定結果を得た場合には，更に確認試験として大腸菌の選択培地(DHL〈desoxycholate-hydrogen sulfide-lactose〉，EMB〈eosin-methylene blue〉培地等)に接種し，集落性状から大腸菌の確認を行うのが通常の手順である(DHL培地上では赤色集落，EMB培地上では緑色を帯びた金属光沢集落を，それぞれ形成する)。

> **ポイント・メモ5 〈実験のコツ〉**
>
> **MPN法の実験での数列選択の例**
>
> 1. 5-x-y-z ：全管陽性希釈から順に三個。5-x-y
> 2. 5-5-y-z ：全管陽性を示した最高希釈から順に三個。5-y-z
> 3. w-5-5-z ：全管陽性を示した最低希釈から順に三個。5-5-z
> 4. w-5-y-z ：全管陽性を示した希釈から順に三個。5-y-z
> 5. w-x-5-y ：5を挟む。x-5-y
> 6. w-x-y-5 ：5から逆に三個。x-y-5
> 7. w-x-5-5 ：全管陽性を示した最高希釈段階を含む三個。x-5-5
> 8. w-z-y-x ：全管陽性が無く，陽性管数数が不定な場合。w-z-y, z-y-x。多い方のMPN値を採る。
> 9. 0-0-5-0 ：0で囲む。0-5-0
> 10. 組合わせの数字が表に載っていない場合目的数列に最も近似する数列を使用する。

[E] 全菌数測定法

細菌数の測定は，生菌に対し行うのが一般的である一方，死菌を含む全菌数の測定を行う場合がある。代表的方法を記す。

[E]-1 細胞計算盤による全菌数計測

菌数計数では，Petroff-Hauser 細胞計算盤を用いることが多い（図17）。

試料室の高さが0.02mmと低く設定され，焦点設定が迅速に行えるので，計測しやすい。

試料室は25の小区画に分かれる。小区画は一辺0.2mmの正方形で，高さと併せて体積0.0008mm^3（1/1,250,000 mL）を持つ。小区画は計数しやすいよう，更に16のより小さな区画に分かれている。

複数の小区画について，単染色済みもしくは非染色試料を，倍率1,000倍で鏡検し，菌数を計数，平均し，平均値から菌数を計算し，単位体積当たりの菌数として記す。

血球計算盤やTATAI白血球計算も使用可能だが，菌計測専用の計算盤の用意が好ましい。

[E]-2 濁度に基づく全菌数の推計

[E]-2-1 マクファーランド比濁法（McFarland standards）による全菌数の肉眼測定

塩化バリウム（BaCl$_2$）1％水溶液と硫酸溶液1％水溶液とを混合すると，塩化バリウムの混合比率に応じ，硫酸バリウム（BaSO$_4$）の沈殿物を生ずる。沈殿は微小粒で，その濁度は，両液を同一の試験管内に混合していく割合に比例する。本法では，1％塩化バリウムの1％硫酸水に対する混合比率を0.5〜10％までの11段階に分けて番号を付け，全菌数測定の標準試験管に使用する（マックファーランド標準試験管）。適切に比較した場合，マクファーランド標準試験管の濃度に基づいた推計菌数（表4）と，大腸菌やブドウ球菌等一般的細菌の透明懸濁液中での菌数とがほぼ一致することから，供試菌液と標準試験管の濃度との肉眼比較で，1mL中の菌数の推定が可能である。

[E]-2-2 分光光度計による吸光度測定に基づく全菌数の測定

培養菌液の吸光度（波長600nm）から，菌数を推測する方法。事前に目的菌，あるいは大腸菌等一般的な菌を用いて，予め増殖と濁度とに関する標準曲線を作成しておく。実務においては，標準曲線作製時と同一培地を用いて培養を行い，適宜その濁度を測定し，吸光度を標準曲線に照応させて菌数を推定する。未接種状態の液体培地に（使用波長の透過する程度の）透明性があれば，液体培地のような通常有色性の液体にも実行でき，水での懸濁度合いを前提としたマクファーランド比濁法と比べ，応用性が高い（図18）。

図17 Petroff-Hauser 細胞計算盤と計算方法

複数の中区画について菌を計数し、平均出現菌数を得る。

中区画面積＝0.04mm² (＝0.2²mm²)

ひとつの中区画での菌観察例（7個見える）

測定例（中区画の平均出現菌数：4個だった場合）
※ 1 mL＝1,000mm³　　4 ×（1,000mm³／0.0008mm³）＝ 4 ×1,250,000（＝5,000,000）
　　　　　　　　　　　　　　　　　　　　　　　　　＝5.0×10⁶（個）／mL

Petroff-Hauser 細胞計算盤と計算方法

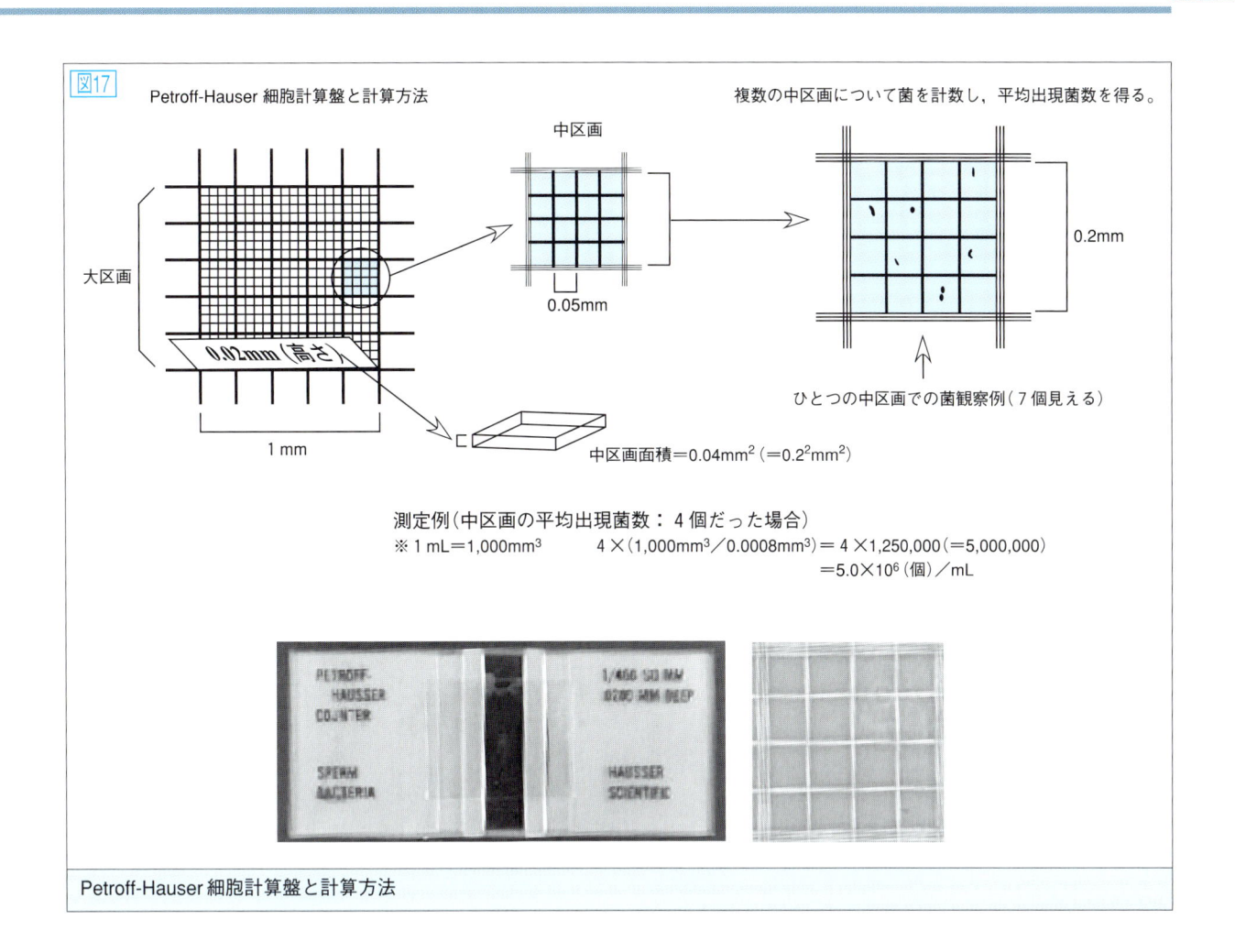

表4　マクファーランド比濁法・表

試験管番号	塩化バリウム水 1％水溶液(mL)	硫酸 1％水溶液(mL)	対応菌数 ×10⁸/mL
0.1	0.05	9.95	1.5
1	0.1	9.9	3
2	0.2	9.8	6
3	0.3	9.7	9
4	0.4	9.6	12
5	0.5	9.5	15
6	0.6	9.4	18
7	0.7	9.3	21
8	0.8	9.2	24
9	0.9	9.1	27
10	1	9	30

※　硫酸バリウムは液体中で沈殿しやすい。標準試験管をよく振ってから直ぐに比較し、対応するマクファーランド番号を決める

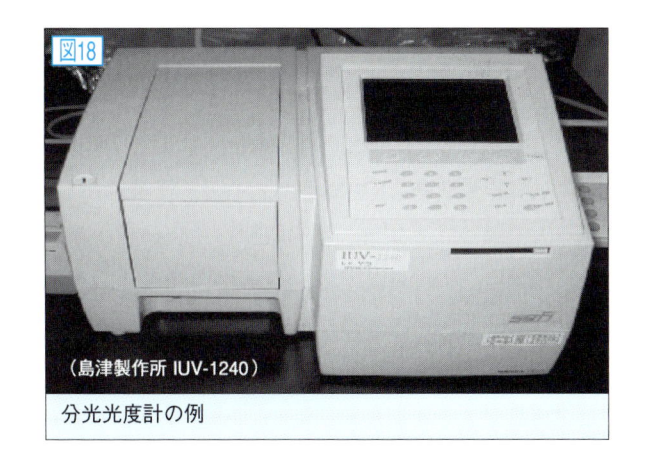

図18（島津製作所 IUV-1240）
分光光度計の例

　通常の菌数測定は、培養菌液以外に、水様懸濁状態の場合もあるので、標準曲線作成時に、培養液と水とを適宜な割合（例1：99程度に希釈すると、培地の色調の影響は殆ど無くなる）で希釈した別途試料を作成し、その吸光度データをプロットしておくと、不意の非着色液体（主に水）試料中の菌数推定に応用できることが多い。

（鎌田　寛）

第 5 章　染色と顕微鏡観察

本実験の目的

［1］最も基本的な細菌染色法であるグラム染色法を修得する。
［2］芽胞形成菌を特徴的に染色する方法を修得する。
［3］結核菌に代表される抗酸菌の染色法を修得する。
［4］油浸レンズを用いた顕微鏡観察に慣れる。

使用材料・機器

［1］実験素材
・新鮮な培養菌

［2］卓上機器
・染色トレイ(図1)・ガスバーナー・白金耳・白金線・ピンセット・コルネット鉗子(図2)・スポイドあるいはキツネ型滴瓶(図3)・ビーカー

［3］大型機器
・顕微鏡（×100 対物油浸レンズ付）

［4］消耗材
・染色液・スライドグラス・純エタノール・爪楊枝・キムワイプ・ガラス鉛筆

実験概要

　グラム染色は古典的な染色法であるが，グラム陽性と陰性の区別は現在でも細菌分類の第一歩として非常に重要である。また，臨床の現場においては，抗生物質を選択する場合の基準としても重要である。グラム染色では，菌体を最初にクリスタルバイオレットで紫色に染色する。ついで，ルゴール液で処理すると，菌体内でクリスタルバイオレットとヨウ素の複合体が形成され，分子量が大きくなる。この状態で純エタノールに浸漬すると，細胞壁が損傷を受け，薄い細胞質膜を持つグラム陰性菌では，菌体内に形成されたクリスタルバイオレット-ヨウ素複合体が菌体外に流出する。

　これに対して，細胞壁ペプチドグリカン層の厚いグラム陽性菌は少々のアルコールによってもわずかな損傷しか受けず，細胞表層からの染色液流出は起きない。最後に赤色のパイフェル液を作用させると，無色となっていた細胞壁の薄いグラム陰性菌が赤色に染色されるのに対して，グラム陽性菌は紫色のままである。

　芽胞は染色されにくいため，グラム染色では色の抜けた状態になるが，Wirtz法で用いられるマラカイトグリーンでは緑色に染まる。サフラニンで重染色を行うと，芽胞が緑色，芽胞を形成していない菌が赤色に染め分けられる。

　抗酸菌と呼ばれるマイコバクテリウムやノカルディアの一部の菌は，細胞壁に含まれている脂質のためにグラム染色では染色されにくい。一般の細菌は酸やアルコールで脱色されやすいが，抗酸菌は脱色されにくい性質を利用し，Ziehl-Neelsen法では抗酸菌を染めることのできる石炭酸を含むフクシンで染色後，塩酸アルコールで脱色，メチレンブルーで後染色を行う。抗酸菌は脱色されないため，赤色のままであるが，一般の細菌は青色に染色される。

実験の手順

[A] グラム染色（Huckerの変法）

[1] 染色液

1 クリスタルバイオレット液
- クリスタルバイオレット　　 ― 1 g
- 純エタノール　　　　　　　 ―20 mL
- 1％シュウ酸アンモニウム水溶液 ―80 mL

クリスタルバイオレットを乳鉢ですりつぶしながら純エタノールに溶解後，シュウ酸アンモニウム水溶液を加え，ろ過する。

2 ルゴール液
- ヨウ素　　　　　　― 1 g
- ヨウ化カリウム　　― 2 g
- 蒸留水　　　　　　― 300 mL

10 mLの蒸留水にヨウ化カリウムを溶かし，これにヨウ素を加えて溶かす。さらに蒸留水を加えて，300 mLとする。

3 パイフェル液
Ziehlの石炭酸フクシン液を蒸留水で10倍希釈して用いる。

Ziehlの石炭酸フクシン液：
- 塩基性フクシン　　　　　　　 ―0.5 g
- 純エタノール　　　　　　　　 ― 5 mL
- 石炭酸（温湯中で溶解したもの）―2.5 mL
- 蒸留水　　　　　　　　　　　 ―50 mL

塩基性フクシンを乳鉢ですりつぶしながら純エタノールに溶解後，石炭酸を加えた蒸留水と混合してろ過する。

[2] 検体の準備

培養が古いグラム陽性菌はグラム陰性に染まる傾向があるので染色には新鮮な培養菌を準備する。液体培地，寒天培地どちらで培養されたものでもよい。陽性対照菌（例：*Staphylococcus aureus*），陰性対照菌（例：*Escherichia coli*）も準備する。

図1 
染色トレイの例：ステンレスバットの上にステンレスの網あるいはガラス棒をのせ，スライドグラスをのせる

図2 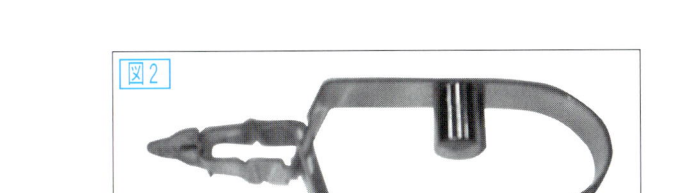
コルネット鉗子：スライドグラスをはさみやすい構造になっている

図3 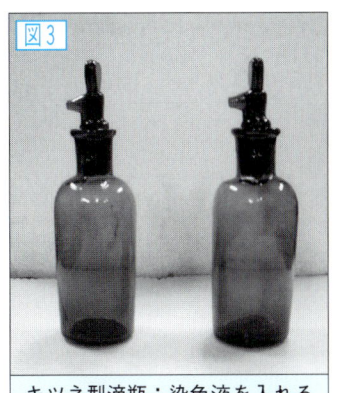
キツネ型滴瓶：染色液を入れるのに昔から使用されている

第5章 染色と顕微鏡観察

[3] 染色（図4）

1 塗抹の作製

① スライドグラスの裏面にガラス鉛筆で丸を描く。
② スライドグラスのおもて面に白金耳で蒸留水を1滴落とす。液体培養の場合は不要である。
③ コロニーを白金線または滅菌した爪楊枝でつつき、蒸留水とよく混ぜてガラス面に塗り広げる。曇りガラスより少し明るい程度が適当。液体培地で培養した菌の場合は、白金耳で培養液を取り、スライドグラス上に拡げる。
④ 中央に検体、両側に陽性対照菌、陰性対照菌を塗抹する。
⑤ 完全に乾燥させる。ドライヤーは風によってエアロゾルを撒き散らす危険性があるので、自然乾燥が安全である。乾燥が不十分な状態で以下の火炎固定を行うと、細菌がはじけて飛び、汚染する危険があるので、十分に乾燥させる。

2 火炎固定

① スライドグラスをピンセット、コルネット鉗子等ではさみ、ガスバーナーの外炎中を3回ゆっくりくぐらす。
② 熱しすぎると脱色に時間がかかり、脱色むらが生じやすい。また、グラム陰性菌が陽性になりやすい。

3 クリスタルバイオレット染色

スライドを染色バットに置き、塗抹部分を覆うように、クリスタルバイオレット液を、スポイドあるいは滴瓶で数滴たらし、1分間染色する。

4 水洗

塗抹面を下にし、水道水で洗い、水をキムワイプで切る。

5 ルゴール液と反応

ルゴール液をのせる。30秒で新しい液と交換する。

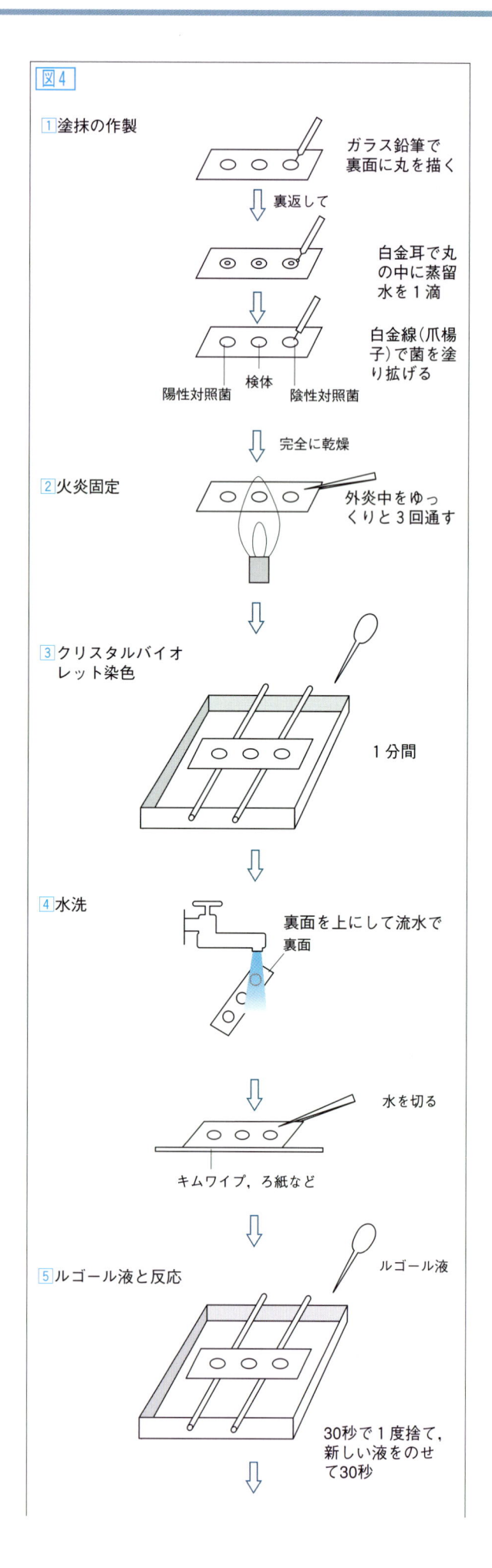

図4

1 塗抹の作製
　ガラス鉛筆で裏面に丸を描く
　↓ 裏返して
　白金耳で丸の中に蒸留水を1滴
　↓
　白金線（爪楊子）で菌を塗り拡げる
　陽性対照菌　検体　陰性対照菌
　↓ 完全に乾燥

2 火炎固定
　外炎中をゆっくりと3回通す
　↓

3 クリスタルバイオレット染色
　1分間
　↓

4 水洗
　裏面を上にして流水で
　裏面
　↓
　水を切る
　キムワイプ、ろ紙など
　↓

5 ルゴール液と反応
　ルゴール液
　30秒で1度捨て、新しい液をのせて30秒
　↓

第5章 染色と顕微鏡観察

6 水洗
　先ほどと同様に行う。

7 脱色
　純エタノールを入れたビーカーにスライドグラスを3回ほど出し入れして脱色する。

8 水洗
　脱色され過ぎないよう、速やかに洗浄。

9 パイフェル液染色
　パイフェル液を塗抹を覆うようにのせ、1分間染色する。

10 水洗、乾燥、鏡検
　先ほどと同様に行い、完全に乾燥させてから鏡検する。

［4］結果

グラム陽性菌は紫色に、グラム陰性菌は赤色に染まる（図5、図6）。

6 水洗 — 4 と同様に水洗後、水を切る

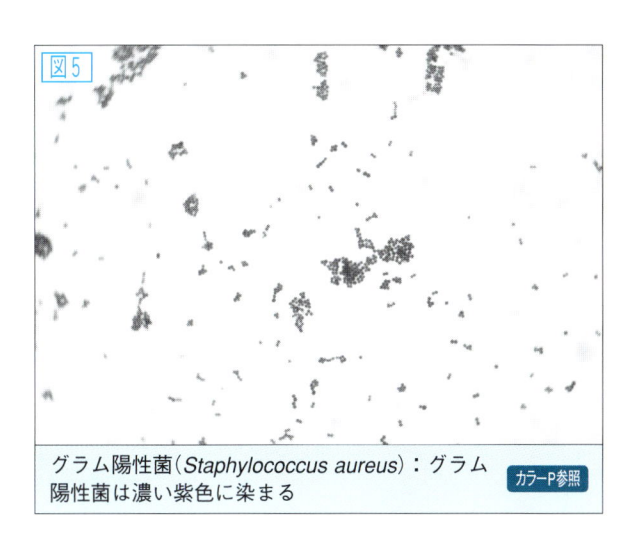

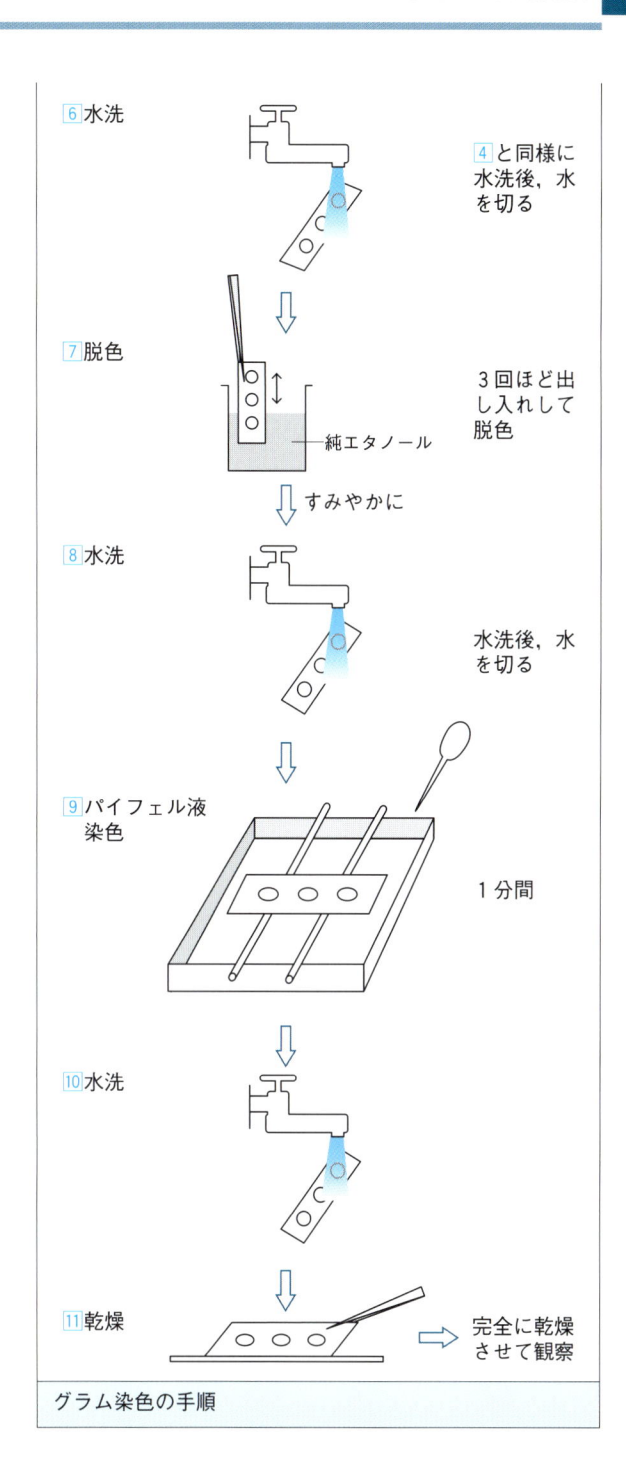

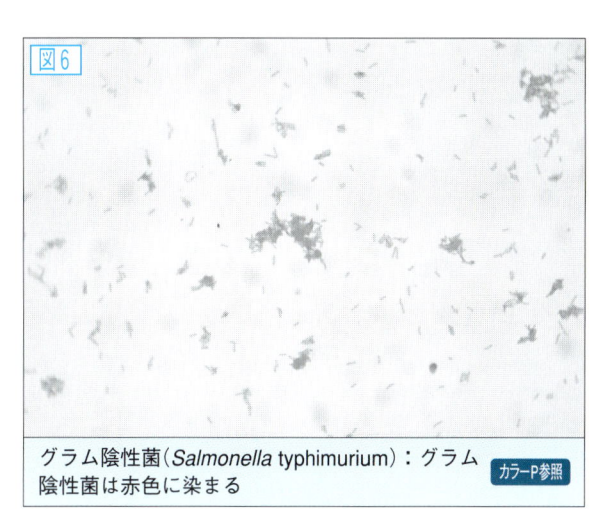

7 脱色 — 純エタノール — 3 回ほど出し入れして脱色 — すみやかに

8 水洗 — 水洗後、水を切る

9 パイフェル液染色 — 1 分間

10 水洗

11 乾燥 — 完全に乾燥させて観察

グラム染色の手順

図5　グラム陽性菌（*Staphylococcus aureus*）：グラム陽性菌は濃い紫色に染まる　カラーP参照

図6　グラム陰性菌（*Salmonella* typhimurium）：グラム陰性菌は赤色に染まる　カラーP参照

第5章 染色と顕微鏡観察

[B] 芽胞染色（Wirtzの法）

[1] 染色液

1 マラカイトグリーン水溶液
・マラカイトグリーン ― 5g
・蒸留水 ―100mL

2 サフラニン水溶液
・サフラニン ― 0.5g
・蒸留水 ―100mL

[2] 検体の準備

芽胞は培養条件の悪化により出現する。30℃で7日間培養した検体を用いると芽胞の出現率が高い。

[3] 染色（図7）

1 塗抹，乾燥，固定
グラム染色と同様に行う。

2 マラカイトグリーンによる加温染色
マラカイトグリーン水溶液で塗抹面を覆い，小さくしたガスバーナーの火にスライドグラスをかざして加温する。5分間，火に近づけたり遠ざけたりしながら，湯気が出る状態を維持する。沸騰させてはならない。染色液が少なくなったら，追加する。
※鍋などに水をはり，沸騰させた状態で上にステンレス網を置き，スライドグラスをのせて加温してもよい。

3 水洗
グラム染色と同様に行う。

4 サフラニン染色
サフラニン水溶液で塗抹面を覆い，30秒間染色。

5 水洗，乾燥，鏡検
グラム染色と同様に行う。

[4] 結果（図8）

芽胞は緑色，栄養型の菌は赤色に染まる。

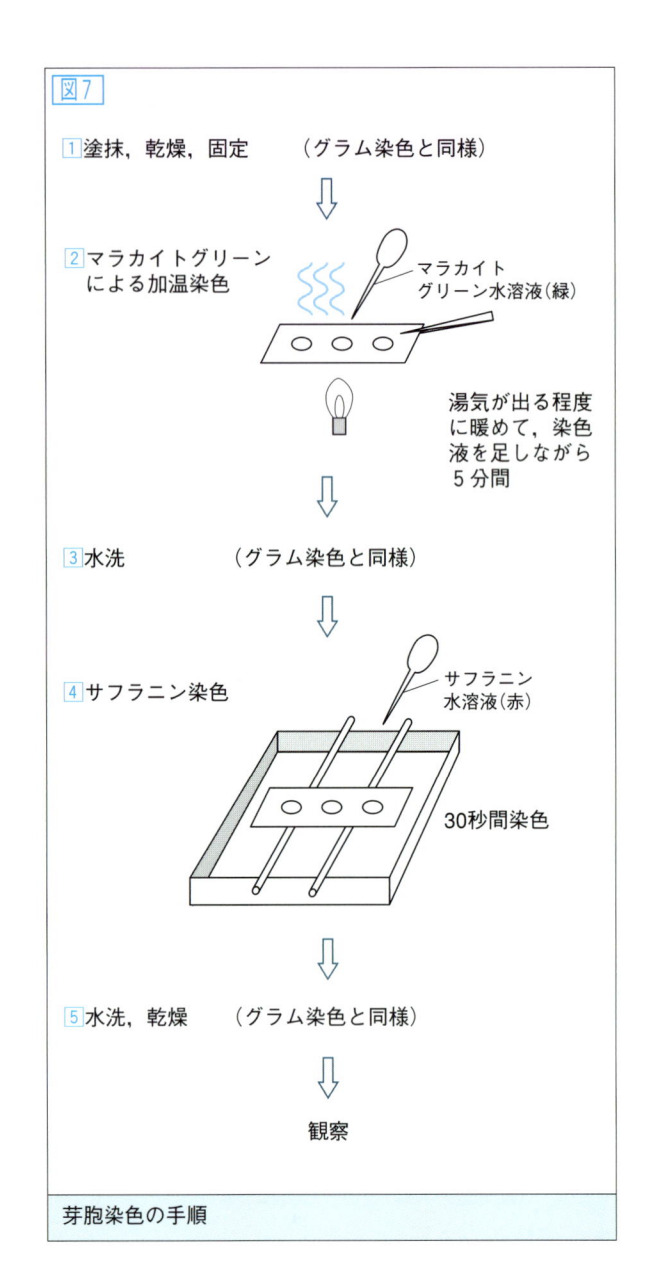

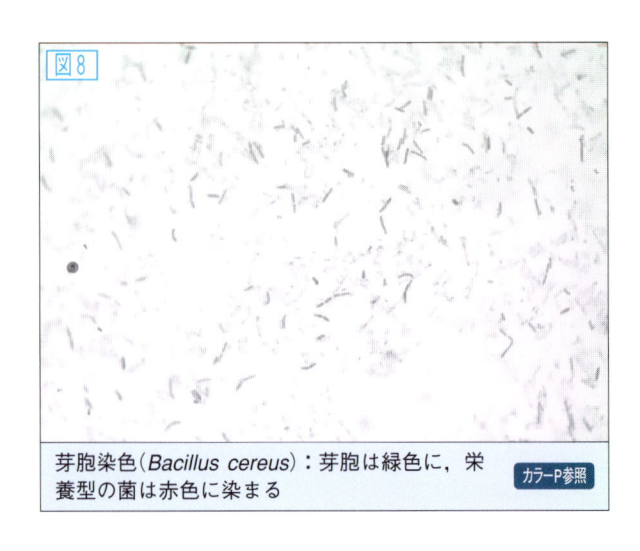

図7

1 塗抹，乾燥，固定　（グラム染色と同様）
↓
2 マラカイトグリーンによる加温染色　マラカイトグリーン水溶液（緑）
湯気が出る程度に暖めて，染色液を足しながら5分間
↓
3 水洗　（グラム染色と同様）
↓
4 サフラニン染色　サフラニン水溶液（赤）　30秒間染色
↓
5 水洗，乾燥　（グラム染色と同様）
↓
観察

芽胞染色の手順

図8

芽胞染色（*Bacillus cereus*）：芽胞は緑色に，栄養型の菌は赤色に染まる　カラーP参照

[C] 抗酸菌染色

[1] 染色液

1. Ziehlの石炭酸フクシン液
   グラム染色の項を参照。

2. 3％塩酸アルコール
   純エタノールに濃塩酸を3％に加える。

3. メチレンブルー液
   Löfflerのメチレンブルー液原液を蒸留水で5倍に希釈して用いる。

   Löfflerのメチレンブルー液原液：
   ・メチレンブルー　　　　― 0.3g
   ・純エタノール　　　　　― 30mL
   ・0.1％水酸化カリウム水溶液 ―100mL

   メチレンブルーを乳鉢ですりつぶしながらエタノールに溶解後，水酸化カリウム水溶液を加えて，ろ過する。

[2] 検体の準備

小川培地等の抗酸菌用培地で培養した検体あるいは病変部と，陽性対照菌（例：BCG），陰性菌（例：*E. coli*）を準備する。抗酸菌は一般に増殖に時間がかかるため，病変部の塗抹を抗酸菌染色することで迅速な診断につながることがある。結核は人獣共通感染症であり，十分に注意して扱う。

[3] 染色 (図9)

1. 塗抹，乾燥，固定
   グラム染色と同様に行う。

2. フクシンによる加温染色
   Ziehlの石炭酸フクシン液をのせて，3～5分間，芽胞染色と同様に，湯気が出る状態を維持する。沸騰させない。染色液を足して，乾燥しないように注意する。

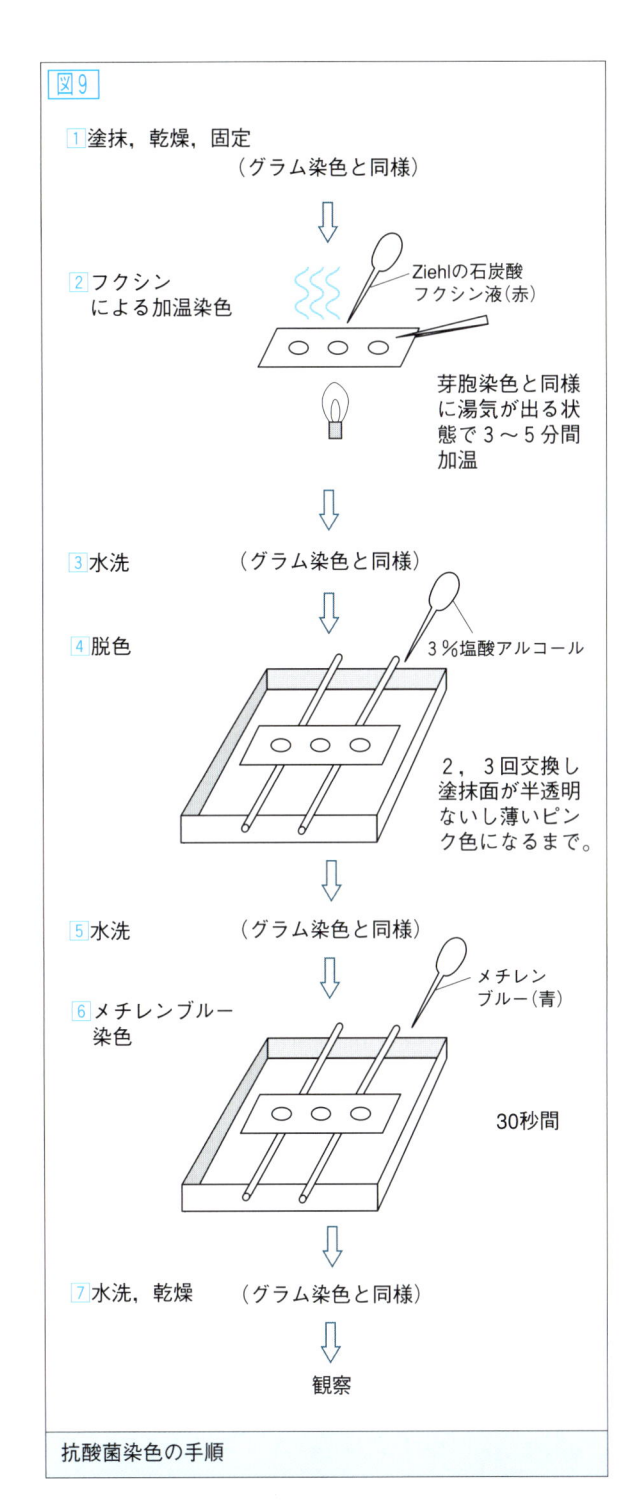

3. 水洗
   グラム染色と同様に行う。

4. 脱色
   3％塩酸アルコールを2～3回取り替えて，塗抹面

図9

1. 塗抹，乾燥，固定（グラム染色と同様）
2. フクシンによる加温染色 — Ziehlの石炭酸フクシン液（赤）／芽胞染色と同様に湯気が出る状態で3～5分間加温
3. 水洗（グラム染色と同様）
4. 脱色 — 3％塩酸アルコール／2，3回交換し塗抹面が半透明ないし薄いピンク色になるまで。
5. 水洗（グラム染色と同様）
6. メチレンブルー染色 — メチレンブルー（青）／30秒間
7. 水洗，乾燥（グラム染色と同様）

観察

抗酸菌染色の手順

第5章　染色と顕微鏡観察

が無色あるいは薄いピンク色になるまで脱色する。

5 水洗

グラム染色と同様に行う。

6 メチレンブルー染色

メチレンブルー液で30秒間染色する。

7 水洗，乾燥，鏡検

グラム染色と同様に行う。

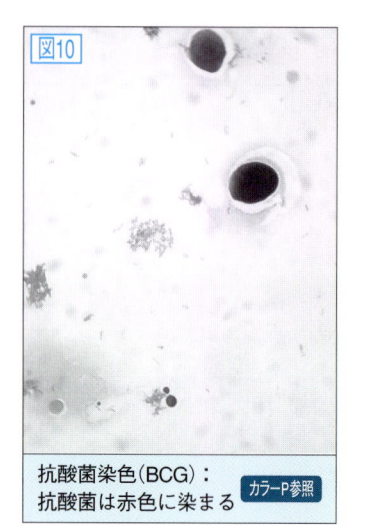

抗酸菌染色（BCG）：抗酸菌は赤色に染まる　カラーP参照

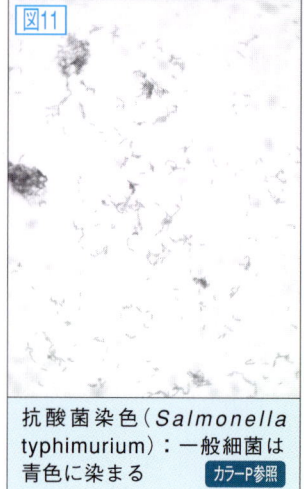

抗酸菌染色（*Salmonella* typhimurium）：一般細菌は青色に染まる　カラーP参照

[4] 結果（図10，図11）

抗酸菌は赤色，他の菌は青色に染まる。

[D]　顕微鏡観察法

[1] 油浸レンズ

ガラス程度の屈折率を持つ油をレンズと試料の間に満たすことで，空気とレンズの屈折の影響を排除するように作製された対物レンズ。通常，100倍で，倍率の下に黒線が入っている。

[2] 観察方法

1 コンデンサーが最も上にあり，絞りが開放になっていることを確認。

2 10倍の対物レンズで菌のある視野を確認する。ピントを合わせながら，順番に40倍程度の対物レンズまで拡大を上げていく。

3 レボルバーを回転させて40倍の対物レンズをずらし，スライドグラスにオイルを1滴のせる。

4 他のレンズにオイルがつかないように注意しながら，100倍のレンズをセットする。

5 顕微鏡を見ながら，微動ねじでピントを合わせる。

6 観察後はステージを下げて，スライドグラスを除く。

7 純エタノールをレンズペーパーにつけて対物レンズを清掃する。他のレンズにオイルをつけてしまった場合も清掃を忘れない。

［実験メモ］

●標本の保存

標本を保存する場合には，油浸オイルで観察後，キシレンにスライドグラスを浸してオイルを除く。乾燥する前にキシレン可溶性の封入剤（ビオライト等）を滴下し，空気が入らないように注意しながら，カバーグラスで覆う。

※ここで述べた方法は，基本的で，実習で確実に染められる方法を選んでおり，これらのほかにも種々の染色法や変法がある。詳細については，文献を参照されたい。また，染色液はいくつかのメーカーから市販されており，特に，グラム染色については，臨床病理の場で簡便に染められるよう，数種のキットがある。

（田島　朋子）

第6章 通性嫌気性菌の培養

本実験の目的

動物およびヒトに感染する細菌の大半は通性嫌気性もしくは好気性である。そこで、本章では感染症の原因として重要な通性嫌気性のグラム陽性球菌およびグラム陰性桿菌の分離・同定方法を習得する。

使用材料・機器

[1] 実験素材
- 細菌培養液
- 細菌培養寒天培地
- 感染臓器乳剤
- 感染部位を擦過した滅菌綿棒

[2] 卓上機器
- ガスバーナー・白金耳・白金線・乳鉢・乳棒
- オートピペッター

[3] 大型機器
- 孵卵器・遠心機

[4] 消耗材
- 海砂・流動パラフィン・リン酸緩衝食塩液（PBS）・メスピペット・滅菌綿棒・ハート・インフュージョン寒天（HI寒天）培地・HIブロス5～10％ヒツジ脱線維素血液加HI寒天（血液寒天）培地・マンニット食塩加培地・DNA培地・ウサギプラズマ液・PS-Latex凝集反応キット・オプトヒンディスク・バシトラシンディスク・レンサ球菌血清群別キット
- 1％アラビノース加CTA培地・1％リボース加CTA培地・1％ソルビトール加CTA培地・1％トレハロース加CTA培地・3％ H_2O_2・オキシダーゼ試験紙・マッコンキー寒天培地・DHL寒天培地・NAC寒天培地・TCBS寒天培地・OF培地・SIM培地・TSI培地・SC培地・MR-VP培地・Api staph・Api strep・Api 20E

実験概要

グラム陽性球菌の分離・同定においては、被検菌のカタラーゼ産生と食塩耐性が重要であるため（図1）、両性状を菌属鑑別性状とし、次いで種々の生化学的性状を基に菌種同定を行う。

グラム陰性桿菌の分離・同定においてはマッコンキー寒天培地、血液寒天培地での分離培養後に被検菌の糖分解能、糖分解形式、オキシダーゼ産生により菌属を鑑別し（図2）、次いで種々の生化学的性状により菌種同定を行う。

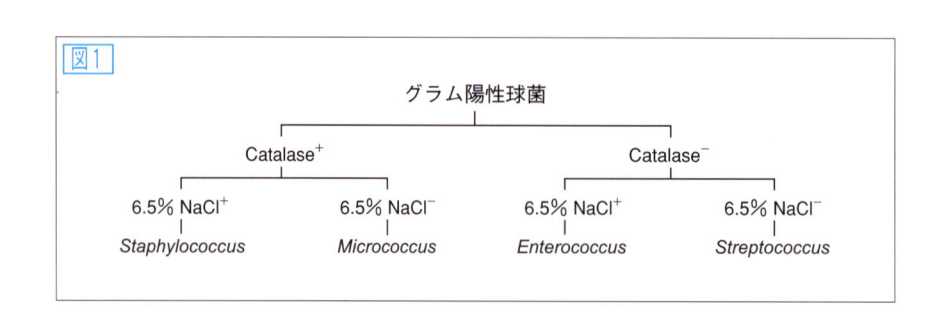

図1

```
                    グラム陽性球菌
              ┌──────────┴──────────┐
           Catalase⁺              Catalase⁻
          ┌────┴────┐            ┌────┴────┐
      6.5% NaCl⁺  6.5% NaCl⁻   6.5% NaCl⁺  6.5% NaCl⁻
      Staphylococcus Micrococcus Enterococcus Streptococcus
```

図2

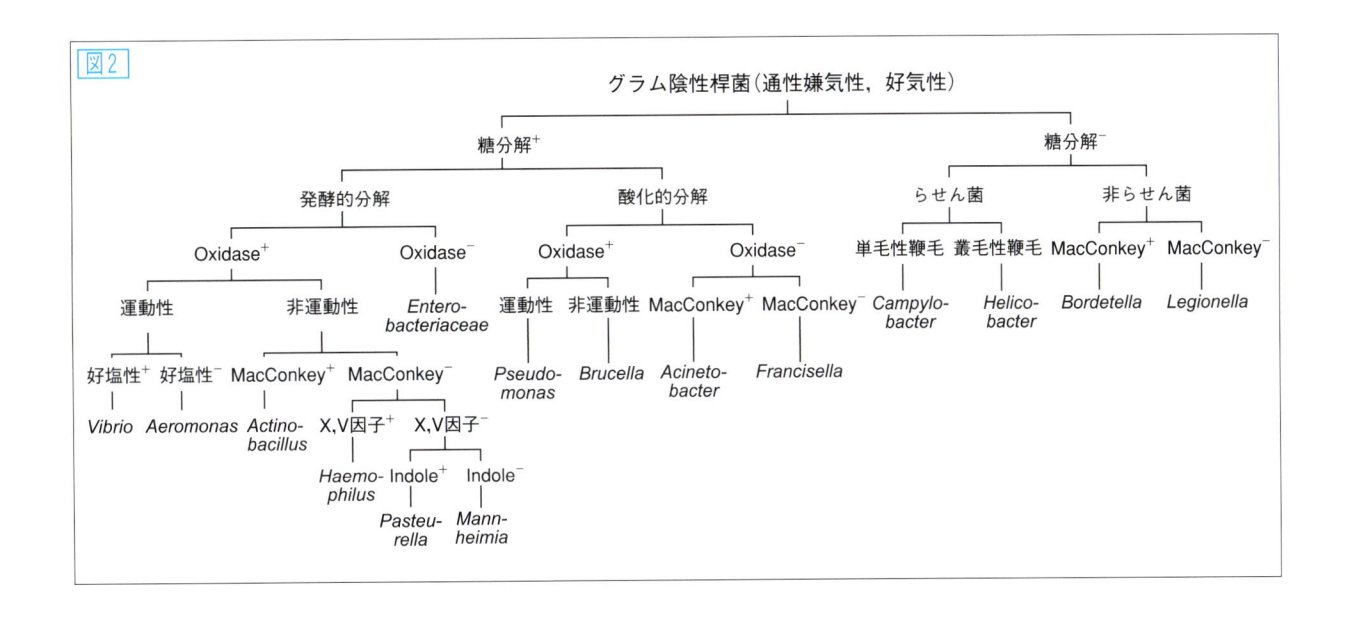

```
グラム陰性桿菌（通性嫌気性，好気性）
├─ 糖分解⁺
│   ├─ 発酵的分解
│   │   ├─ Oxidase⁺
│   │   │   ├─ 運動性
│   │   │   │   ├─ 好塩性⁺ : Vibrio
│   │   │   │   └─ 好塩性⁻ : Aeromonas
│   │   │   └─ 非運動性
│   │   │       ├─ MacConkey⁺ : Actinobacillus
│   │   │       └─ MacConkey⁻
│   │   │           ├─ X,V因子⁺ : Haemophilus
│   │   │           └─ X,V因子⁻
│   │   │               ├─ Indole⁺ : Pasteurella
│   │   │               └─ Indole⁻ : Mannheimia
│   │   └─ Oxidase⁻ : Enterobacteriaceae
│   └─ 酸化的分解
│       ├─ Oxidase⁺
│       │   ├─ 運動性 : Pseudomonas
│       │   └─ 非運動性 : Brucella
│       └─ Oxidase⁻
│           ├─ MacConkey⁺ : Acinetobacter
│           └─ MacConkey⁻ : Francisella
└─ 糖分解⁻
    ├─ らせん菌
    │   ├─ 単毛性鞭毛 : Campylobacter
    │   └─ 叢毛性鞭毛 : Helicobacter
    └─ 非らせん菌
        ├─ MacConkey⁺ : Bordetella
        └─ MacConkey⁻ : Legionella
```

実験の手順

[1] 分離材料の調製

1. 図3に示したように，感染動物の患部を擦過した滅菌綿棒を細菌分離材料とする。

2. 感染動物の臓器を図4に示したように乳鉢に入れ，海砂を少量加えて乳棒で磨りつぶし，メスピペットで10倍量のPBSを加えてよく攪拌し，1,500〜2,500 rpm，10〜15分間遠心した後の上清を細菌分離材料とする。

3. 細菌をHIブロスで37℃，24〜48時間培養した菌液を細菌分離材料とする。

4. 細菌をHI寒天培地で37℃，24〜48時間培養した後の集落を分離材料とする。

[2] グラム陽性球菌の分離と同定

a. グラム陽性球菌の分離培養

1. 分離材料を白金耳でHI寒天培地，血液寒天培地およびマンニット食塩加培地に画線塗抹する。

2. 培地を孵卵器に入れ，37℃，24〜48時間好気培養する。

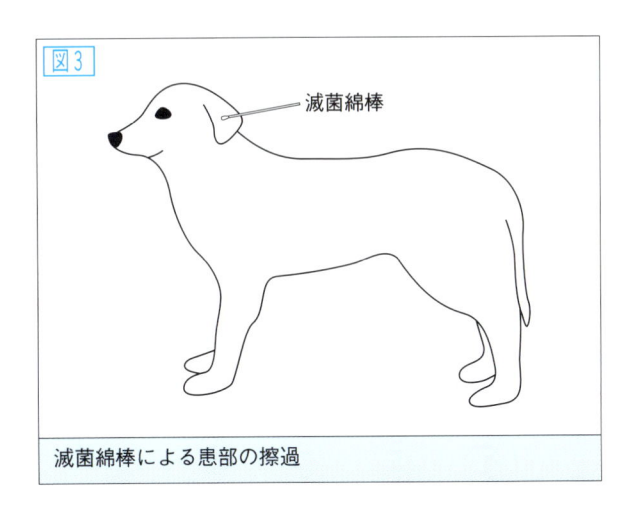

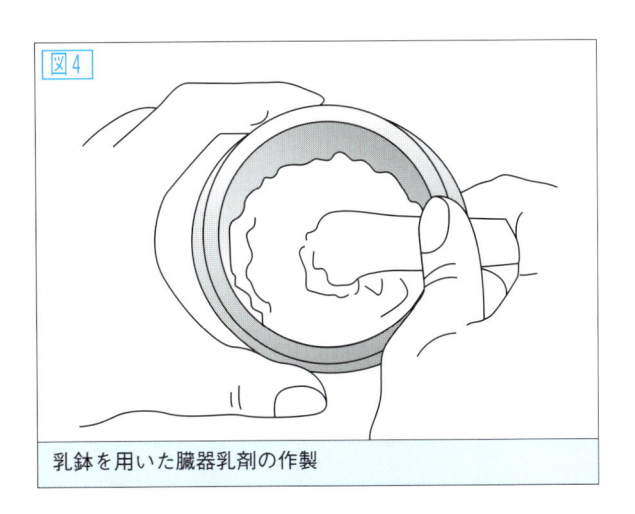

図3 滅菌綿棒による患部の擦過

図4 乳鉢を用いた臓器乳剤の作製

第6章 通性嫌気性菌の培養

3 HI寒天培地，マンニット食塩加培地，血液寒天培地での発育状況を観察する。なお，血液寒天培地では溶血性（α，β，γ）についても判定する。

4 被検菌をスライドグラスに塗抹し，その上に3％H_2O_2液を滴下し，直ちに図5に示すような気泡の発生が見られたら，カタラーゼ陽性と判定する。

5 カタラーゼ陽性でマンニット食塩加培地で発育（図6；AはS. hyicus，BはS. aureus）するものをStaphylococcus属，マンニット食塩加培地では発育せず，カタラーゼ陽性でHI寒天培地でよく発育するものをMicrococcus属，カタラーゼ陰性で血液寒天培地ではよく発育するが（図7），HI寒天培地での発育が不良であるものをStreptococcus属もしくはEnterococcus属と判定する。

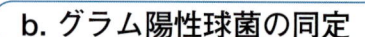

b. グラム陽性球菌の同定

1）Staphylococcus 属菌の同定

1 分離菌を白金耳でDNA培地に画線塗抹し，孵卵器で37℃，24時間培養する。

2 分離菌を白金耳でウサギプラズマ液に接種し，孵卵器で37℃，数〜24時間培養する。

3 Streptococcus equi subsp. zooepidemicus（以下S. zooepidemicus）を白金耳で血液寒天培地に1本の線状に塗抹後，分離菌をそれに直角に塗抹し，孵卵器で37℃，24時間培養する。

4 分離菌を白金耳で凝集板に塗抹後，PS-Latex乳液を滴下して静かに混和し，図8のA，Bのように凝集塊が見られたらProtein A，結合型コアグラーゼ陽性菌（S. aureus）と判定する。

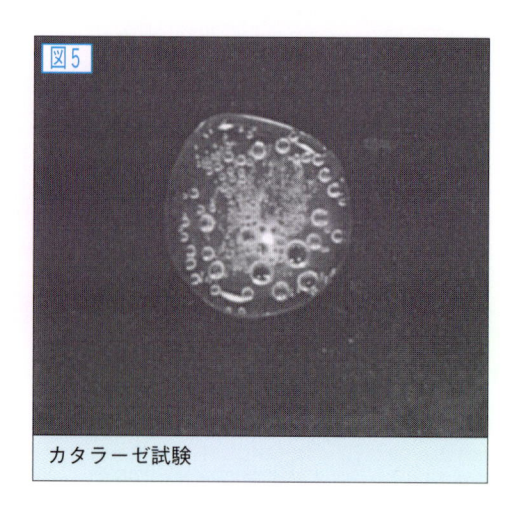

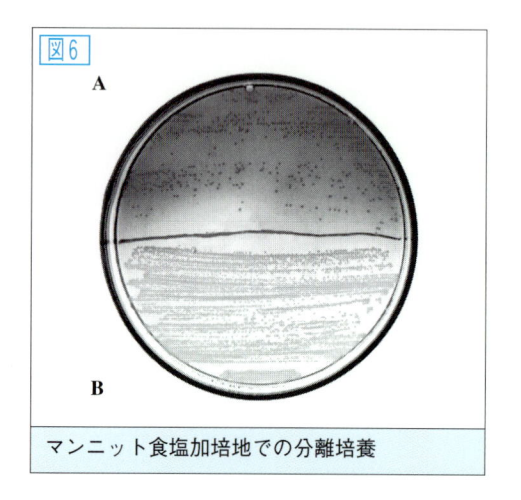

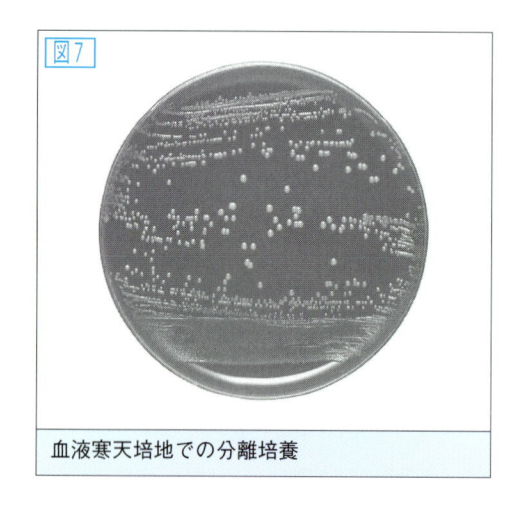

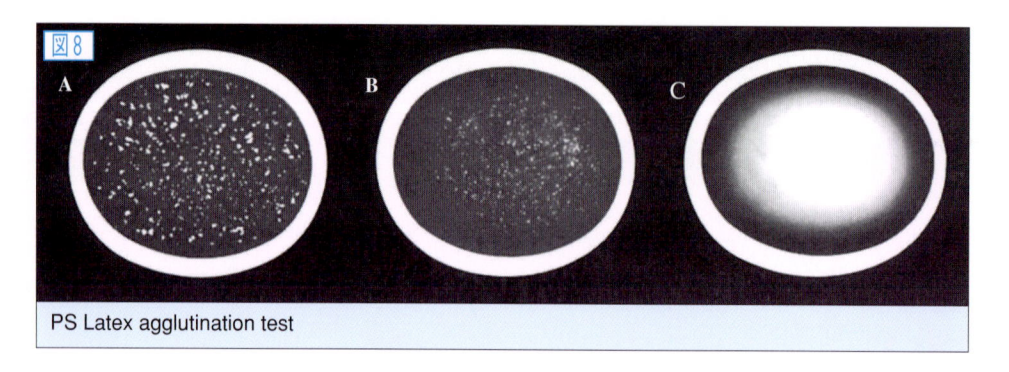

図5 カタラーゼ試験

図6 マンニット食塩加培地での分離培養

図7 血液寒天培地での分離培養

図8 PS Latex agglutination test

通性嫌気性菌の培養 第6章

5 DNA培地において，図9 (A：*S. aureus*，B：*S. hyicus*，C：*S. intermedius*，D：*S. epidermidis*)のA〜Cのように集落周囲の培地色が赤紫に変色したらDNase陽性と判定する。

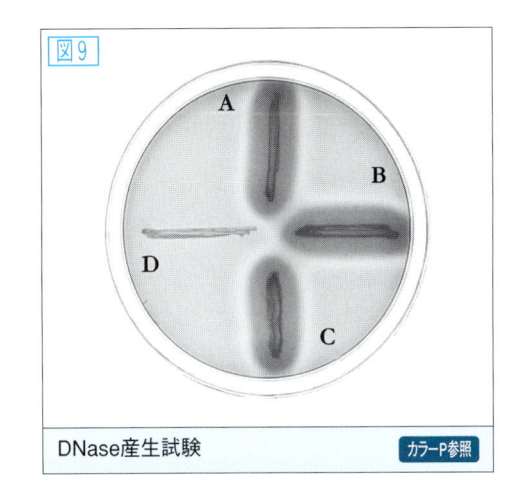

図9
DNase産生試験　カラーP参照

6 ウサギプラズマが図10 (A：*S. epidermidis*，B：*S. aureus*) Bのようにゲル化したならば，遊離型コアグラーゼ陽性と判定する。

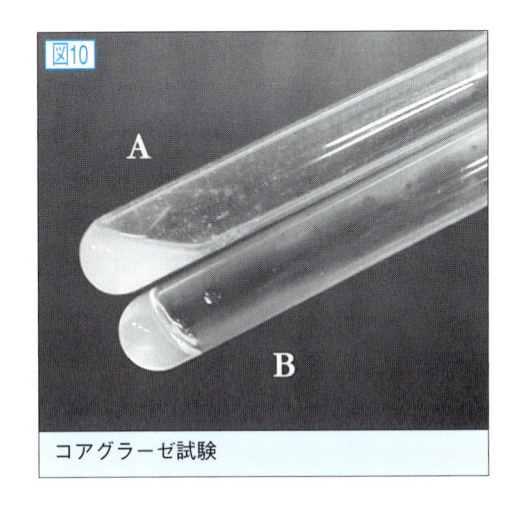

図10
コアグラーゼ試験

7 血液寒天上の*S. zooepidemicus*のムコイド型集落が図11 (A：*S. epidermidis*，B：*S. hyicus*) Bのように分離菌と交差した部分で非ムコイド型に変化したならば，ヒアルロニダーゼ陽性と判定する。

図11
Hyarulonidase産生試験

8 図12に市販の簡易同定キット(Api staph；使用方法はキット添付のマニュアルを参照)を用いた鑑別試験の結果を示している。

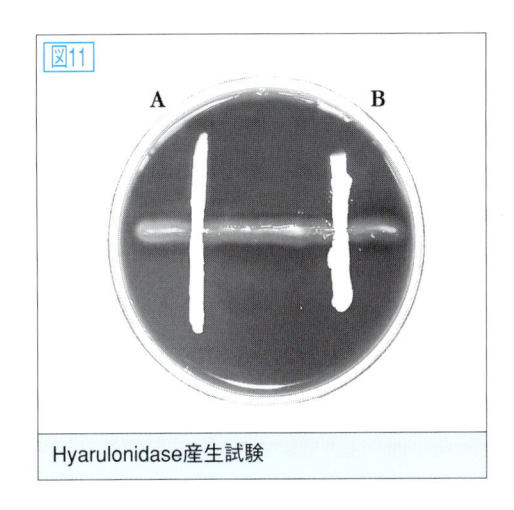

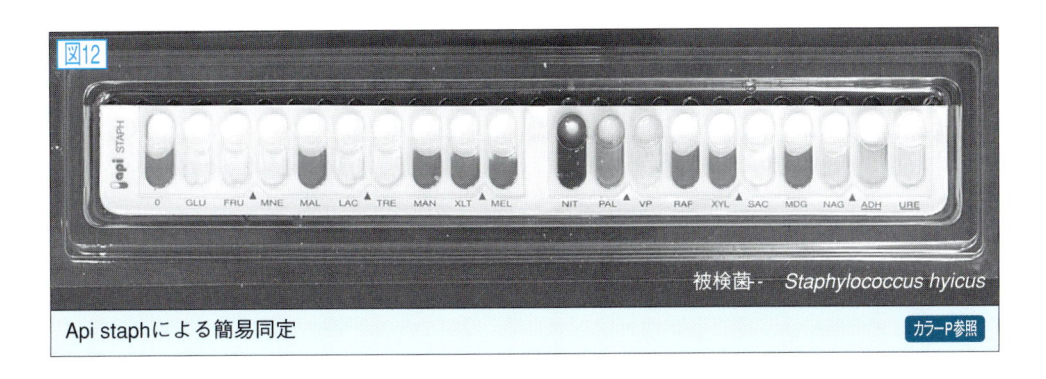

図12
被検菌 - *Staphylococcus hyicus*
Api staphによる簡易同定　カラーP参照

67

第6章 通性嫌気性菌の培養

2) Streptococcus 属菌の同定

1. 分離菌を白金耳で凝集板に塗抹後，市販のレンサ球菌血清群別用キット添付の抗血清と混和し，図13 A (*S. pyogenes*) のように抗A血清と反応したらA群，B (*S. zooepidemicus*) のように抗C血清と反応したらC群と判定する。

2. 分離菌を滅菌綿棒で血液寒天培地に接種し，接種部にオプトヒンディスクとバシトラシンディスクを置き，孵卵器で37℃，24時間培養する。

3. *S. aureus* を白金耳で血液寒天培地に1本の線状に塗抹後，分離菌をそれに直角に塗抹し，孵卵器で37℃，24時間培養する。

4. 分離菌を白金線で1%アラビノース加CTA培地，1%リボース加CTA培地，1%ソルビトール加CTA培地，1%トレハロース加CTA培地に穿刺後，パラフィンを0.5mL重層し，孵卵器で37℃，24〜48時間培養する。

5. 図14 A (*S. zooepidemicus*) のようにディスク周囲に阻止円が見られず全体にβ溶血が見られたらオプトヒン，バシトラシン非感受性，B (*S. pneumoniae*) のように発育菌によるα溶血中像がディスク周囲でのみ阻止されていたらオプトヒン，バシトラシン感受性と判定する。

6. 図15 A (*S. agalactiae*) のように *S. aureus* との境界に矢頭状の完全溶血が見られたらCAMP陽性，B (*E. faecalis*) のように溶血が見られなかったらCAMP陰性と判定する。

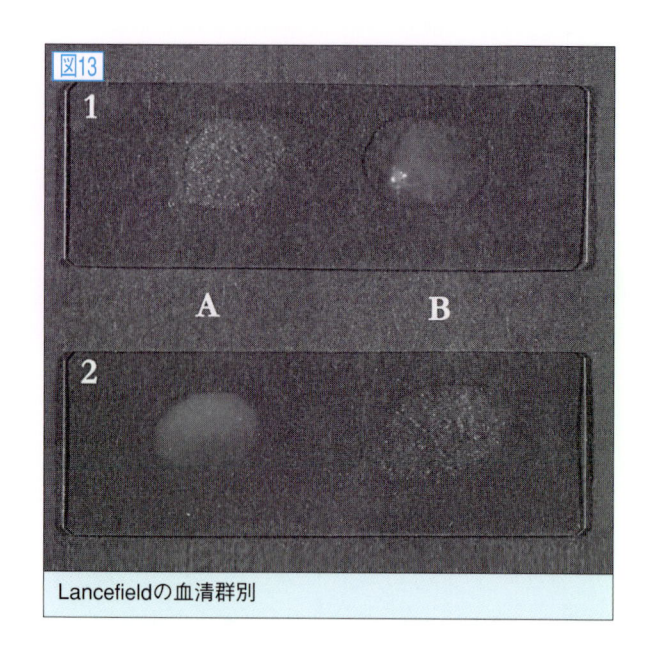

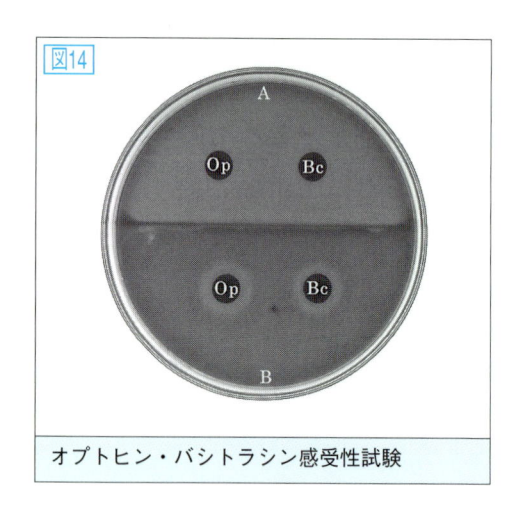

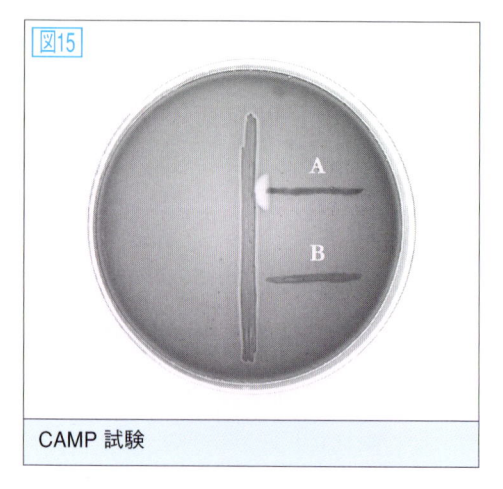

図13 Lancefieldの血清群別

図14 オプトヒン・バシトラシン感受性試験

図15 CAMP試験

7 図16〜図19（A：*S. pyogeness*，B：*S. zooepidemicus*，C：*E. faecalis*）のように，培地色が黄変していたら，各々の糖を発酵したと判定する。

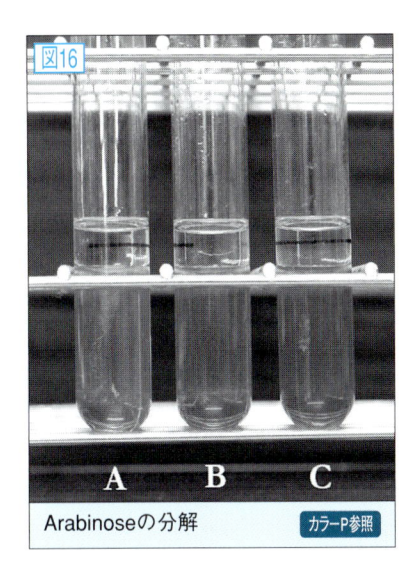

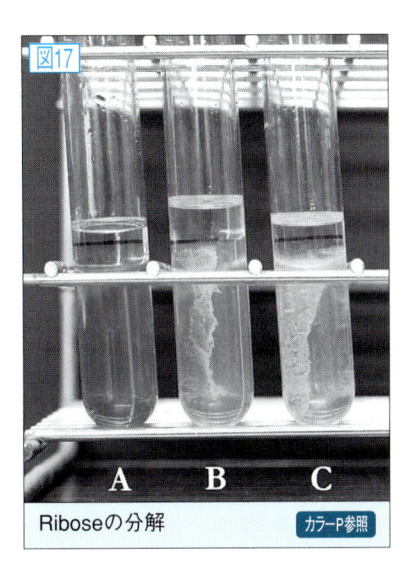

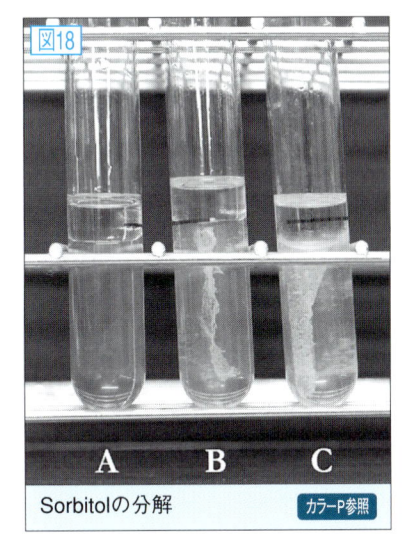

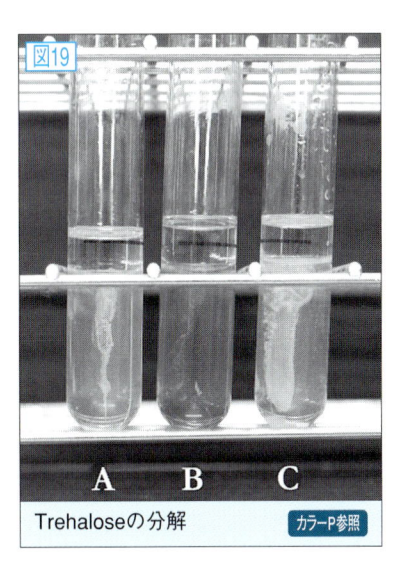

図16 Arabinoseの分解　カラーP参照

図17 Riboseの分解　カラーP参照

図18 Sorbitolの分解　カラーP参照

図19 Trehaloseの分解　カラーP参照

8 図20に市販の簡易同定キット（Api strep；使用方法はキット添付のマニュアルを参照）を用いた鑑別試験の結果を示している。

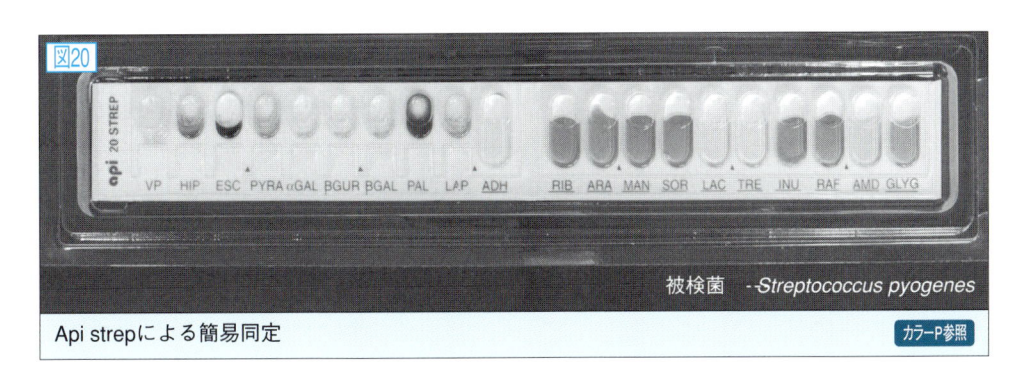

図20　被検菌 --*Streptococcus pyogenes*
Api strepによる簡易同定　カラーP参照

第6章　通性嫌気性菌の培養

[3] グラム陰性桿菌の分離と同定

a. グラム陰性桿菌の分離培養

1. 分離材料を白金耳でHI寒天培地，血液寒天培地，マッコンキー寒天培地およびDHL寒天培地に画線塗抹する。

2. 培地を孵卵器に入れ，37℃，24〜48時間好気培養する。

3. HI寒天培地，マッコンキー寒天培地，DHL寒天培地および血液寒天培地での発育状況を観察する。なお，マッコンキー寒天培地では乳糖分解能を，DHL寒天培地では乳糖・白糖分解能と硫化水素産生能を，血液寒天培地では溶血性（α，β，γ）を判定する。

4. 図21の*Escherichia coli*のようにDHL寒天培地でもマッコンキー寒天培地でも紅色集落を形成するものは乳糖分解菌である（白糖分解能は不明）。図22の*Proteus vulgaris*のようにDHL寒天培地では紅色で中心部が黒色の集落，マッコンキー寒天培地では無色の集落を形成するものは白糖分解・硫化水素産生菌である。図23の*Salmonella enterica* serovar TyphimuriumのようにDHL寒天培地では無色で中心部が黒色の集落，マッコンキー寒天培地では無色の集落を形成するものは乳糖・白糖非分解・硫化水素産生菌である。

b. グラム陰性桿菌の同定

1. オキシダーゼ試験紙を水で湿らせてスライドグラス上に置き，その上に分離菌を濃厚に塗抹し，図24のように塗抹した菌塊が紫色に変色したならばオキシダーゼ陽性と判定する。

2. 被検菌をスライドグラスに塗抹し，その上に3％H_2O_2液を滴下し，直ちに図5に示すような気泡の発生が見られたら，カタラーゼ陽性と判定する。

3. マッコンキー寒天培地に発育し，カタラーゼ陽性でオキシダーゼ陰性のものを*Enterobacteriaceae*（腸内細菌科），マッコンキー寒天培地に発

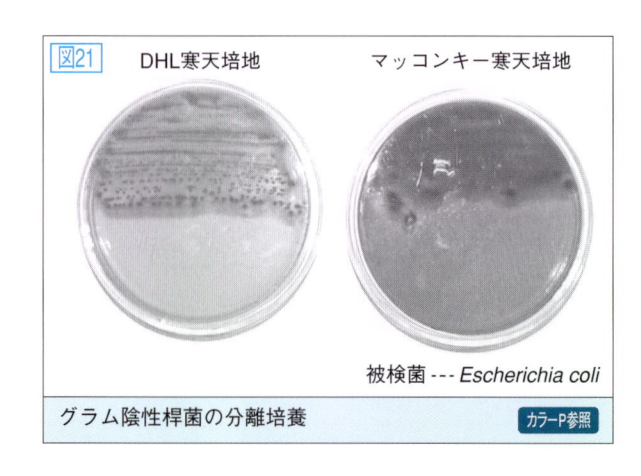

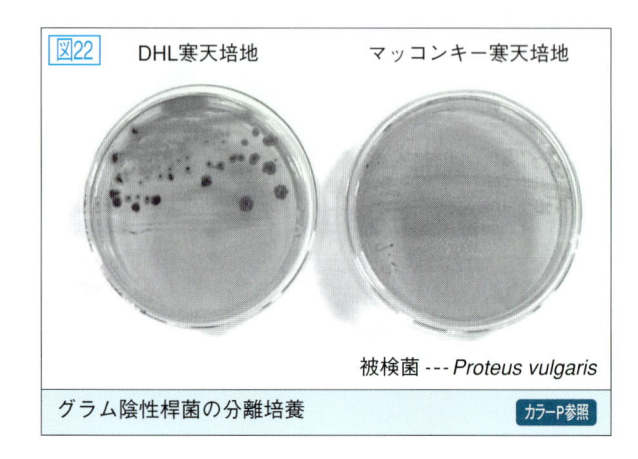

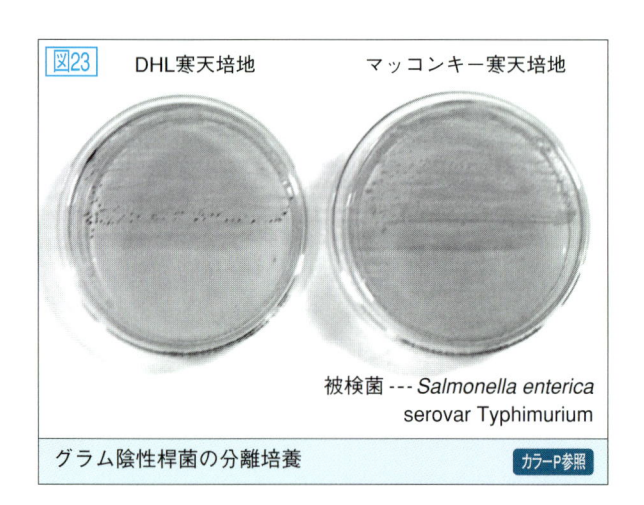

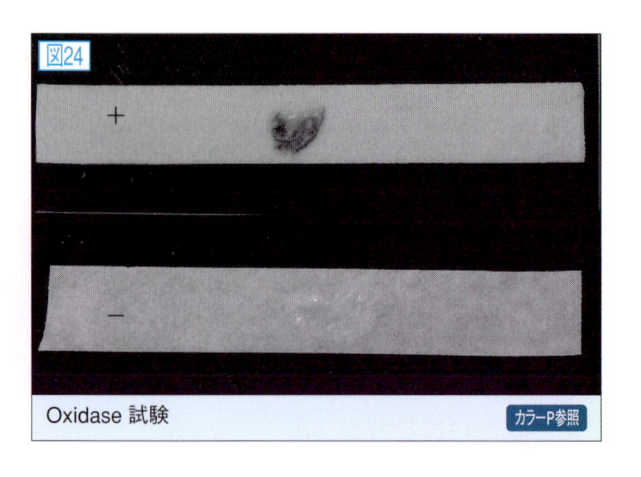

育し，カタラーゼもオキシダーゼも陽性のものを*Vibrio*科，*Aeromonas*科，*Pseudomons*科，マッコンキー寒天に発育せずカタラーゼもオキシダーゼも陽性のものを*Pasteurella*科と判定する。

1）腸内細菌科の菌の同定

1 分離菌を白金線でOF培地2本に穿刺し，一方はそのまま，もう一方は流動パラフィンを0.5mL重層し，孵卵器で37℃，24～72時間培養する。

2 分離菌を白金線でSIM培地には穿刺，TSI培地には高層部に穿刺後に斜面部に画線塗抹し，孵卵器で37℃，24～72時間培養する。

3 分離菌を白金耳でSC培地には画線塗抹，2本のMR-VP培地には均一に浮遊後，孵卵器で37℃，24～72時間培養する。

4 図25（A：*E. coli*，B：*S. enterica* serovar Typhimurium，C：*P. aeruginosa*，D：*P. vulgaris*，E：*Klebsiella pneumoniae*）A，B，D，Eのようにパラフィン重層・非重層ともに黄変したものは発酵的分解，Cのようにパラフィン非重層でのみ黄変したものは酸化的分解と判定する。

5 図26（A～E菌は図25と同一）のA，B，Dのように培地全体が，Cのように培地上端が混濁しているものを運動性，Dのように培地上端が褐色のものをインドールピルビン酸産生性，B，Dのように培地が黒変したものを硫化水素産生性と判定する。

6 SIM培地にエーテルを0.5mL加えたあとにEhrlichi試薬（*p*-dimethylaminobenz-aldehyde 1gを95mLのエタノールに溶解し，濃HClを20mL加えた液）もしくはKovacs試薬（*p*-dimethylaminobenz-aldehyde 5gを75mLのアミルアルコールに溶解し，濃HClを25mL加えた液を0.5mL加えた液）を加えてよく振り，図27（A～E菌は図25と同一）A，Dのように液が赤変したものをインドール陽性と判定する。

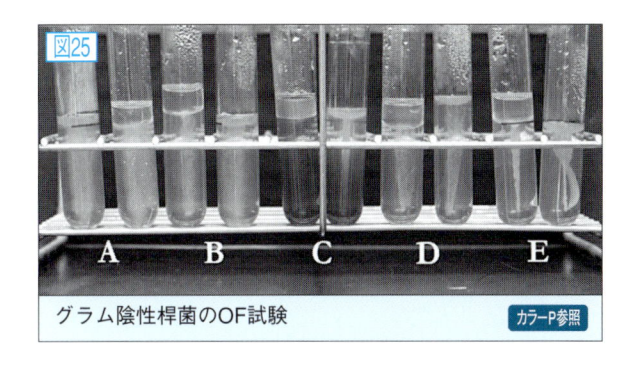

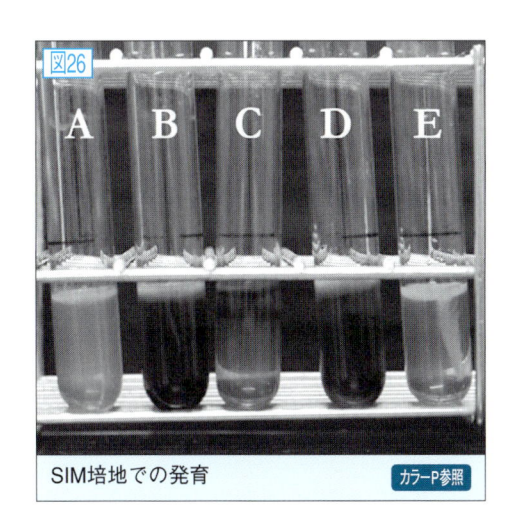

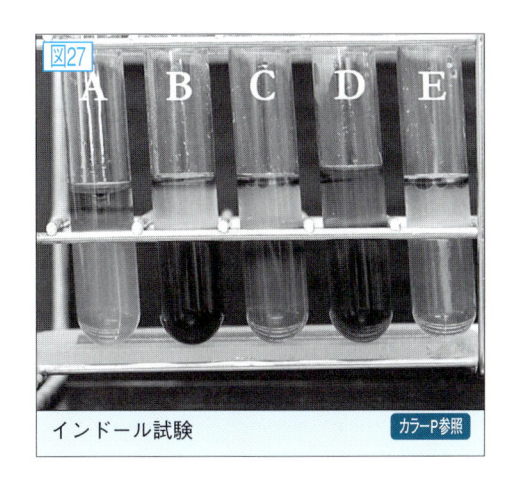

図25 グラム陰性桿菌のOF試験

図26 SIM培地での発育

図27 インドール試験

第6章 通性嫌気性菌の培養

7 図28（A〜E菌は図25と同一）A，D，Eのように高層部も斜面部も黄変したものはブドウ糖・乳糖（あるいは白糖）発酵性，Bのように斜面部が赤で高層部が黒変したものは乳糖非発酵性・硫化水素産生性と判定する。なお，Cはいずれの糖も発酵しないが，産生した色素により高層部が変色している。

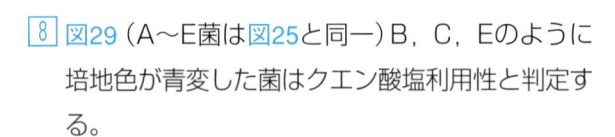

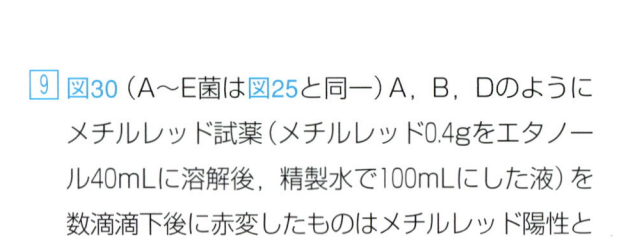

図28 TSI培地での発育　カラーP参照

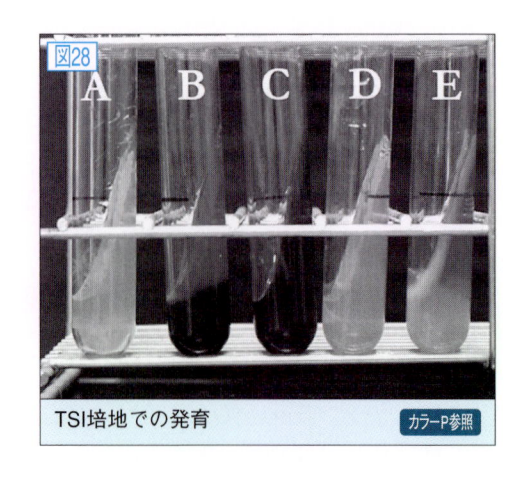

8 図29（A〜E菌は図25と同一）B，C，Eのように培地色が青変した菌はクエン酸塩利用性と判定する。

図29 SC培地での発育　カラーP参照

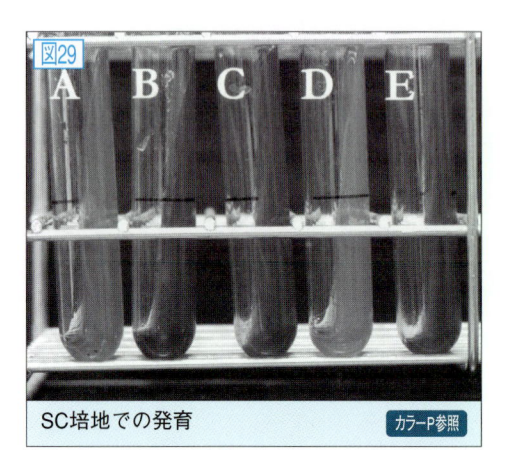

9 図30（A〜E菌は図25と同一）A，B，Dのようにメチルレッド試薬（メチルレッド0.4gをエタノール40mLに溶解後，精製水で100mLにした液）を数滴滴下後に赤変したものはメチルレッド陽性と判定する。

図30 MR試験　カラーP参照

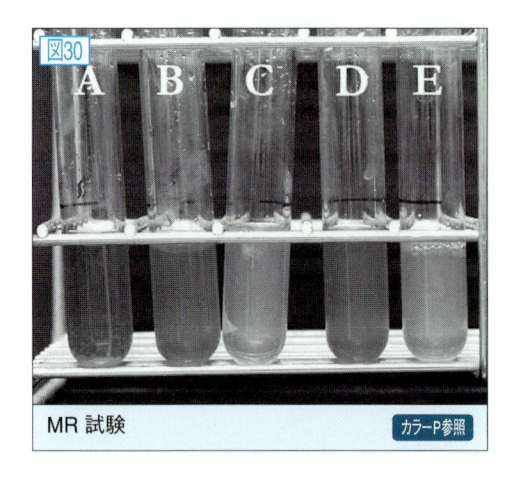

10 図31（A〜E菌は図25と同一）Eのように40％KOH 0.2mLと5％α-ナフトール液（無水エタノールにα-ナフトールを5％量溶解した液）0.6 mLを添加後に培地色が赤変したものはVP陽性（アセチルメチルカルビノール産生）と判定する。

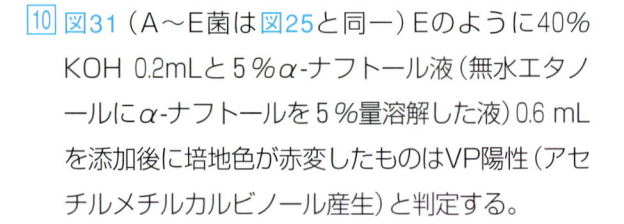

図31 VP試験　カラーP参照

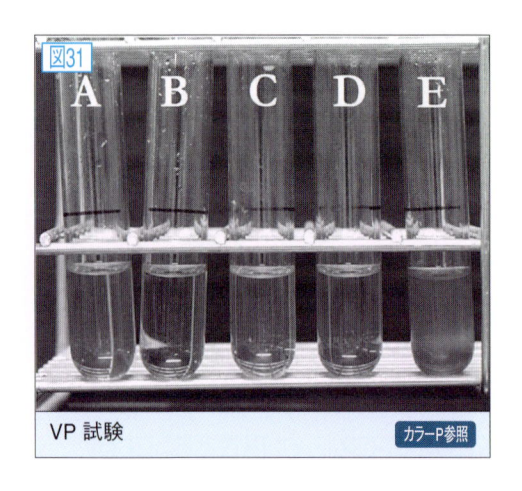

通性嫌気性菌の培養 第6章

11 図32に市販の簡易同定キット（Api 20E；使用方法はキット添付のマニュアルを参照）を用いた鑑別試験の結果を示している。

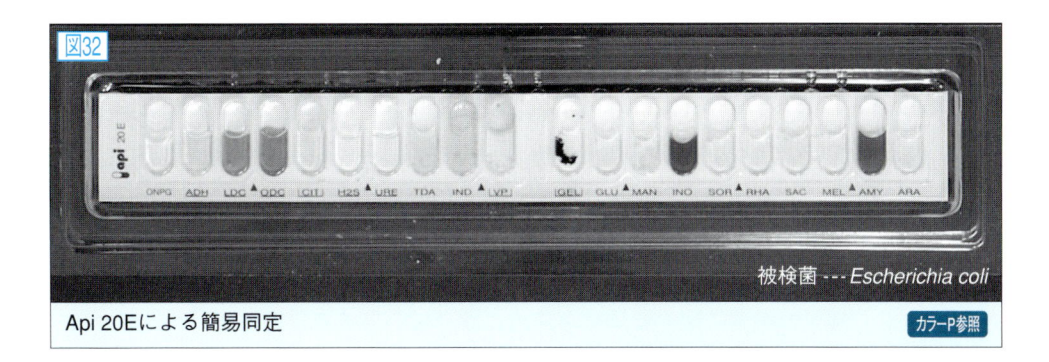

図32
Api 20Eによる簡易同定
被検菌 --- *Escherichia coli*
カラーP参照

2）腸内細菌科以外の菌の同定

1 好気性でカタラーゼ・オキシダーゼ陽性の菌を白金耳でNAC寒天培地に画線塗抹し，孵卵器で37℃，24時間培養後に図33（A：*P. aeruginosa*, B：*E. coli*）Aのように良好な発育と緑色色素（ピオシアニン）産生が認められたら*P. aeruginosa*と判定する。

図33
NAC寒天培地での発育
カラーP参照

2 MacConkey寒天培地に発育し，カタラーゼ・オキシダーゼ陽性の菌を白金耳でTCBS寒天培地に画線塗抹し，孵卵器で37℃，24時間培養後に図34（A：*V. parahaemolyticus*, B：*V. cholerae*）のように良好な発育が見られたら*Vibrio*属菌と判定する。

図34
TCBS寒天培地での発育

3 マッコンキー寒天培地に発育せず，カタラーゼ・オキシダーゼ陽性の菌は*Pasteurella*科の菌と考えられるが，血液寒天での溶血性，インドール産生性（図35；A：*V. cholerae*, B：*V. parahaemolyticus*, C：*A. hydrophila*, D：*P. multocida*, E：*A. pleuropneumoniae*），X，V因子要求性により*Pasteurella*属，*Actinobacillus*属，*Mannheimia*属，*Haemophilus*属に鑑別できる。

図35
インドール試験
カラーP参照

［実験メモ］

●血液寒天培地作製のポイント
［1］血液寒天培地には糖を添加しない。
［2］加える血液は，動物種によって，溶血性に違いが生じる。

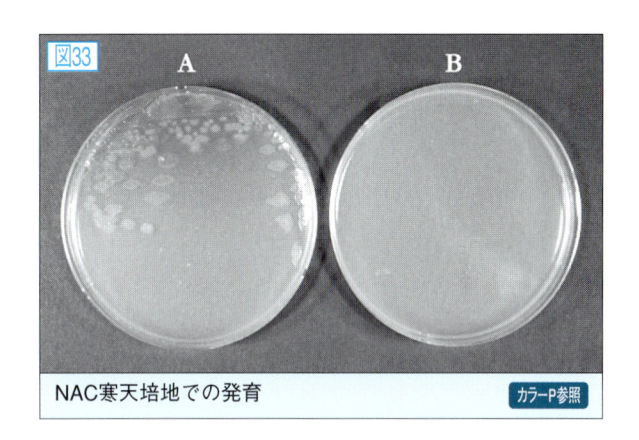

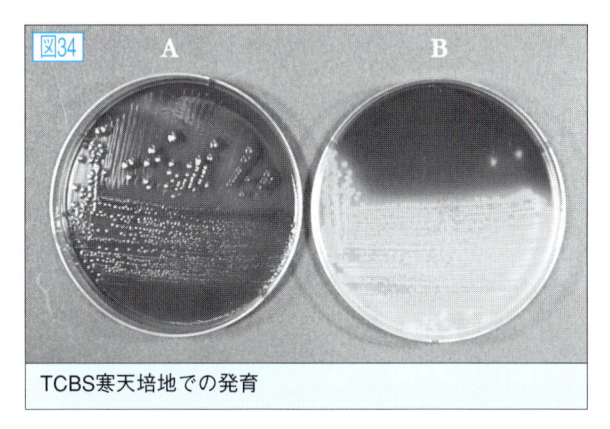

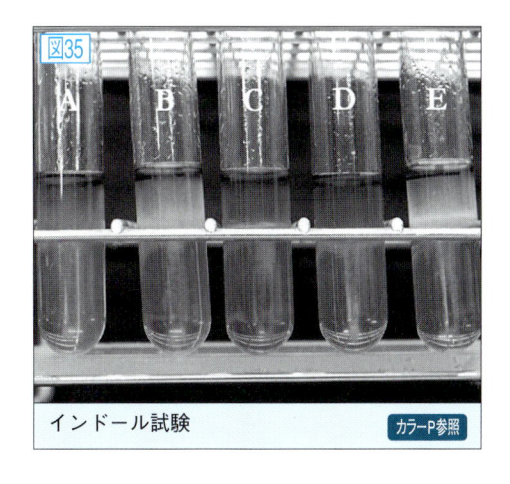

（佐藤　久聡）

第 7 章 嫌気培養法

本 実 験 の 目 的

[1] 嫌気性細菌の培養方法を習得する。
[2] 嫌気性細菌に関する知識を深め，取り扱い方法を習得する。

使用材料・機器

[1] 実験素材
・嫌気性菌用培地(表1を参照)
・嫌気性菌(*Clostridium*属，*Bacteroides*属，*Fusobacterium*属など，大部分の菌種はBSL2)

[2] 卓上機器
・ガスバーナー・白金耳・白金線・ピンセット
・滅菌済ピペット・嫌気ジャー・真空ポンプ
・炭酸ガス(混合ガス)

[3] 大型機器
・オートクレーブ・安全キャビネット
・インキュベーター

[4] 消耗材
・培地・消毒用アルコール・アルコール綿
・消毒薬

実験時，特に注意すべき事項

[1] 培地の作成と滅菌は指示書通りに行い，長期間保存しないこと(菌の発育が悪くなる)。
[2] 嫌気性菌(特に寒天平板上に生育している菌)は大気中で容易に死滅するため，嫌気ジャーから取り出したあとは，無菌操作で手早く扱う必要がある。
[3] 生菌を取り扱う際は，病原体の安全管理という観点から安全キャビネット内で行うことが望ましい(実験に使用する菌種のBSLレベルに応じた施設を利用すること)。
[4] 実験時の事故，特に生菌を取扱っている際の怪我や火傷に注意する。
[5] 嫌気ジャー内部は汚れやすいので，使用後は消毒し清浄を保つ。
[6] 使用済み培地等はオートクレーブ滅菌(121℃，15分以上)してから廃棄する。
[7] 入室時には白衣(実験着)を着用し，退室時には手指の消毒を必ず行う。

実 験 概 要

[1] 偏性嫌気性細菌のための培地と培養

偏性嫌気性菌は，通常の空気環境下において固形培地の表面に集落を作ることはない。寒天平板上に集落を作らせるためには，密閉した容器内に菌を塗抹した平板を納め，遊離酸素を何らかの方法により除去する必要がある。しかし，嫌気性菌用半流動培地を細試験管に高さ6cm以上入れ，穿刺培養すれば，試験管を空気環境に置いても菌は発育する。空気中の酸素は培地中の寒天や還元剤によって深部に到達できないためである。また，液体培地中でも培地環境の酸化還元電位[1]が低下した状態であれば嫌気性菌の発育が有利となる。一旦嫌気性菌が発育すれば，培地の酸化還元電位はさらに低下するので，結果的に嫌気性菌が発育増殖できる環境が整う。最初の発育のきっかけさえ与えられれば半流動寒天培地や液体培地での嫌気性菌の培養が可能となる。

[2] 嫌気培養に必要な条件

培養環境中のO_2を除去するか,培地中の酸化還元電位を下げる工夫をする。その方法には以下のようなものがある。

①培地そのものの還元力を大きくするために新鮮肉汁や肝臓片を加える（肝ブイヨン）。または固形培地への血液,ブドウ糖の添加。

②培地の酸化還元電位を下げる：ビタミンCや化学的還元剤（チオグリコール酸やシステインなど）を添加する。

③溶存酸素を減らす（培地を煮沸急冷する）。

④窒素ガスや炭酸ガスで容器を満たす（嫌気ジャー,ガスパックなど）。

⑤密封容器内に酸素吸収剤を入れる（嫌気ジャーを用いたスチールウール法）。

⑥他生物（セラチア菌,プロテウス菌）による酸素吸収の利用※。

※：臨床材料から嫌気性菌が分離されるとき,通性嫌気性菌も同時に分離されることが多い。つまり通性嫌気性菌によって形成された病巣部では酸化還元電位が低下するので,そこに偏性嫌気性菌が増殖しやすい環境が作り出される。

[3] 培地

現在,嫌気性菌のための培地はメーカーから購入可能である（表1）。選択分離用培地もあるので目的に応じて使い分けるのがよい。GAM寒天培地,変法FM培地,CW寒天基礎培地については組成と調整法を挙げておく（次ページ表2〜表4）。

[実験メモ・1]

[1] **酸化還元電位**：oxidation-reduction potential(Eh)とは,ある化合物から電子e^-を引き抜くのに必要な電圧をH_2から電子を引き抜くのに必要な電圧と比較した相対的な電圧のこと。O_2は培地中の諸成分を酸化して酸化還元電位を上昇させる。嫌気性菌の発育を可能にするためにはEh＜−0.2Vにする必要がある。嫌気度が高くなくてもよいウェルシュ菌 *Clostridium perfringens* でも100mV以下であることが必要。なお大気と接した培地の電位は250〜400mVである。

$1/2H_2 \rightarrow H^+ + e^-$ のときのヒドロゲナーゼは低電位−0.42V(pH7.0)で活性を発揮する。

表1 嫌気性菌用市販粉末培地の例

培地名	メーカー	目的	対象菌	明細
GAM寒天培地	日水	分離	嫌気性菌一般	表2
GAMブイヨン	日水	分離	嫌気性菌一般	
ABCM寒天培地	栄研	分離	無芽胞嫌気性菌	
ブルセラHK寒天培地	極東	分離	嫌気性菌一般	
BBE寒天培地	極東	選択分離・鑑別	*Bacteroides*属	表3
変法FM培地「ニッスイ」	日水	選択分離	*Fusobacterium*属	
バクテロイデス培地「ニッスイ」	日水	選択分離	*Bacteroides*属	表4
CW寒天培地	日水	選択分離・鑑別	*Clostridium perfringens*	
ABCMブイヨン	栄研	増菌	嫌気性菌一般	
チオグリコレート培地	日水	増菌	一般	

第7章 嫌気培養法

表2 GAM寒天培地(Gifu Anaerobic Medium)ニッスイ―組成と調整法

ペプトン	10 g
ダイズペプトン	3 g
プロテオーゼペプトン	10 g
消化血液末	13.5 g
肉エキス	2.2 g
肝臓エキス	1.2 g
ブドウ糖	3 g
NaH_2PO_4	2.5 g
NaCl	3 g
可溶性デンプン	5 g
L-システイン塩酸塩	0.3 g
チオグリコール酸ナトリウム	0.3 g
寒天	15 g
蒸留水	1000 mL
pH 7.3±0.1	

良く混和し、加温溶解後、115℃、15分オートクレーブし、平板に固める。

表3 フソバクテリウム鑑別・分離用変法FM培地 ニッスイ―組成と調整法

ペプトン	20 g
ダイズペプトン	1.5 g
消化血液末	6.75 g
肝臓エキス	0.6 g
肉エキス	6.15 g
酵母エキス	10 g
ブドウ糖	3 g
KH_2PO_4	2.5 g
NaCl	3 g
可溶性デンプン	5 g
L-システイン塩酸塩	0.3 g
チオグリコール酸ナトリウム	0.3 g
ネオマイシン	0.2 g
クリスタルバイオレット	0.01 g
寒天	14.7 g
pH 7.1±0.1	

加温溶解後、直ちにシャーレに分注する(加温時間はできるだけ短くし、オートクレーブしない)。数時間以内に使用する。

表4 ウェルシュ菌 *Clostridium perfringens* の選択培地 CW寒天基礎培地 ニッスイ―組成と調整法

ハートエキス	5 g
プロテオーゼペプトン	10 g
ペプトン	10 g
NaCl	5 g
乳糖	10 g
フェノールレッド	0.05 g
寒天	20 g
蒸留水	900 mL

オートクレーブ滅菌後50℃に冷却し、50％卵黄液(卵黄液:生理食塩水を1:1)を10％に加える。雑菌の混入が考えられる場合は硫酸カナマイシン0.02％を加える。

実験の手順

嫌気培養法

ここでは大がかりな装置を使わないで比較的簡単にできる嫌気性菌のための培養法について述べる。

前に述べたとおり嫌気培養の要点は、①培養環境中のO_2を除去することと、②培地中の酸化還元電位を下げることである。

①に対しては培地をジャーなどの密封容器に入れ、容器内の気相をガス置換により酸素を取り除くか、触媒等により酸素を除去する。②に対しては培地中に還元剤であるL-システイン塩酸塩、チオグリコール酸ナトリウムなどを加える。

● 嫌気ジャーなどの密封容器を使う培養法(図1)

液体培地や一度に多数の平板培地を嫌気培養するときに用いる。スチールウール法、ガスパック法などがある。

[1] スチールウール(ガス置換)法

スチールウール表面に還元銅の被膜をつくり、これに容器内の酸素を吸着させて酸化銅となる反応を利用し、ジャー内の気相を無酸素状態に保ちながら培養する方法である。

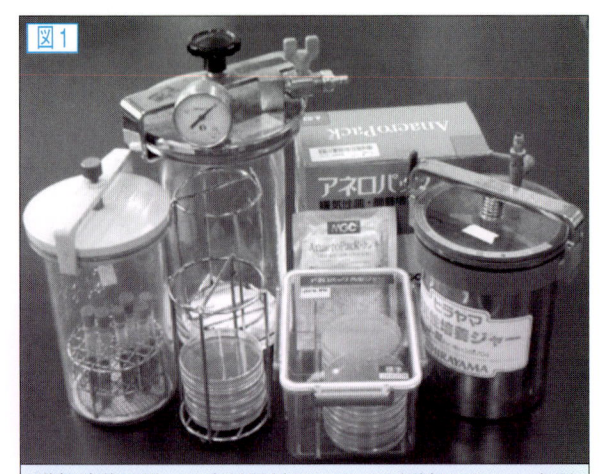

図1

嫌気培養に用いる密封器材のいろいろ(嫌気ジャー、角型ジャーなど)

嫌気培養法 第7章

[準備するもの]

- 嫌気ジャー（蓋部分に換気用バルブもしくはコックと真空メーターが付いているもの）
- シャーレラック（ジャー内に90φシャーレを重ねて収納できるもの）
- 真空ポンプ
- 炭酸ガスまたは混合ガス（N_2 95%：CO_2 5%）
- スチールウール
- 酸性硫酸銅溶液[2]
- シリカゲル（粒状）吸水

[実験メモ・2]

酸性硫酸銅溶液：

[2]：$CuSO_4$，60 gとTween80，20 gに蒸留水800 mLを加えてよく撹拌する。完全に溶解したところで2N，H_2SO_4，90mLを加える。蒸留水を加えて8Lとし，容器（下口のついたポリエチレン容器など）に入れて保存する。

1. ①シャーレラック（嫌気ジャーのサイズに合ったもの）の最下段にシリカゲル（粒子状）を満たしたシャーレを置き，その上に接種済みの寒天培地を重ねる（図2）。
   ガス置換法では，ジャー内を真空にする際に寒天がシャーレから剥がれ落ちないように寒天平板はシャーレの蓋が上になるようにする。
   ②重ねた平板培地の最上部にはスチールウールを置くための受け皿（シャーレで良い）を用意する（図2）。

2. ①容量3Lに対し30 gのスチールウールを約500 mLの酸性硫酸銅溶液に浸すと，表面が還元銅の鮮やかな銅色となる（図3）。硫酸銅溶液は毒性があるのでゴム手袋をし，手に触れないようにする。
   ②手でスチールウールを良く絞って硫酸銅溶液を除き，受け皿上に置く。
   ③使用済みの硫酸銅溶液は廃液として容器に収納する。

3. ①スチールウールを入れたジャーは，ただちに蓋をして真空ポンプに連結し，ジャー内の空気を抜く（真空メーターが－60～－70 mmHgとなるまで）。
   ②次に炭酸ガスまたは混合ガスを－10 mmHgまで入れる[3]。ジャー内の酸素は1時間程で銅と鉄に吸収される。スチールウールが褐色～黒色へと変化する場合，ジャー内に酸素が残っているか，密封不十分である。

図2

スチールウール
培地
シリカゲル

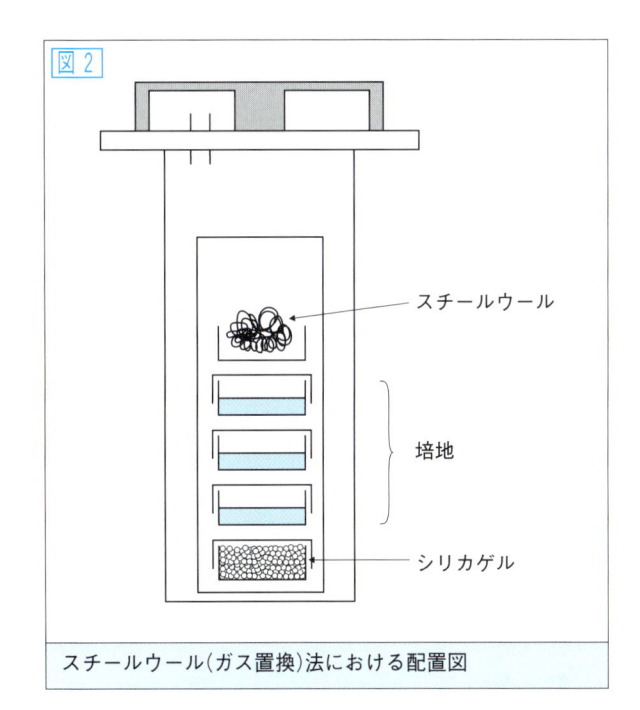

スチールウール（ガス置換）法における配置図

図3

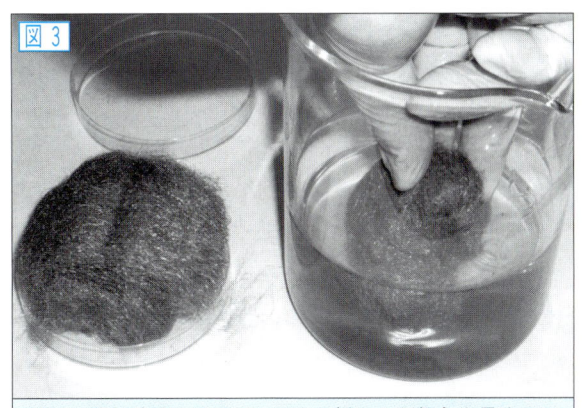

酸性硫酸銅溶液に浸すことにより鮮やかな銅色を呈するスチールウール（右）

第7章　嫌気培養法

[実験メモ・3]
ジャーが密封されていない（空気漏れがある）場合は，嫌気性菌は発育しない。またスチールウールは酸化されて光沢を失い，次第に黒く変色する（図4）。
3）：嫌気性菌の発育には一定濃度のCO_2が含まれていたほうがよい。場合によっては嫌気ジャーのガス置換（通常の空気を除いたのち，CO_2を5～10%含みO_2は含まない混合ガスを注入）を行う。

図4

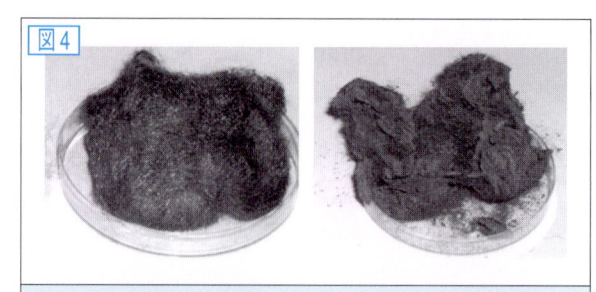

酸化されて鮮やかな銅色から褐色に変色し，劣化したスチールウール（右）

[2] ガスパック法

ガスパックから発生する水素が，ジャー内に設置されたパラジウムを触媒に酸素と反応して水になることを利用したもの。水素と炭酸ガスの発生袋，嫌気指示薬，触媒がセットとなった市販品がある。真空ポンプやガスボンベを必要としないので，手軽に嫌気培養ができるメリットがある。

1 嫌気ジャー（ガスパック専用嫌気ジャーもある）に培地を収める（寒天平板はシャーレ蓋を下側にする）。

2 次いでガス発生袋に水を加え，そのままジャー内に収め密封する。

3 ジャーの蓋の内面にはパラジウムの入った金網籠を取り付けておく。パラジウムは使用前にバーナー等で焼いて，再生しておく。

4 ガスパックからは水素とCO_2が発生し，徐々に酸素を消費して嫌気状態となる。

[3] 酸素吸着剤（アネロパック）法

高価な装置を使用せずに，またガスパック法のように水・触媒を使わなくても，嫌気環境を作り出すことができ，嫌気培養を手軽に行なうことができる。

酸素吸着剤が容器内の酸素を吸収すると同時に炭酸ガスを発生し，2時間以内にジャー内の酸素濃度は0.1%以下になる（嫌気指示薬[4]が青色から赤色に変色する）。

市販品（アネロパック：三菱ガス化学）が容易に入手でき，脱酸素剤を寒天平板とともに嫌気ジャーや，

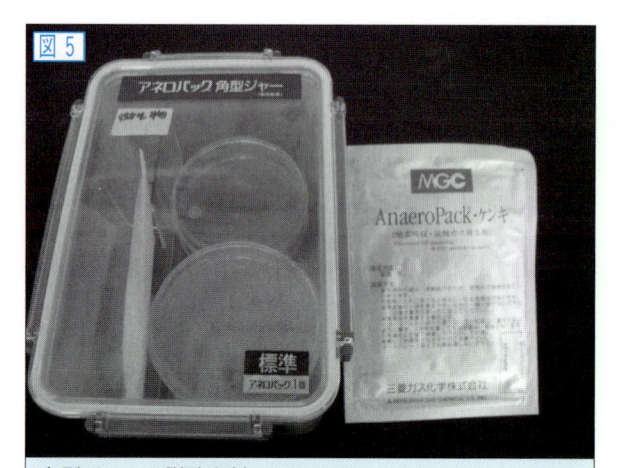

図5

角型ジャーと脱酸素剤

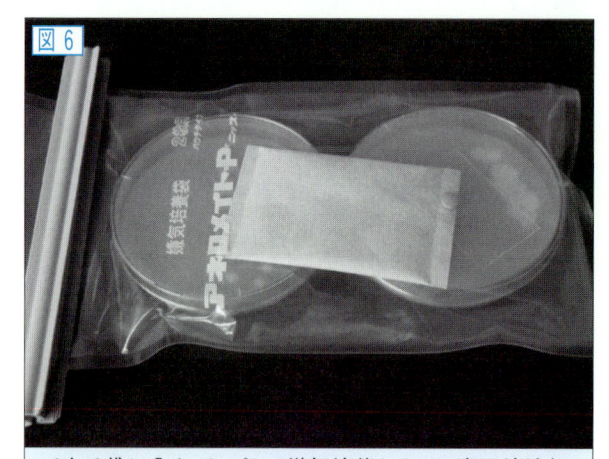

図6

パウチ袋に入れて37℃で嫌気培養したCW寒天培地（*C. perfringens*を接種）

角型ジャー（ポリカーボネート製），パウチ袋に入れて密封後，そのままインキュベーターに収めて培養する。

角型ジャーやパウチ袋は使用するシャーレの枚数に応じて様々な容量のものが用意されている（図5，図6）。

［実験メモ・4］

4）：酸化還元指示薬（図7）

　メチレンブルーやナイトブルー，ニュートラルレッドなどの還元色素類は酸化還元電位の高低により変色する。嫌気性培養では環境の嫌気度を知るためにこうした還元色素を指示薬として用いる。変色点の電位は還元色素の種類により異なる。市販の嫌気指示薬（三菱ガス化学）は錠剤になっており，0.5％以上の酸素中ではブルーを，0.1％以下になるとピンク色を呈する。

図7

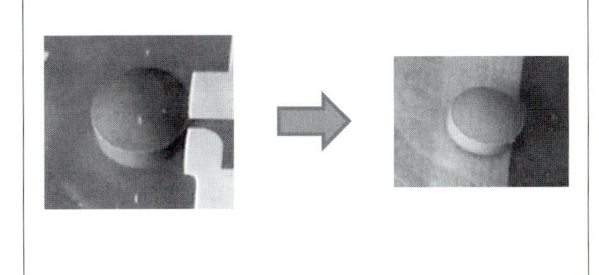

培養開始時の嫌気指示薬（ブルー）と嫌気培養24時間後の同指示薬（ピンク）　カラーP参照

［4］高層培地を用いた培養法

　細試験管（9mm×150mm）に約2/3程度の嫌気性菌用半流動寒天培地（酸化還元電位を下げるチオグリコール酸塩，システインを含有し，空気中のO_2の培地への侵入を阻止するため，寒天を0.2％に加える）を分注，滅菌する。この培地を使用すれば特殊な操作が不要で，密封容器が無くてもそのまま通常の空気環境でも嫌気性菌が良好に発育する。

［5］パラフィン重層法

　液体培地を用いて培養する場合，菌を接種した後，滅菌流動パラフィンまたはワセリンを1.5cm以上の厚さに重層する方法。

　溶存酸素を除くために，培地は使用直前に煮沸・急冷後，速やかに使用する。

［菌株の保存］

　一般に有芽胞嫌気性菌は無芽胞嫌気性菌に比べて保存法が容易でかつ長期間保存できる。凍結乾燥保存法が最も優れているが，*Bacteroides*属や*Fusobacterium*属，*Eubacterium*属などは冷凍（－80℃）保存法でも数年間は保存可能である。以前はクックトミート培地が菌株保存用として推奨されていたが，薬剤耐性の変化（感受性化）や病原性の低下などが起こるため，現在では菌株の保存のためには用いられなくなっている。

［菌の継代・移植］

　嫌気度の要求が高くない*Clostridium perfringens*，*Bacteroides fragilis*，*Fusobacterium nucleatum*などは空気に1～2時間曝しても生残するので，好気性菌のように白金耳を使って平板から平板への継代が比較的容易に行える。しかしとくに

ポイント・メモ〈実験のコツ〉

培地の保存および使用上の注意

　培地の保存は室温暗所で行う。低温保存は培地へのO_2侵入を加速させるため不可。製造後，時間のたった培地は，培地中の溶存酸素を除くため，使用直前に100℃の熱湯で10～15分加熱，脱気し，冷水で急冷後，速やかに使用する。

嫌気度の要求が強く空気中では急速に死滅する菌種（*Clostridium difficile*や*Costridium novyi*など）については，継代用培地（液体または半流動）の管底に大量に移植する必要がある。

　液体（または半流動）培地から液体培地へ移植する場合は，パスツールピペットで0.2mL以上を管底に移植する。この際培地中に気泡を入れないように注意する。白金耳を用いて平板から平板へと継代しようとすると死滅することがある。

［嫌気性菌の同定］

　偏性嫌気性菌の同定は，通常の生化学的な同定法（最近では嫌気性菌同定キットが市販されている）に加えて，通性嫌気性菌や好気性菌とはやや違ったやり方が併用される。菌はPYG（peptone-yeast extract-glucose）培地かブドウ糖加GAM（Gifu anaerobic medium）半流動培地で数日間培養したのち，培養液を硫酸で酸性化し，遠心して集めた上清，またはエチルエーテルで抽出した揮発性脂肪酸とアルコールを，ガスクロマトグラフィーで分析する。

　このほか菌体からDNAを抽出して16S rRNAやユニークな塩基配列を標的としたPCR法による同定法も試みられている。

（後藤　義孝）

第8章 真菌の培養

本実験の目的

真菌は家畜・家禽・魚介類・人体・植物に寄生したり腐生したりする。特に日和見感染症の原因となる。また，人獣共通感染症として特に伴侶動物の感染が注目される。これらの病因としての真菌について基礎的な技術を習得する。

実験概要

感染被毛などの材料を培地に接種し，分離培養し形態を観察する。直接鏡検法により真菌の寄生または腐生の状況とおおよその種類を推定する。巨大集落検査で集落性状を観察する。スライド培養法により形態学的な検査を実施する。発芽管試験により発芽管形成能を検査する。酵母型真菌の同定法として炭素源としての糖類同化能試験を検査キットで実施し，解析する。

実験の手順

[A] 分離培養法

実験[A]の目的

検査材料を各種真菌用培地に接種して25℃と37℃で培養する（皮膚糸状菌を中心として）。

使用材料・機器

[1] 実験素材
・皮膚落屑，被毛，痂皮

[2] 卓上機器
・ガスバーナー・ライター・ハサミ・メス・ピンセット・白金鉤・白金耳

[3] 大型機器
・インキュベーター(25℃，37℃)

[4] 消耗材
・滅菌蒸留水・サブロー・ブドウ糖寒天(SDA)培地・ポテトデキストロース(PDA)培地，DTM(Dermatophyte Test Medium)培地

※SDA，PDA培地は必要に応じてシクロヘキサミド(500 μg/mL)，クロラムフェニコール(50 μg/mL)を加えて選択培地とする。またビタミンなどを加えて栄養強化培地として使用する。

［A］の実験概要

各種検査材料を斜面培地に接種する。25℃と37℃で培養，4週間まで観察する。

［1］実験進行手順

1. 皮膚落屑・被毛・痂皮をハサミ，メスで細切し，ピンセット，白金鈎を使用してSDA，PDA培地およびDTM培地の表面に軽く押しつけるように接種する。

2. 培養は25℃と37℃で行い4〜5日ごとに観察し，4週間を過ぎても発育の認められない場合には，培養陰性とする。

実験の結果

皮膚糸状菌がDTM培地に発育すると培地をアルカリ化するので培地の色調がpH指示薬（フェノール・レッド：PR）により，赤色に変化する（図1）。

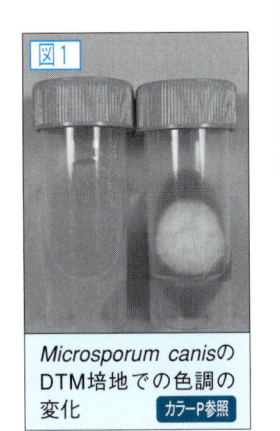

図1 *Microsporum canis*のDTM培地での色調の変化　カラーP参照

［B］直接鏡検法

実験［B］の目的

真菌の簡易検査法で真菌要素を検出する，特に皮膚糸状菌に有用である。本法はきわめて重要な検査法で習熟する必要がある。

使用材料・機器

［1］実験素材
- 皮膚糸状菌感染被毛
- 皮膚落屑

［2］卓上機器
- ガスバーナー・ピンセット・顕微鏡

［3］消耗材
- スライドグラス・カバーグラス（18×18mm）
- 標本作製液（10〜20%KOH溶液，あるいは20%DMSO加KOH溶液）

［B］の実験概要

皮膚糸状菌感染被毛・皮膚落屑を直接鏡検して寄生または，腐生の状況とおおよその真菌の種類を推定する。

［1］実験進行手順

1. ①検査試料をスライドグラスに置いてDMSO加KOH溶液を滴下する。
   ②カバーグラスをのせて5〜10分間放置して角質層の軟化・透徹を待つ（図2）。

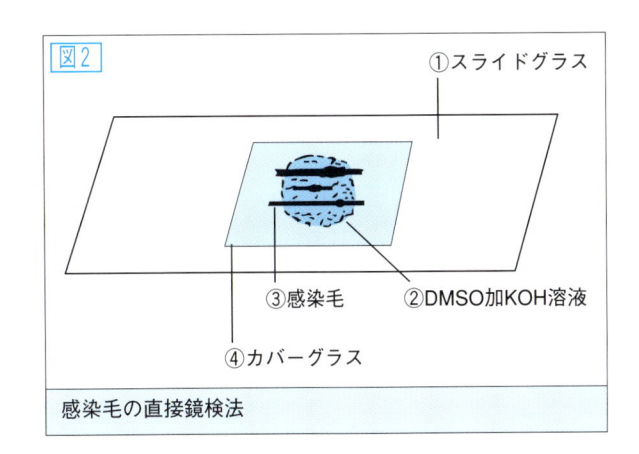

図2　①スライドグラス　②DMSO加KOH溶液　③感染毛　④カバーグラス
感染毛の直接鏡検法

第8章 真菌の培養

2 顕微鏡のコンデンサーを下げ，低倍率（100倍）で観察，ついで高倍率（200〜400倍）で観察する。

実験の結果

感染被毛に多数の分節型分生子が石垣状に観察される（図3）。

図3 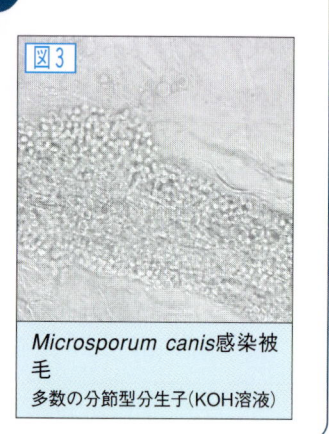
Microsporum canis 感染被毛
多数の分節型分生子（KOH溶液）

［参考資料］

直接鏡検法のひとつに墨汁法がある。クリプトコッカス症が疑われる症例の脊髄液，膿汁をスライドグラスにとり，墨汁を加えて混和しカバーグラスをのせて観察する。*Cryptococcus neoformans*は，墨汁法による染色で大きな莢膜を有する菌体が確認されPDA培地で湿潤した集落を形成する（図4）。

図4 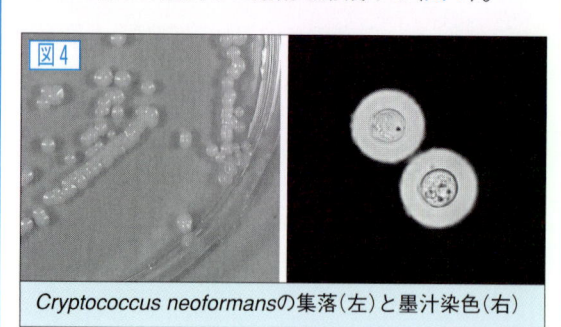
*Cryptococcus neoformans*の集落（左）と墨汁染色（右）

［C］巨大集落検査法

実験［C］の目的

分離培養した真菌（糸状菌）の集落性状を観察する。

使用材料・機器

［1］実験素材
・菌株：*Aspergillus niger*，*Microsporum canis*，*Microsporum gypseum*，*Tricophytone mentagrophytes*，*Fusarium solani*，*Rizopus* sp.

［2］卓上機器
・電子天秤・薬さじ・計量用トレイ（薬包紙）・ガスバーナー・ライター・白金鉤・実体顕微鏡・湯煎器具（電子レンジ）・ピペットエイド

［3］大型機器
・オートクレーブ・インキュベーター

［4］消耗材
・ポテトデキストロース寒天（PDA）培地・蒸留水・深型プラスチックシャーレ・滅菌済みプラスチックピペット

［C］の実験概要

代表的な真菌（糸状菌）を培養した巨大集落の形態，表面の構造と着色（胞子着生）状況，裏面および培地の着色状態などを観察し，同定する。

［1］実験進行手順

1 ①オートクレーブで滅菌したポテトデキストロース寒天（PDA）培地を50℃に冷却する。
②ピペットエイドを使い滅菌済みプラスチックピペットで深型シャーレに25mL注入し，凝固させる。
③培地表面をインキュベーターで乾燥させる。

2 白金鉤で実験菌糸をとり，上記シャーレの縁に白金鉤を固定し，逆さにした培地中央の一点に軽くふれる（図5）。

真菌の培養　第8章

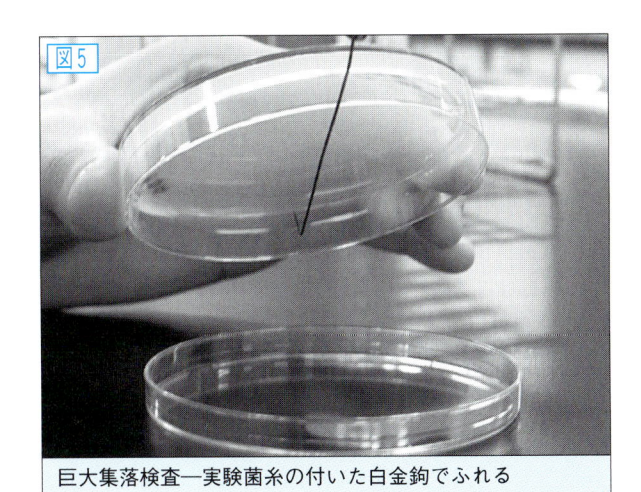

図5

巨大集落検査―実験菌糸の付いた白金鉤でふれる

3 シャーレの蓋を下にして，プラスチックの袋に入れて，25℃で培養する。

4 2〜3日後から集落の発育を観察し，通常1週間目に性状等の記載をする。

5 観察の要点

①培養条件として，培地の種類，培養温度，培養日数

②集落の大きさは，小，中，大

③表面の性状は，綿毛状，ビロード状，粉状，ニカワ状。平坦あるいは隆起。放射状，帯状の発育

④集落の色調

⑤浸出液の有無，色調，量

⑥臭気の有無

⑦裏面の色調

⑧色素産生の有無，色調，拡散の程度

⑨菌核の有無と形状，色，大きさ

⑩有性世代の有無と形状，色，大きさ

実験の結果

[1] *Microsporum canis* の集落表面は綿状で色調はクリーム色から淡黄色，裏面は無色から淡黄色である（図6）。

[2] *Microsporum gypseum* の集落表面は綿状で色調は明褐色，裏面は無色である（図7）。

[3] *Tricophytone mentagrophytes* の集落表面は綿状で色調は白色あるいは黄褐色，裏面は無色から淡黄色である（図8）。

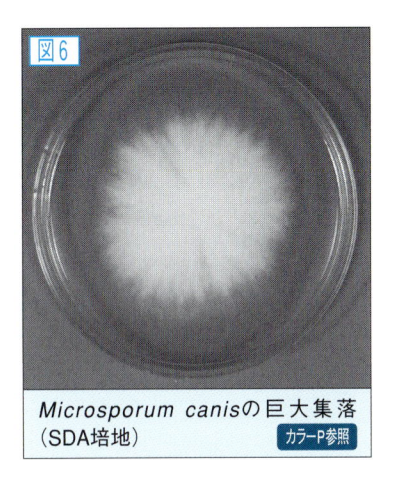

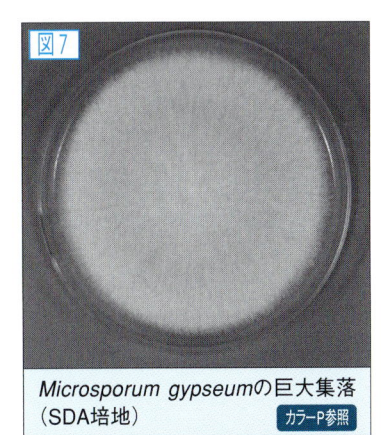

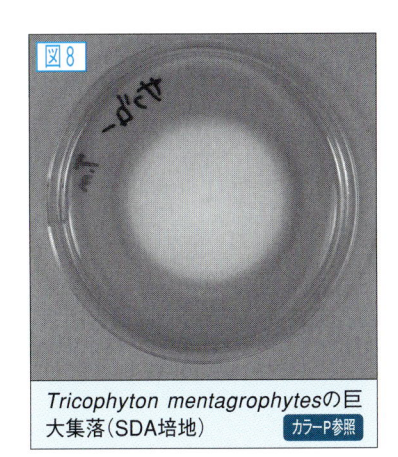

図6　*Microsporum canis* の巨大集落（SDA培地）　カラーP参照

図7　*Microsporum gypseum* の巨大集落（SDA培地）　カラーP参照

図8　*Tricophyton mentagrophytes* の巨大集落（SDA培地）　カラーP参照

第8章 真菌の培養

[D] スライドグラス培養法

実験［D］の目的

真菌要素の形成・着生方法を観察する。

使用材料・機器

［1］実験素材
- 菌株：*Candida albicans*，*Aspergillus niger*，*Microsporum canis*，*Microsporum gypseum*，*Tricophytone mentagrophytes*，*Fusarium solani*，*Rizopus* sp.

［2］卓上機器
- 電子天秤・薬さじ・計量用トレイ（薬包紙）・ガスバーナー・白金鉤・実体顕微鏡・光学顕微鏡・メス・湯煎器具（電子レンジ）・ミクロスパチュラ・ガスバーナー・白金鉤・白金耳・ピンセット・アルコールスプレイ・ピペットエイド

［3］大型機器
- 乾熱滅菌器・オートクレーブ・インキュベーター

［4］消耗材
- ポテトデキストロース寒天(PDA)培地・深型プラスチックシャーレ・滅菌済みプラスチックピペット・スライド培養セット（シャーレ，V字管，スライドグラス，カバーグラス，ろ紙）(図9)・滅菌蒸留水・スライドグラス・カバーグラス・封入液（ラクトフェノールコットンブルー染色液，ラクトフェノールコットン染色液）・ネールエナメル

[D]の実験概要

代表的な真菌株をスライド培養し，生育形態をそのままの状態で観察し同定する。

図9　スライド培養セット（ガラスシャーレ，V字管，スライドグラス，ろ紙，カバーグラス）

[1] 実験進行手順

1. ①オートクレーブ滅菌したポテトデキストロース寒天培地を50℃に冷却する。
   ②直径9cmのプラスチックシャーレにペットエイドを使い，滅菌済みプラスチックピペットで10～12mL注入し凝固させる。

2. 滅菌済みメスの刃をフォルダーに付け，培地を5×5mm位に切る（図10）。

図10　培地の切り出し

3. 滅菌したミクロスパチュラで上記培地片をとり，予め乾熱滅菌したスライド培養セットのスライドグラスの上に寒天ブロック（培地片）を置く（図11）。

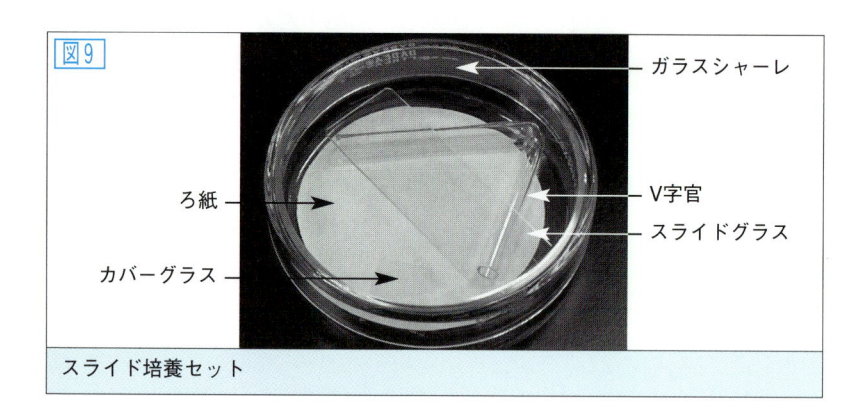

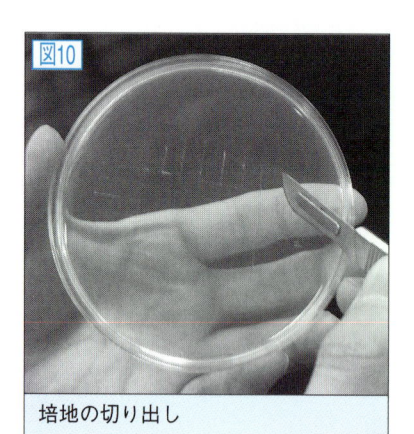

図11　寒天ブロックの置き方

真菌の培養　第8章

4. 糸状菌は寒天ブロックの四辺に白金鉤で接種し，酵母様菌では寒天ブロック上面に白金線で画線塗沫する（図12）。

5. 先端を酒精綿で消毒したピンセットでカバーグラスをとり寒天ブロック上に乗せる（図13）。

6. シャーレのろ紙に滅菌蒸留水を5 mL加える（図14）。

7. シャーレに蓋をして25℃と37℃で培養する。この時，寒天ブロックを乾燥させないようにする（図15）。

8. 発育状況を経過観察し，スライドグラスを取り出し，水滴を拭き取り実体顕微鏡あるいは光学顕微鏡でブロック周辺を観察，胞子形成を確認する（図16）。期間としては，1週間ぐらいが目安である。

9. カバーグラスを静かに外し，封入液をのせたスライドグラスに載せる。この時，カバーグラスを動かさないこと（図17）。

10. 次いで，寒天ブロックをピンセットで取り除き封入液を滴下し，カバーグラスをのせる（図18）。

11. それぞれの標本で余分な封入液をろ紙で吸い取り，カバーグラスの四辺をネールエナメルで封じて半永久標本とする（図19）。

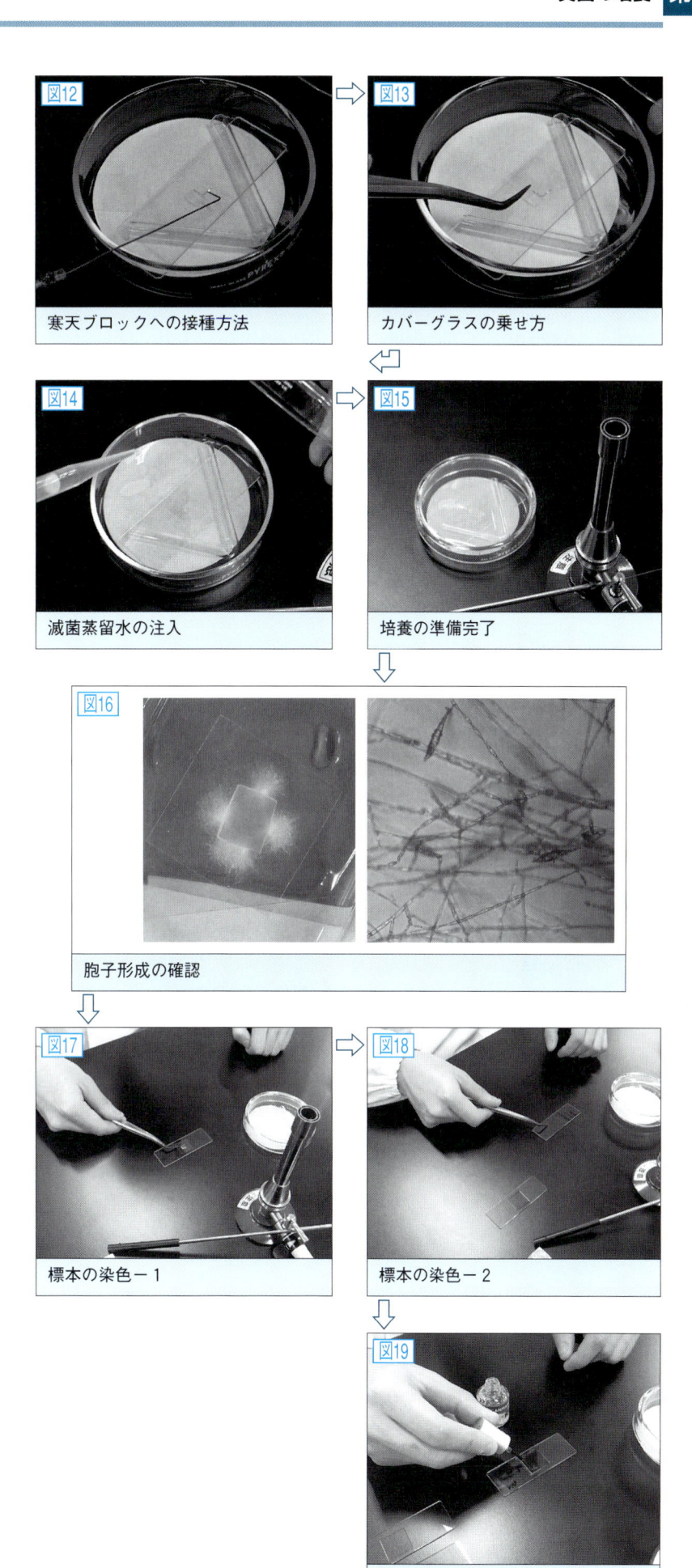

図12 寒天ブロックへの接種方法

図13 カバーグラスの乗せ方

図14 滅菌蒸留水の注入

図15 培養の準備完了

図16 胞子形成の確認

図17 標本の染色-1

図18 標本の染色-2

図19 標本の染色-3

第8章 真菌の培養

12 それぞれの標本を光学顕微鏡で200〜400倍にて観察し、スケッチと画像を保存する。

13 観察の要点を以下に示す。

ⓐ 菌糸の隔壁の有無とその色調
- a-1 有隔壁、竹の節状で子嚢菌類や不完全菌類
- a-2 無隔壁、チューブ状で接合菌類
- a-3 特殊な菌糸としてらせん菌糸やラケット状菌糸（図20）

ⓑ 真性菌糸と仮性菌糸
- b-1 真性菌糸は幅が一定で分岐を形成
- b-2 仮性菌糸は酵母類で認められ、形態が一様でなく細胞連結部がくびれ非分岐である（図21）

ⓒ 分生子柄の色調

ⓓ 分生子頭の形状と色調および頂嚢の形態（図22）

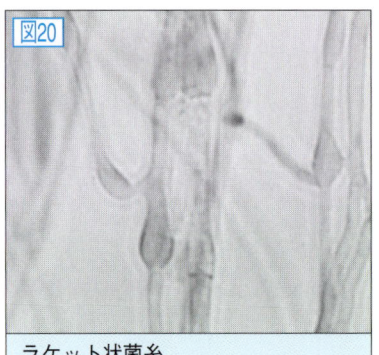

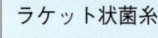

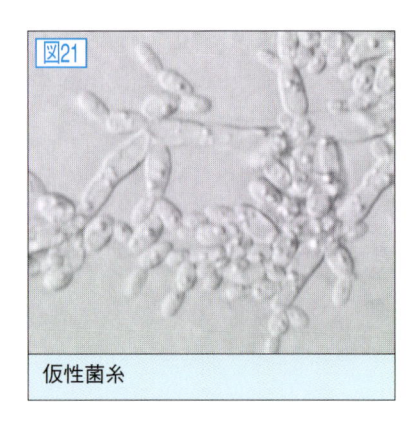

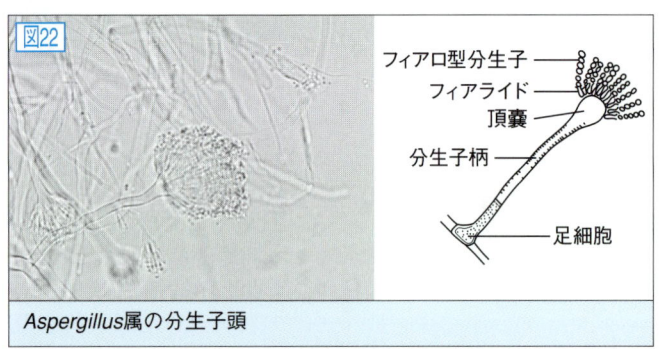

ⓔ フィアライドとメトレ

ⓕ 胞子嚢胞子および分生子については、大・小型分生子の大きさ、多室の数、色調、表面性状また厚膜胞子の形成

図20 ラケット状菌糸

図21 仮性菌糸

図22 *Aspergillus*属の分生子頭（フィアロ型分生子／フィアライド／頂嚢／分生子柄／足細胞）

実験の結果

[1] *Microsporum canis*の大分生子は紡錘形で尖っている。無色、多細胞性（6〜16）で外壁は粗面で厚い（図23）。

[2] *Microsporum gypseum*の大分生子は先端が鈍い紡錘形、無色、3〜6細胞性（6〜16）で外壁は粗面で*M. canis*と比べ薄く、小分生子は小型の棍棒形を呈する（図24）。

[3] *Tricophytone mentagrophytes*の大分生子は葉巻様で無色、2〜5細胞性で薄い平滑な外壁を有す。小分生子は円形で単細胞性にあるいは分生子柄にブドウの房状に認められる（図25）。

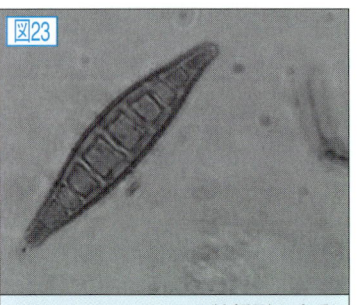

図23 *Microsporum canis*の紡錘形の大分生子（ラクトフェノール・コットンブルー染色）

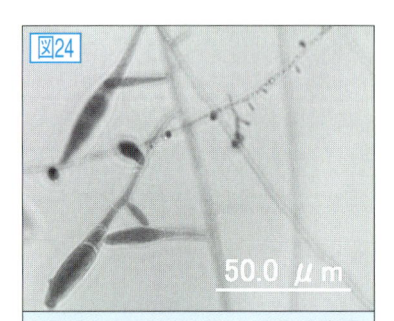

図24 *Microsporum gypseum*の大分生子（ラクトフェノール・コットンブルー染色） 50.0 μm

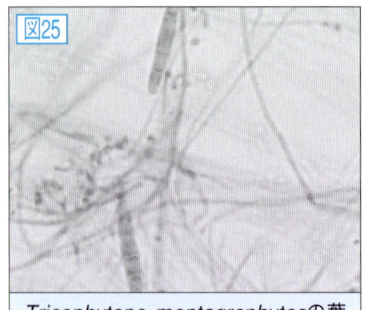

図25 *Tricophytone mentagrophytes*の葉巻様大分生子と球形の小分生子（ラクトフェノール・コットンブルー染色）

[E] 発芽管試験(ジャームチューブテスト)

実験 [E] の目的

*Candida albicans*の発芽管形成能を検査する。

使用材料・機器

[1] 実験素材
- 菌株：*Candida albicans*
- ウシ胎児血清

[2] 卓上機器
- ガスバーナー・ライター・白金耳・滅菌小試験管・試験管立て・滅菌済みプラスチックピペット（1mL）・ピペットエイド・恒温水槽(37℃)

[3] 大型機器
- インキュベーター

[4] 消耗材
- スライドグラス・カバーグラス・滅菌済みポリスポイト

[E] の実験概要

酵母様真菌で唯一発芽管を形成するのは，*Candida albicans*であることを利用して，同定のひとつとする。

[1] 実験進行手順

1. サブロー・ブドウ糖寒天（SDA）培地に発育した*Candida albicans*を白金耳で釣菌し，滅菌小試験管に入れたウシ胎児血清（0.5mL）に懸濁する。

2. 37℃の恒温水槽に入れ，1.5～4時間培養後，一部をスライドグラスにとり，カバーグラスをかけて光学顕微鏡の200倍で観察する。

実験の結果

酵母様細胞より発芽管の形成を認める（図26）

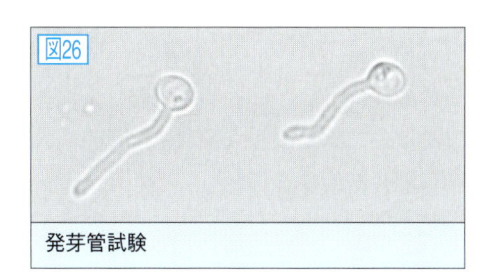

図26

発芽管試験

第8章　真菌の培養

［F］糖類の同化能試験（オキサノグラフ法）

実験［F］の目的
病原性酵母の同定に用いられる生化学的検査法のひとつ。炭素源としての糖類の同化能を明らかにする。

使用材料・機器
［1］実験素材
・菌株：Candida albicans

［2］卓上機器
・ガスバーナー・ライター・滅菌綿棒・滅菌小試験管・試験管立て・滅菌済みプラスチックピペット（5 mL）・ピペットエイド・マクファーランドNo. 2 標準液

［3］大型機器
・インキュベーター

［4］消耗材
・アピCオクサノグラム（API 20C AUX，シスメックス・ビオメリュー〈株〉）・サブロー・ブドウ糖寒天（SDA）培地・米エキスTween寒天培地・0.85％滅菌生理食塩水・滅菌ポリスポイト（パスツールピペット）

［F］の実験概要
アピCオクサノグラムを利用して酵母の糖類同化能を試験し同定する。既知菌株としてCandida albicansを使用する。

［1］実験進行手順

1. サブロー・ブドウ糖寒天培地に培養した菌株から滅菌綿棒を用い，コロニーを釣菌し0.85％滅菌生理食塩水に懸濁してマクファーランドNo. 2 標準液と同等の菌液を調整する。一部を米エキスTween寒天培地に滴下接種して20℃，24〜48時間培養する。

2. マクファーランドNo. 2 に調整した菌液を100 μL採り，アピCオクサノグラム付属の液体培地に加え混合して，プレートに滅菌ポリスポイトなどで過不足なく接種する（図27）。

3. 29℃±2℃で48〜72時間（±6時間）培養する。

4. 48時間培養後に，ブドウ糖（GLU）のカップで菌の発育が不明瞭な場合は，更に24時間培養する。

5. 陰性コントロールと比べて濁っているものを，陽性と判定する（図28）。

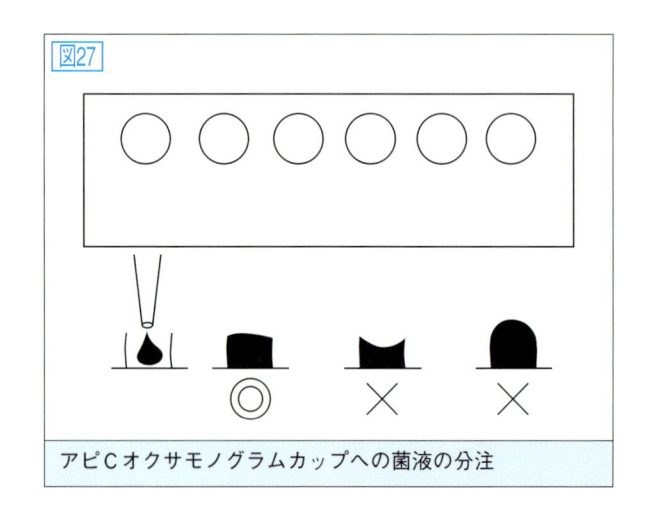

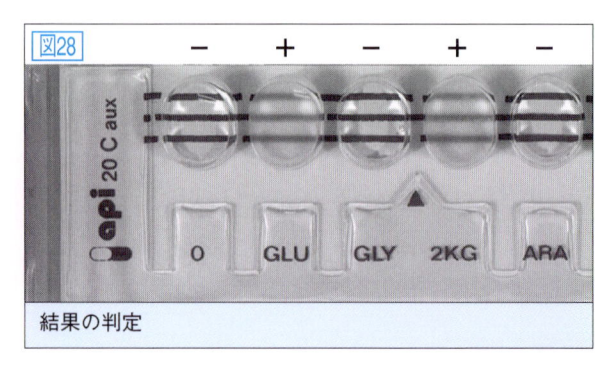

図27 アピCオクサモノグラムカップへの菌液の分注

図28 結果の判定

真菌の培養　第8章

6 判定表に従って成績を読み，記入用紙に結果を記入する。また，米エキスTween寒天培地の所見から菌糸または仮性菌糸の形成の有無を記入し，陽性率表から判定する。

7 アピウエブを用いて同定する場合は，それぞれの陽性成績に基づいて7桁のプロファイル番号が得られるのでこの数値から菌種名を決定する。

実験の結果

基質の糖を同化して発育した結果と，菌糸あるいは仮性菌糸の有無からプロファイル化すると，2576174となりアピウエブで検索すると，*Candida albicans*との結果が得られる(図29)。

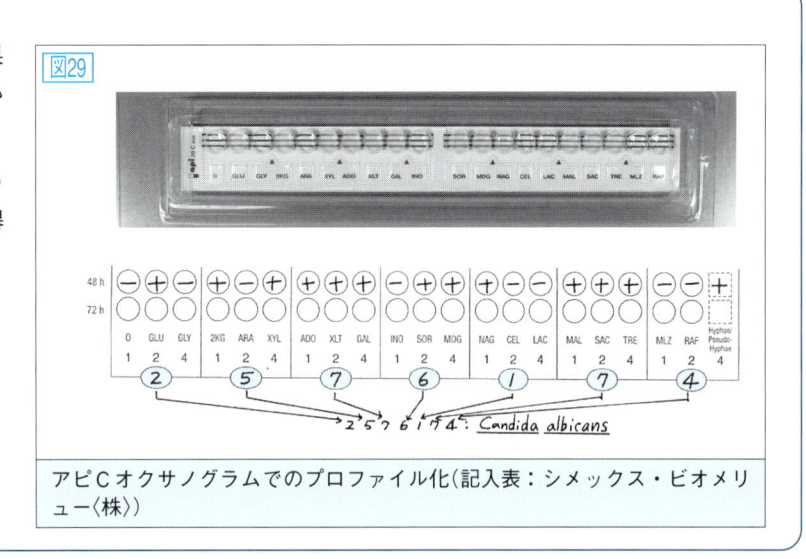

図29

アピCオクサノグラムでのプロファイル化(記入表：シメックス・ビオメリュー〈株〉)

(木内　明男)

第 9 章　抗生物質感受性試験

本実験の目的

多くの化学療法剤(抗菌剤)に対する耐性菌が次々と出現するなか，細菌感染症の治療に際しては適切な抗生物質を選択することが非常に重要となる。

本章では，抗菌剤に対する細菌の感受性を調べるために汎用される，市販の薬剤感受性ディスクを用いた薬剤感受性試験の原理と方法を理解し，また実際に行うことによりその手技を修得することを目的とする。

使用材料・機器

[1] 実験素材
　被検菌：・*Escherichia coli*・*Salmonella* Typhimurium・*Proteus vulgaris*・*Pseudomonas aeruginosa*・*Staphylococcus aureus*・*Bacillus subtilis*など。

[2] 機器類(図1)
　・白金耳・滅菌小試験管・McFarland濁度標準液[※1]
　・無鈎ピンセット・ノギス(定規)。

[3] 消耗材
　・培地：Mueller-Hinton培地[※2] (90mmφシャーレ6枚)・薬剤感受性ディスク[※3] 4種(PGC：ベンジルペニシリン，KM：カナマイシン，CP：クロラムフェニコール，TC：テトラサイクリンなど)
　・生理食塩水(PSS，NaCl 8.5g/L)または液体培地(肉エキスブイヨン，トリプソイブイヨン等)
　・滅菌綿棒

※1：McFarland 濁度標準液の作製
　1％塩化バリウム溶液(W/V)と1％硫酸溶液(V/V)を表1のように混合する。両者の混合比によって様々な量の硫酸バリウムの白色沈殿物が生成され，被検菌液をその濁度に合わせることにより，おおよその菌数を推定することができる。

※2：Mueller-Hinton培地，※3：薬剤感受性ディスクは日本ベクトン・ディッキンソン(株)，日水製薬(株)，栄研化学(株)などから発売されている。

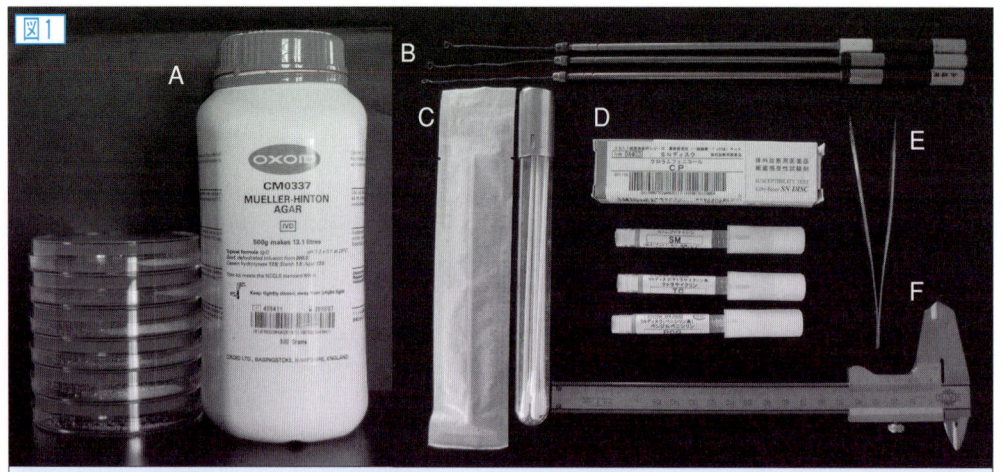

図1　ディスク拡散法による薬剤感受性試験に用いる材料・機器類　[A：Mueller-Hinton培地(市販粉末培地とシャーレに作製した平板寒天培地)B：白金耳　C：滅菌綿棒　D：薬剤感受性ディスク　E：ピンセット　F：ノギス]

表1　McFarland濁度標準液

McFarland No.	1％塩化バリウム（mL）	1％硫酸溶液（mL）	対応する菌数（×10^8 / mL）
0.5	0.05	9.95	1.5
1.0	0.10	9.90	3.0

実 験 概 要

　薬剤感受性試験は，主に細菌（あるいは真菌）感染症の治療に有効な抗菌剤を選択するために実施される検査である。薬剤感受性試験には，希釈法と拡散法がある。希釈法は拡散法と比べ，煩雑だが精度が高く，より正確な最小（発育）阻止濃度（MIC）を求めることができる。一方，拡散法は希釈法と比べ精度は低いものの簡便であり，臨床細菌検査では簡便なディスク拡散法が主に用いられる。

　現在，ディスク拡散法は1濃度法（1薬剤濃度）であるKirby-Bauer法が主流となっており，様々な抗菌剤の感受性ディスクが市販されている。結果の判定はCLSI（Clinical and Laboratory Standards Institute，臨床検査標準協会[※4]）のPerformance Standards for Antimicrobial Disks Susceptibility Testに従って行われている。しかし，CLSIのディスク法では対象菌種が限定されており，判定できない菌種がある。そのような菌種では希釈法による薬剤感受性試験を実施しなければならない。

　ディスク拡散法では，①平板寒天培地に適当な菌量の被検菌を滅菌綿棒を用いて全面に塗抹し，薬剤感受性ディスクを設置する。②35～37℃で16～18時間培養した後，形成された（発育）阻止円の直径を測定・判定する。平板寒天培地に設置したディスクに培地中の水分が浸透し，その後ディスクに含まれる抗菌剤が培地に浸透していく。培地に浸透した抗菌剤はディスクに近いほど高濃度となる濃度勾配が形成され，薬剤濃度と被検菌の感受性に応じた（発育）阻止円が形成される（図2）。

　実際に抗生物質を選択する際には，各抗生物質の抗菌スペクトルやその作用機序，耐性菌の有無などを理解したうえで，原因菌の同定結果や薬剤感受性試験の結果を踏まえて，使用薬剤を決定する。

※4：旧NCCLS（National Committee for Clinical Laboratory Standards），米国臨床検査標準委員会。

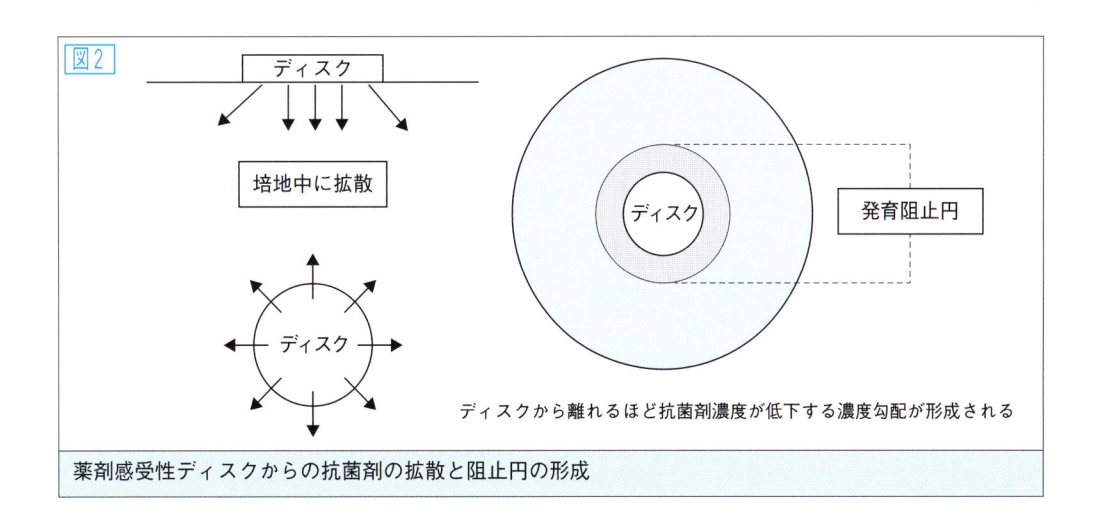

図2　薬剤感受性ディスクからの抗菌剤の拡散と阻止円の形成
ディスクから離れるほど抗菌剤濃度が低下する濃度勾配が形成される

第9章 抗生物質感受性試験

実験の手順

［1］実験素材，機器の準備

【薬剤感受性試験―，前々日】

普通寒天培地の作製

1. 肉エキスブイヨンの作製：肉エキス10g，ペプトン10g，NaCl 3gを蒸留水1,000mLに加え，加温溶解した後，pHを7.2～7.4に調整する。

2. 肉エキスブイヨンに1,000mLあたり培地用寒天15gを加え，オートクレーブにより121℃，15分間高圧滅菌する。

3. 90mmφディスポーザブル丸シャーレに1枚あたり普通寒天培地を25mL分注し，静置・固化させる。

【薬剤感受性試験―，前日】

1. Mueller-Hinton寒天培地の作製：培地メーカーの説明書に記載された条件に従って，（1班あたり）90mmφシャーレ6枚（被検菌の数）作製する（1枚あたり25mL分注，培地厚約4mm）。

2. 普通寒天培地への被検菌の移植と培養
   普通寒天培地平板上に被検菌を接種し，35～37℃で16～18時間培養する。白金耳を用いた連続画線培養により，コロニーを形成させる。

3. 菌液調整用生理食塩水（PSS）または液体培地の作製
   生理食塩水または液体培地（肉エキスブイヨン等）を作製し，小試験管に5mLずつ分注したあとにシリコ栓またはモルトン栓をしたうえでオートクレーブ滅菌する。

4. 滅菌綿棒の準備：中試験管に綿棒2～3本を入れ，シリコ栓またはモルトン栓をしたうえでオートクレーブ滅菌する。

［2］ディスク拡散法による薬剤感受性試験の実施

1. 被検菌液の調整：
   ①純培養した菌のコロニー4，5個を白金耳で釣菌し（図3-1），小試験管に分注した生理食塩水または液体培地に懸濁する（図3-2）。
   ②菌液の濁度をMcFarland No. 0.5になるように調整する（図3-3）。

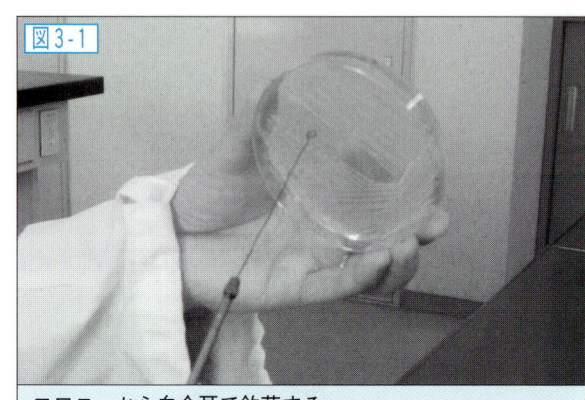

図3-1

コロニーから白金耳で釣菌する

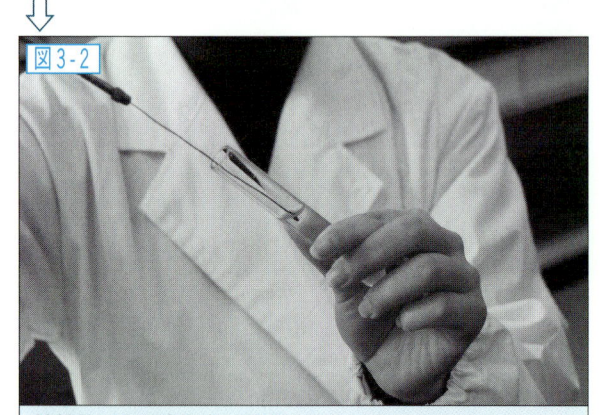

⇩

図3-2

被検菌を生理食塩水に浮遊させる

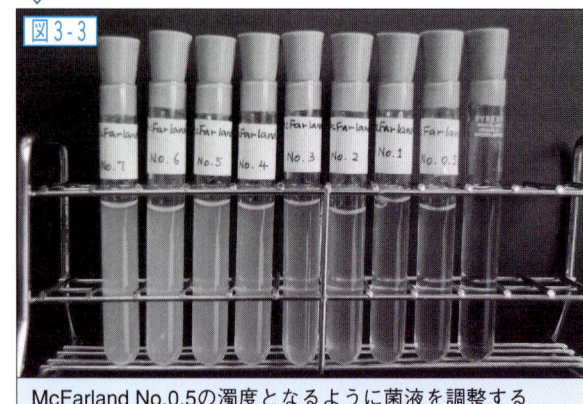

⇩

図3-3

McFarland No.0.5の濁度となるように菌液を調整する

抗生物質感受性試験 第9章

> ＊液体培地で増菌を調整することもできる。その場合の手順は以下の❶～❷のとおり。

❶被検菌のコロニーから白金耳を用いて釣菌し，15mLコニカルチューブに分注した3 mLのブイヨンに接種する。

❷35～37℃で2～6時間，振とう培養後，菌液の濁度をMcFarland No. 0.5になるように滅菌生理食塩水あるいはブイヨンで希釈する。

2 ①被検菌液のMueller-Hinton培地への接種菌液は，調整後15分以内に培地に塗抹する。

②調整した菌液に滅菌綿棒を十分浸し，余分な菌液を管壁で軽く拭いとる（図3-4）。

③Mueller-Hinton寒天培地全体に均一に塗抹する。60度ずつ回転させて，計3回塗抹する（図3-5，図3-6）。

④3～5分間，培地表面を乾燥させたあと，薬剤感受性ディスクの設置に移る。

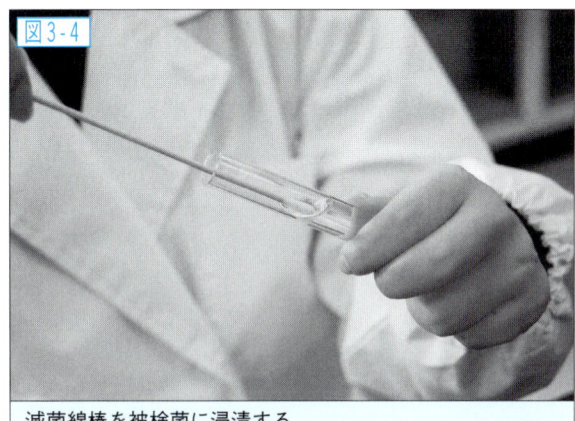

図3-4 滅菌綿棒を被検菌に浸漬する

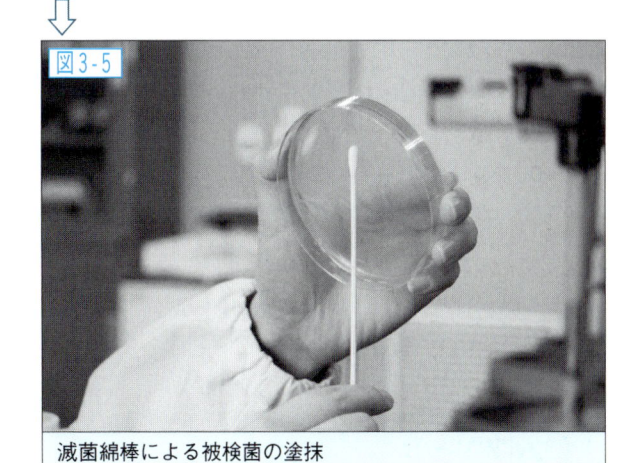

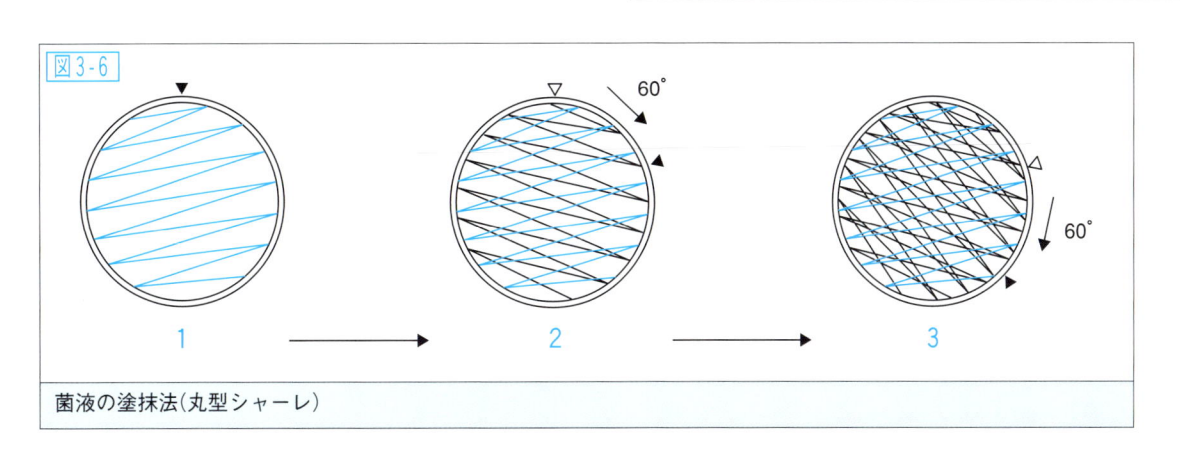

図3-5 滅菌綿棒による被検菌の塗抹

図3-6 菌液の塗抹法（丸型シャーレ）

第9章 抗生物質感受性試験

3 薬剤感受性ディスクの設置
　①火炎滅菌し，十分冷えた無鉤ピンセットを用いて薬剤感受性ディスクを設置する（図3-7）。
　②設置したディスクが培養中に剥がれてしまわないように，ディスクをピンセットで軽く押さえ，培地と密着させる。

図3-7

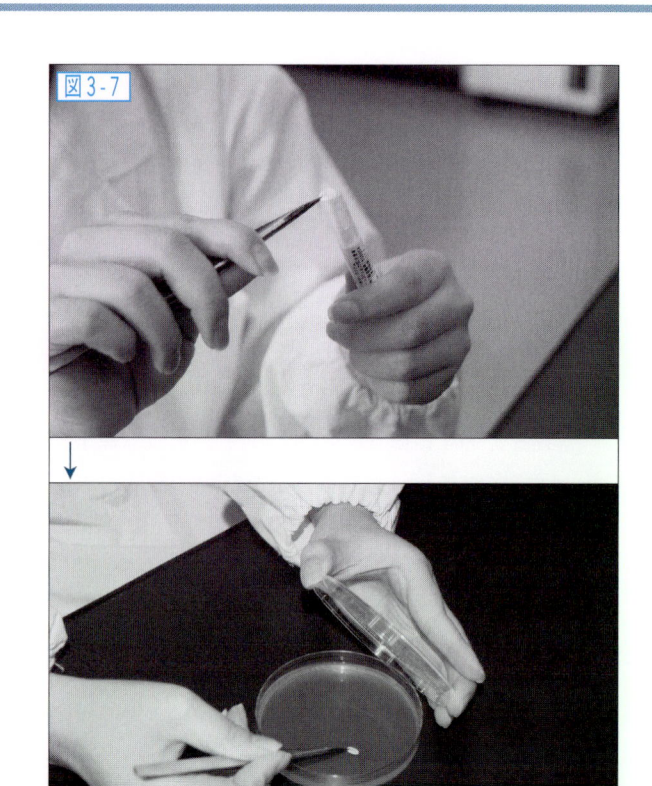

ピンセットによる薬剤感受性ディスクの設置

──── ポイント・メモ〈実験のコツ〉────
［1］阻止円が重なって判定に影響しないように，ディスクはシャーレの壁面から15mm程度，各ディスクの中心間の距離が24mm以上になるように離して設置する。
［2］ディスクの設置場所を，油性ペンを用いて平板の裏にあらかじめ小さくマークしておくとディスク設置時のミスが少なくなる。
［3］実験時，特に注意すること：ピンセットは火炎滅菌後，十分に冷めてからディスクの設置に用いる。

4 培養
　薬剤感受性ディスクを設置後，15分以内に35～37℃のインキュベーター内で16～18時間培養する。

　※培養時間などの培養条件や使用培地は被検菌の属，種によって異なるので，適した培地と培養条件で実施する。ここでは最も一般的な培地，培養条件でのプロトコールを示した。

[3] 判定

1 阻止円直径の測定
　ノギスや定規を用いて，シャーレの裏から阻止円の直径を測定する（図4-1，図4-2）。

図4-1

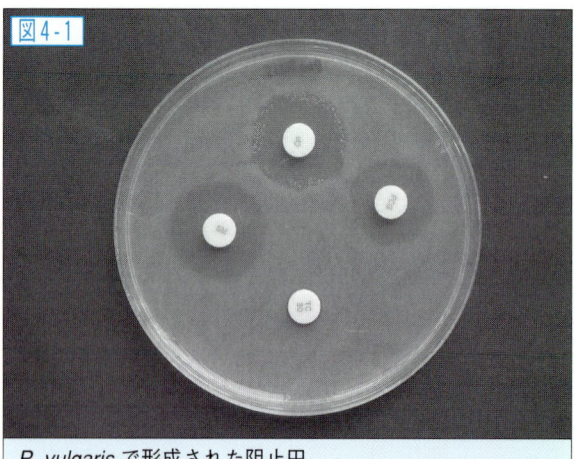

P. vulgaris で形成された阻止円

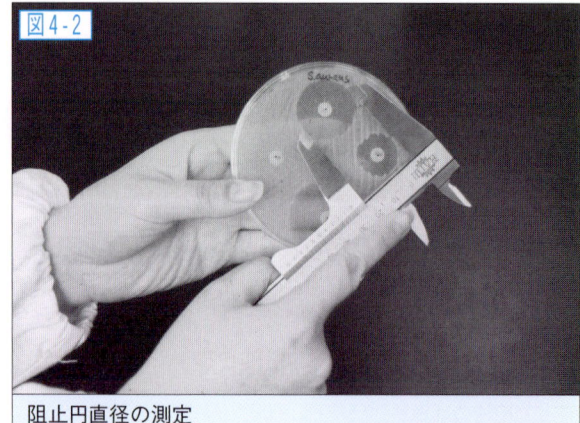

2 測定結果の判定と判定結果のまとめ
　測定結果を記録用紙（例：表2）に記入し，薬剤感受性ディスクに添付された「判定基準」に基づいて耐性（R），中間（I），感性（S）のいずれかを判定する。
　阻止円の大きさが，そのまま薬剤に対する感受性を表すわけではないことに注意する。例えば，

図4-2

阻止円直径の測定

表2に示したように，S. aureusに対してPGCの阻止円は直径19mmであり，効果があるように思えるかもしれないが，判定はR（耐性）となる。
※阻止円内にコロニーがある場合は，再検査する。

その場合，コンタミネーション（コロニーの違いを確認）あるいは耐性菌（誘導耐性）の出現が考えられる。阻止円内に形成されたコロニー数を数えて，数を記録しておく。

表2　阻止円直径測定の例

[R＝耐性，I＝中間，S＝感性]

菌種	薬剤名		阻止円直径(mm)	判定	備考
S.aureus	ベンジルペニシリン	PGC	19	R	
	カナマイシン	KM	36	S	
	クロラムフェニコール	CP	29	S	
	テトラサイクリン	TC	0	R	

[4] 精度管理

結果（阻止円直径の変化）にかかわる要因として，①感受性ディスクの質（期限切れや保管方法の過誤），②培地の成分や厚さ（水分含量）③接種菌量，④培養温度・培養時間，などがある。安定した結果を得るためには，定められた手順を守り，毎回同じ条件で実施することが重要である。

管理用菌株としては，S. aureus（ATCC25923），E. coli（ATCC25922：β-ラクタマーゼ非産生株），P. aeruginosa（ATCC27853），E. coli（ATCC35218：β-ラクタマーゼ産生株），E. faecalis（ATCC29212），S. pneumoniae（ATCC49619），N. gonorrhoeae（ATCC49226），H. influenzae（ATCC49247），M. influenzae（ATCC49766：β-ラクタマーゼ産生株）が用いられる。

［実験メモ・1］
使用した綿棒，培地などの菌が付着している物品は，必ずオートクレーブなどで滅菌後，廃棄すること。

［実験メモ・2］
ディスク・ディスペンサーを用いると，同時に多数の薬剤感受性ディスクを適切な間隔で正確に配置することができる（図5-2，図5-3）。ピンセットを使う必要がなく，薬剤感受性試験の省力化，迅速化が図ることができる。角シャーレへの菌の接種は，滅菌綿棒を用いて図5-1のような方法で2回塗抹する。

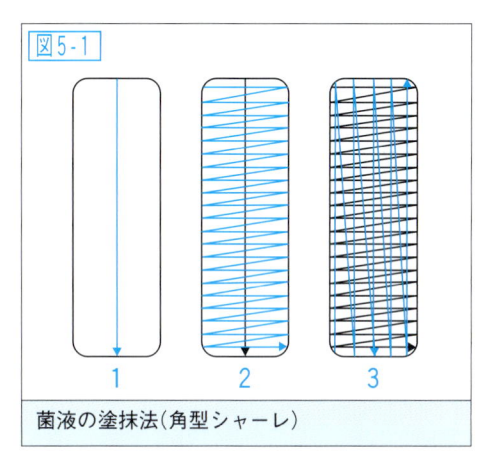

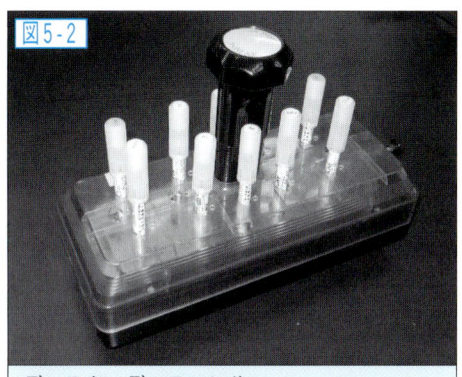

図5-1
菌液の塗抹法（角型シャーレ）

図5-2
ディスク・ディスペンサー

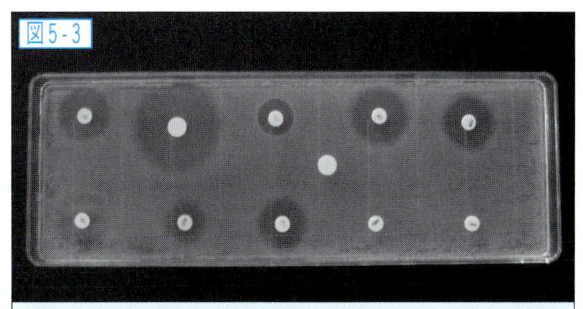

図5-3
角シャーレでの薬剤感受性試験結果

（谷口　隆秀）

第10章　プラスミドの検出

本実験の目的

［1］臨床分離菌からプラスミドを抽出し，アガロースゲル電気泳動により分画する。

［2］抽出したプラスミドの分子量を，標準となるプラスミドを用いて作成した検量線から推定する。

［A］プラスミドの抽出

使用材料・機器

［1］実験素材

❶ 被検菌：臨床検体などから分離したグラム陰性桿菌を，液体培地もしくは固形培地へ植菌し増殖させた新鮮培養の菌を用いる。

❷ 標準プラスミド保有菌：分子量既知のプラスミドを保有している大腸菌V517株を同様に増殖して用いる。

❸ ライソザイム溶液：ライソザイム（lysozyme）を10mM EDTAと50mMブドウ糖を含む25mMトリス塩酸緩衝液（pH 8.0）に溶かし，2 mg/mL濃度の溶液を実験直前に作る。ライソザイムは細胞壁を溶かすために用いるが，グラム陽性菌を対象にするときはリゾスタフィンの使用が有効である。

❹ アルカリSDS溶液：0.2Nの水酸化ナトリウム溶液にSDSを1％濃度になるように溶解する。SDSは細菌の細胞質膜を可溶化し，溶菌させるために用いる。アルカリSDS溶液により溶菌させると，細菌の染色体DNAはアルカリで変性されるが，プラスミドDNAは安定に保たれるため，プラスミドが選択的に回収しやすくなる。室温で1カ月保存可能。

❺ 3M酢酸ナトリウム溶液（pH 4.8）：3M濃度の酢酸ナトリウム水溶液を作製し，酢酸を用いてpH 4.8に調整する。溶菌に用いたSDSとタンパク質の複合体を析出させるために高濃度の酢酸ナトリウム溶液を用いる。また，アルカリを中和するためにpHを下げておく。室温で1カ月保存可能。

❻ 0.1M 酢酸ナトリウム溶液（pH 8.0）：50mMトリス塩酸緩衝液（pH 8.0）に酢酸ナトリウムを0.1M濃度になるように溶解し，最終的にpHを8.0に調整する。室温で1カ月保存可能。

❼ リボヌクレアーゼA溶液：リボヌクレアーゼAを滅菌精製水に1 mg/mLの濃度になるように溶解してから10分間煮沸し，混入の可能性のあるDNaseを失活させる。水溶液になったものが市販されており，これは煮沸せずに直接使うことができる。4℃または－20℃以下で保存。

❽ 10X電気泳動用トリス酢酸緩衝液：トリスヒドロキシアミノメタン（400mM），酢酸ナトリウム（50mM），EDTA 2ナトリウム（10mM）からなる組成の溶液で，酢酸を用いてpH 8.0に調整する。実験にはこれを精製水で10倍希釈して使う。

❾ 6X色素液：0.05％(w/v)ブロモフェノールブルー，0.05％(w/v)キシレンシアノール，33％(v/v)グリセロールからなる水溶液。電気泳動用サンプルへ，その1／5量の色素液を加える。

❿ エチジウムブロマイド液：0.4～0.5gのエチジウムブロマイド（臭化エチジウム）を褐色瓶へ入れ，これに精製水100mLを加えてよく撹拌し，原液（4～5 mg/mL）を作製する。これをさらに精製水で1万倍に希釈したものでアガロースゲルを染色する。

［2］卓上機器

❶ エッペンドルフ型の小型卓上遠心機：12,000rpm以上の回転数を備えている微量遠心機（1.5mLのマイクロ遠心管が使えるもの）。冷却装置が付いているものが望ましいが，簡易型のものでも実用上支障はない（図1）。

❷ 電気泳動装置：プラスミドの検出だけが目的であれば，電源と泳動槽が一体になった簡易型の泳動装置が適している（図2）。プラスミドの分子量を推定する場合には泳動距離の長いゲル（10cm以上）での分画が望ましい（図3）。

❸ トランスイルミネーター：電気泳動後にゲル内のプラスミドDNAを検出するために用いる紫外線発生装置。フィルターの種類によって，長波長，中波長および短波長の3種類が市販されている。短波長のものはDNAへの損傷が著しいが，検出感度が高いので，プラスミド検出のためには適している。また，長波長のものは検出感度は低いが，DNAへの損傷が少ないので，ゲルから切り出したDNAを別の実験に用いる場合に利用される（図4）。

❹ 写真撮影装置：デジタルカメラとトランスイルミネーターを組み合わせた撮影装置が市販されている。かつてはポラロイドカメラが使われていたが，現在はフィルムの入手が困難となり，

次第に使われなくなっている。いずれもレンズにオレンジ色のフィルターを装着して撮影する（図5）。

［3］消耗材
❶ **マイクロ遠心管（1.5 mL）**：エッペンドルフ型のキャップ付ポリプロピレン製遠心管。予めオートクレーブにより滅菌しておく。

❷ **マイクロピペット用チップ**：滅菌済みのものを準備する。
❸ **滅菌爪楊枝**：市販の爪楊枝（toothpick）をビーカー等に入れてオートクレーブ滅菌したものを用意する。
❹ **クラッシュトアイス**：製氷機で作製した粉砕氷を氷冷用に使う。

実験時，特に注意すべき事項

［1］溶菌後のサンプルへ物理的に激しい操作を加えない。
［2］溶菌後は手袋を着用し，手指からのDNaseの混入を防ぐ。
［3］エチジウムブロマイドは遺伝毒性があるので，取り扱いに注意する。

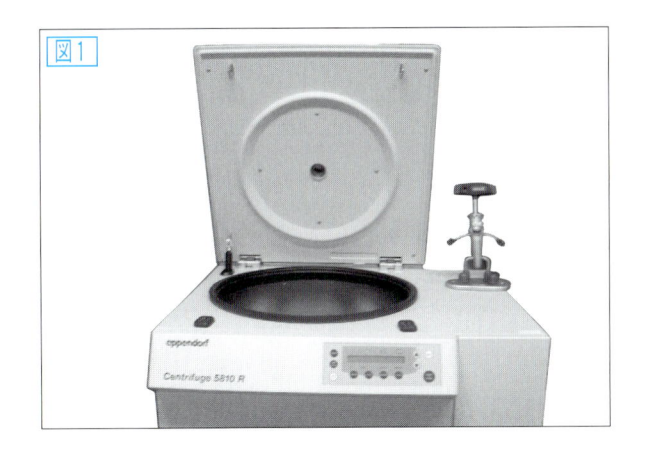

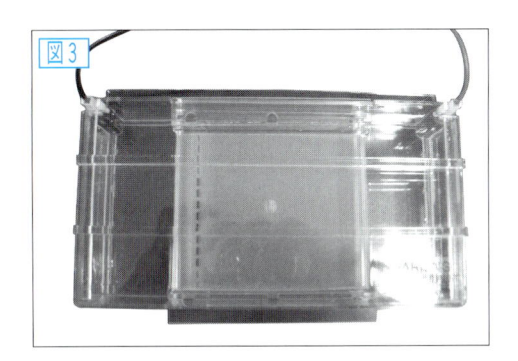

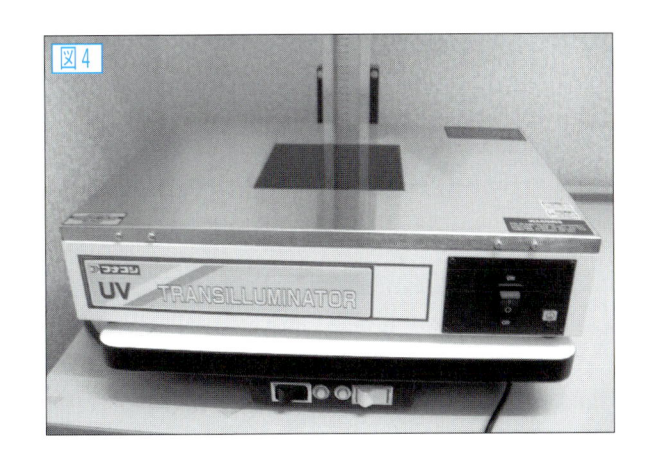

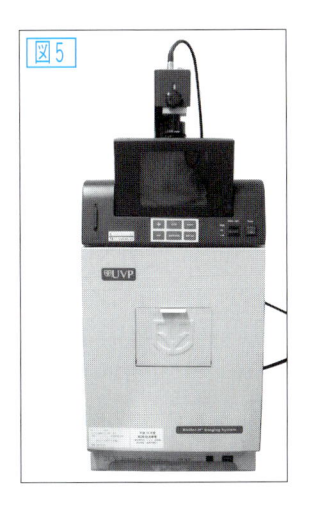

図1

図2

図3

図4

図5

第10章 プラスミドの検出

実 験 概 要

　プラスミドは細菌細胞内に共生する染色体外遺伝因子で，自律的に複製可能な2本鎖DNAとして存在する。プラスミドは宿主細菌に薬剤耐性，血清耐性，重金属耐性，紫外線耐性，鉄キレート能，炭化水素化合物資化能，バクテリオシン産生能，毒素産生能，稔性，制限修飾系などを付与して，菌の生存に有利に働いている。病原菌におけるこれら性質はビルレンス因子と考えられており，それをコードする遺伝子を担うプラスミドの研究は極めて重要である。プラスミドは電子顕微鏡，超遠心，電気泳動などによって検出される。

　本実験では臨床分離株におけるプラスミドを電気泳動により検索し，検出されたプラスミドの分子量を推定することを目的としている。そのためには，細菌細胞に含まれる染色体DNAとは分けて，プラスミドDNAを選択的に抽出する必要がある。EDTA存在下でライソザイムにより菌体表面を破壊し，さらに適当な界面活性剤で溶菌させると染色体が細胞質膜断片に付着した構造物が得られる（これをcleared lysateと呼ぶ）。これを遠心すると染色体が沈澱し，プラスミドが上清に回収できる。界面活性剤としてSDSを用いるとタンパク質が変性するが，Brij58［ブリージと読む］のような中性界面活性剤を使用するとタンパク質は変性しない。プラスミドDNAは分子量が小さく，次に述べるような構造上の特徴から染色体DNAに比べ，アルカリや熱によっても変性しにくい。これらの特性を考慮してプラスミドの簡便な抽出方法（アガロースゲル電気泳動）が1970年代にDaniel Portonoyにより考案され，その後改良が加えられてきた。

　プラスミドはねじれ（twist）を持つ共有結合閉鎖環状DNA（covalently closed circular DNA：cccDNA）からなり，2本鎖のどちらかの鎖の1箇所に切れ目（nick）が入ると，反対側の1本鎖の部分で自由回転が可能となるため，分子内のねじれが解消し開環状DNA（open circular DNA：ocDNA）になる。さらに，ニックの反対側の鎖に同様のニックが入ると線状（linear）の分子形態になる。これらの異性体は同一の分子量でありながら，コンフォメーションが異なるためアガロースゲル電気泳動により，異なる移動度を示す。従って，インタクトな（無傷の）プラスミドDNAの分子量を推定する場合は，分子量既知のインタクトなプラスミドを用いなければならい。また，プラスミド抽出過程において，プラスミドのコンフォメーションを損なうような激しい処理を施すとocDNAやlinear DNAが生じてしまい，正確な分子量を算出できなくなる（図6）。

　また，cleared lysateを出発材料として，これをエチジウムブロマイド存在下で塩化セシウム密度勾配平衡遠心を行うとcccDNAは重いバンドとなり，ocDNAとlinear DNAは軽いバンドとなるため両者を分けることができる。これは，エチジウムブロマイドのような平面構造をもつ色素が，2本鎖DNAの重なり（stacking）の間に入り込む（intercalate）と，分子の沈降係数や比重が変化することを利用したものである。

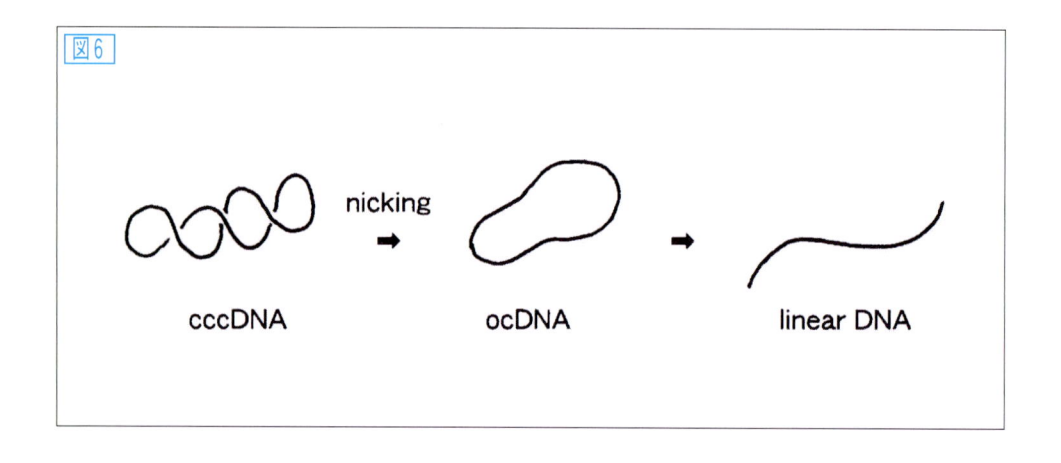

図6

cccDNA → nicking → ocDNA → linear DNA

実 験 の 手 順

[1] 実験素材の準備

1. 分離培地に発育した被検菌を新鮮液体培地（2 mL）あるいは寒天培地へ接種し，37℃でひと晩培養する。

2. 液体培養した場合は培養液を遠心し，その沈渣をライソザイム溶液（100 μL）に懸濁して，細胞壁を溶かす。

3. 寒天培地に発育させた場合は，コロニーを滅菌爪楊枝で釣りあげライソザイム溶液（100 μL）に懸濁して，細胞壁を溶かす。

4. 上の 2 あるいは 3 の処置をしたサンプルを30分間氷冷後，アルカリSDS溶液（200 μL）を加え，穏やかに混合して，溶菌させる。

5. さらに5分間氷冷後，3 M酢酸ナトリウム溶液（150 μL）を加え，数秒間，上下反転して穏やかに混合する。

6. さらに15分間氷冷後，10分間遠心すると白色の沈澱物が析出する。

7. 上清（400 μL）を新しい別のマイクロ遠心管へ移す。

8. 冷却したエタノール（1 mL）を加え，10分間氷冷する。

9. 10分間遠心して，上清をすべて除去する。

10. 沈澱物（DNA）を0.1 M 酢酸ナトリウム溶液（100 μL）に溶解し，再び冷却エタノールを200 μL（2倍量）加え，10分間氷冷する。

11. 10分間遠心して，上清をすべて除去する。

12. 沈澱物（DNA）を18 μLの滅菌精製水に溶解し，2 μLのRNase A溶液（1 mg/mL）を加え，37℃ 30分間保温する。

13. プラスミドDNA溶液（20 μL）へ6 X色素液（4 μL）を加え，穏やかに数回ピペッティングしてから，アガロースゲルのサンプル用溝へ入れる。

14. 泳動を終ったアガロースゲルは，染色用のエチジウムブロマイド液に浸けて遮光して15～30分間室温で染色する。

[実験メモ]

[1] 電気泳動用緩衝液

電気泳動用緩衝液にはトリス酢酸緩衝液のほか，トリスホウ酸緩衝液がある。垂直型アガロースゲル電気泳動の場合には後者の方がバンドが明瞭に表れる。10Xトリスホウ酸緩衝液の組成は次のとおりである。

精製水1Lにトリスヒドロキシアミノメタン（107.8g），EDTA 2ナトリウム（9.3g），ホウ酸（55.0g）を溶解し，pH8.2～8.3に調整する。実験にはこれを精製水で10倍希釈して使う。

[2] トランスイルミネーター

トランスイルミネーターとして使われる紫外線の波長は，フィルターにより，長波長（約360nm），中波長（約300nm）および短波長（約260nm）の3種類に大別される。ゲルの写真撮影には短波長が最も鮮やかで適しているが，DNAへの損傷が大きい。他方，長波長はDNAへの損傷が少ないため，ゲルからDNAを切り出し，別の実験に使う場合には適しているが，写真撮影には適していない。従って，用途に応じて2種類のトランスイルミネーターを準備しておくとよい。あるいは，中波長用のトランスイルミネーターで両方の目的を兼ねさせることも可能である。

[3] エチジウムブロマイド

アガロースゲルの染色に使うエチジウムブロマイドはDNAの塩基対間へインターカーレートするため，遺伝毒性，発がん性があるとされているので，ゴム手袋を着用して取り扱う必要がある。使用後は活性炭に吸着させてから廃棄する。

第10章 プラスミドの検出

[2] 機器の準備と電気泳動

アガロースゲル電気泳動装置には垂直型と水平型がある。後者はゲルの作製が容易であり，ゲルに歪みが生じないため一般に好んで使われる。

1. 10X電気泳動用トリス酢酸緩衝液を精製水で10倍希釈し，その一部を用いてアガロースを溶かし，残りを電気泳動槽へ入れる。1％前後の濃度（0.7〜1.5％）のアガロース溶液を湯煎して十分に溶かし，50〜60℃に温度が冷えてから，専用のトレイへ流し込み，所定の位置にコーム（櫛）を置き，櫛とトレイの間に1mm程度のアガロース層があることを確認する。これを怠ると，サンプルを入れたとき，サンプルがすべて底から流出してしまうことがある。アガロースゲルが固まったら櫛を引き抜きサンプル用溝をつくる。

2. サンプルをサンプル用溝へ注入したら，100Vあるいは50Vの定電圧で数時間泳動する。ブロモフェノールブルーの色素がゲル長の80〜90％程度まで進んだあたりで泳動を止める。このときキシレンシアノールはゲル長のほぼ中央に見える（図7）。

図7

[B] プラスミドの分子量推定

電気泳動後のゲルの写真に基づいて以下の手順で分子量を推定する。

1. ウェルの位置からゲルの末端までの距離を恣意的に100％とする（図8）。

2. 両対数グラフ用紙を用意し，縦軸に1メガドルトン（1MDa）から100メガドルトン（100 MDa）までの分子量を，また，横軸に％単位の移動度をそれぞれ目盛る。

3. 分子量既知の複数のプラスミドの移動度をそれぞれ百分率（％）に換算し，両対数グラフ用紙にスポットし，検量線を引く（図9）。

4. 検査すべきプラスミドの移動度（％に換算する）を測定し，検量線から，分子量を推定する。

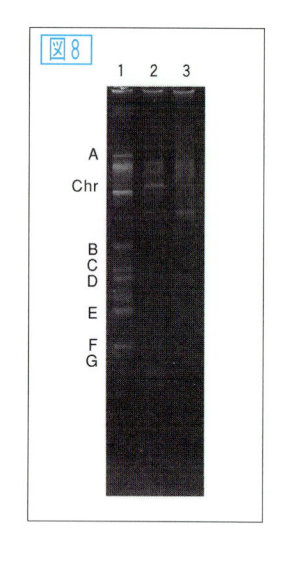

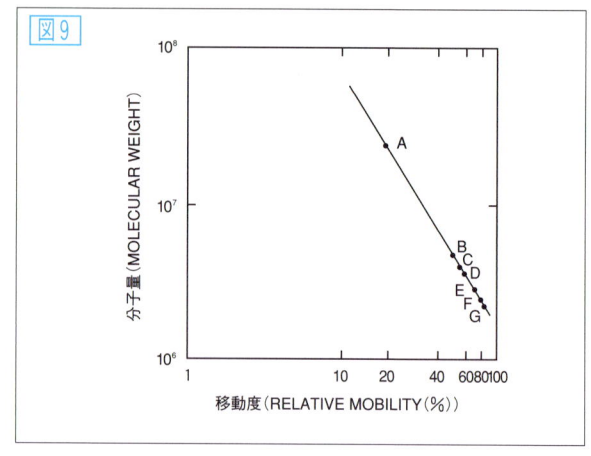

図8

図9

[ひと口・メモ]

[1] 分子量の単位

　　分子量は無単位で表記するのが一般的であるが，医学・生物学領域では，「ドルトンの分圧の法則」で名高いイギリスの化学者John Dalton（1766～1844）に因んでdaltonという単位を付けることが多い。これを誤って「だるとん」と読む人がいるが，「ドルトン」と発音するのが正しい。プラスミドの分子量として10 Mdalあるいは10 MDaと記載してあれば「10メガドルトン」，また，タンパク質の分子量として10 Kdalあるいは10 KDaとあれば「10キロドルトン」と読む。

[2] プラスミドの記載法

　　すでに慣用されているものはそのまま用いる。新しく記載する場合はpXY123のように記す。この場合，小文字のpはプラスミド（plasmid）を意味する略号，XYは研究者（研究室）等に由来する大文字アルファベット2文字，123は研究者が恣意的に付す番号となる。変異プラスミドあるいは組換えプラスミドについては，ハイフンを用いることなく，新しい番号を付けて示す。

[3] プラスミドのコピー数（pcn: plasmid copy number）

　　1個の菌体中に含まれるプラスミド分子の個数をコピー数という。一般に大型プラスミド（DNAポリメラーゼIIIを用いて宿主染色体と同期的に，両方向に複製する）はコピー数が小さく，小型プラスミド（DNAポリメラーゼIを使って宿主染色体とは独立に，単一方向に複製する）はコピー数が大きい。コピー数は染色体DNAとプラスミドDNAの分子量の比と1個の菌体に占めるプラスミドDNAの含量（％）の割合から比例計算により求めることができる。

[4] 弛緩複合体（relaxation complex）

　　細菌細胞からプラスミドを抽出すると，単独のcccDNAのほかにタンパク質と複合体を形成したcccDNAが得られることがある。このDNA複合体に除タンパク質処理を施すと特定部位にニックが入りocDNAとなる（これを「relaxする」と称する）。このようなDNA複合体をrelaxation complexという。

（原澤　亮）

第11章 薬剤耐性プラスミドの伝達

本実験の目的

［1］抗生物質耐性プラスミドがほかの細菌に伝達されることを学ぶ。
［2］腸内細菌分離用培地（DHL寒天培地）の使用法を学ぶ。

使用材料・機器

［1］実験素材
- *Salmonella enterica* subsp. enterica serovar Montevideo 1449（*S.* Montevideo 1449；アンピシリン耐性菌）
- *Escherichia coli* ML1410（*E. coli* ML1410；ナリジクス酸耐性菌）
- 普通ブイヨン
- DHL寒天培地
- 抗生物質
    - アンピシリン溶液　100mg/mL
    - ナリジクス酸溶液　25mg/mL

［2］卓上機器
- ガスバーナー
- 1,000mLコルベン
- セラミック金網
- 白金耳
- マイクロピペット

［3］大型機器
- 37℃インキュベーター

［4］消耗材
- 培養用中試験管
- 滅菌シャーレ
- マイクロピペット用チップ

実験時，特に注意すべき事項

［1］DHL寒天培地を溶解させる際に沸騰させないこと。
［2］細菌を使用するので，作業後は使用した容器の滅菌や作業者の手指の消毒を徹底する。

実験概要

　薬剤耐性プラスミドの供給側（donor）である*S.* Montevideo 1449と受容側（recipient）である*E. coli* ML1410を混合培養し，*S.* Montevideo 1449の有するアンピシリン耐性プラスミドが*E. coli* ML1410へ伝達され，*E. coli* ML1410がアンピシリン耐性を獲得することを確認する。

実験の手順

[1] 予備培養

1. 培養用中試験管へ普通ブイオンを2 mLずつ分注する。

2. S. Montevideo 1449とE. coli ML1410をそれぞれ種菌から接種する。

3. 37℃インキュベーターで1晩培養する。

[2] 細菌の培養

4. 予備培養した細菌をそれぞれ新しい普通ブイオン2 mLへ接種する。さらにこの2つの細菌を1本の普通ブイオンに同時に接種する。

    S：S. Montevideo 1449のみ50 μL

    E：E. coli ML1410のみ50 μL

    S+E：S. Montevideo 1449とE. coli ML1410をそれぞれ50 μLずつ。

5. 細菌を接種した普通ブイオン合計3本を37℃インキュベーターで1晩培養する。

[3] DHL寒天培地の作製（図1）

6. DHL寒天培地（日水製薬〈株〉）63.3gを蒸留水1,000mLと混和。または以下の試薬をそれぞれ混合し、蒸留水1,000mLと混ぜる。

試薬	量
肉エキス	3g
ペプトン	20g
乳糖	10g
白糖	10g
デオキシコール酸ナトリウム	1g
チオ硫酸ナトリウム	2.3g
クエン酸ナトリウム	1g
クエン酸鉄アンモニウム	1g
ニュートラルレッド	0.03g
寒天	15g
	pH7.4

7. 上記を加温しながら溶解させる。粉末がコルベンの底で焦げ付かないように混ぜながら溶解させる。培地が沸騰しないように十分注意する（図2）。高圧蒸気滅菌は避ける。

8. 寒天が溶解し、培地が透明な赤ワイン色になったら加熱をやめる。

図1

DHL寒天培地
　→　腸内細菌増殖用選択培地
　　　デオキシコール酸ナトリウム（胆汁酸）を含む

・サルモネラ：硫化水素産生、鉄と反応→FeS（黒）→　黒色コロニー

　　＊菌の代謝が悪い場合には硫化水素を産生せず、白色

・大腸菌　：乳糖分解→酸を産生→ニュートラルレッドを析出
　　　→赤色コロニー

図2

第11章 薬剤耐性プラスミドの伝達

⑨ コルベン4本へ分注し，60℃以下に冷えたあと，抗生物質を表1のとおり1,000分の1量添加する（表1）。

⑩ それぞれをシャーレへ分注して培地を固める。加えた抗生物質の種類を記述しておく。

表1　抗生物質を添加する

コルベンNo.	アンピシリン	ナリジクス酸
1	−	−
2	+	−
3	−	+
4	+	+

[4] DHL寒天培地への菌の接種

S. Montevideo 1449とE. coli ML1410を混合培養した菌液をDHL寒天培地へ接種する。添加した抗生物質と増殖した菌コロニーの色から，増殖した菌の種類とその薬剤耐性を確認する。

⑪ 各平板には [2]-④ で準備した3つの培養液を1枚の平板で培養するため，平板を油性ペンで3分割する。

⑫ 各培養菌液を平板へ画線培養する（図3）。白金耳を毎回火炎滅菌するのを忘れないこと。

図3

⑬ 37℃で1晩培養する。

⑭ DHL寒天培地における発育を観察する（図4〜図7）。抗生物質を加えた培地と加えない培地で，S. Montevideo 1449とE. coli ML1410がそれぞれ増殖しているか確認する（表2）。

⑮ 薬剤耐性プラスミドはどの細菌からどの細菌へ伝達されたか確認する。

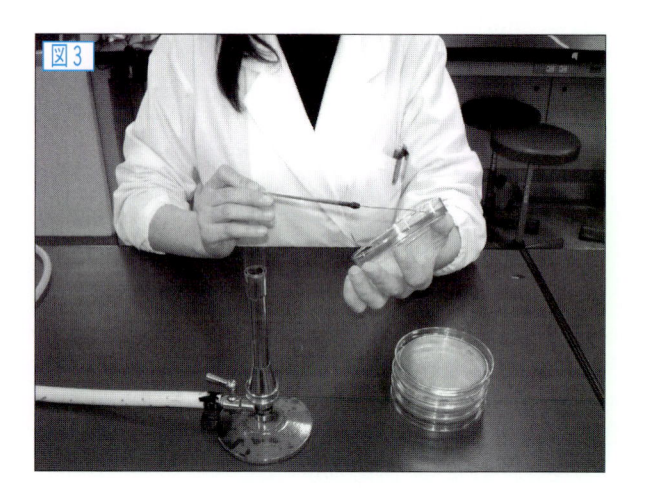

--- ポイント・メモ〈実験のコツ〉 ---

[1] DHL寒天培地にはデオキシコール酸ナトリウムが含まれており，腸内細菌のみを選択的に培養できるが，無菌操作は確実に行う。

[2] 混合培養液をDHL寒天培地へ画線培養した領域には赤いコロニーがごく少量観察されることがあるので，十分注意して観察する（増殖の遅いE. coli ML1410が赤いコロニーとして観察される）。

図4　抗生物質なし　S　E　S+E

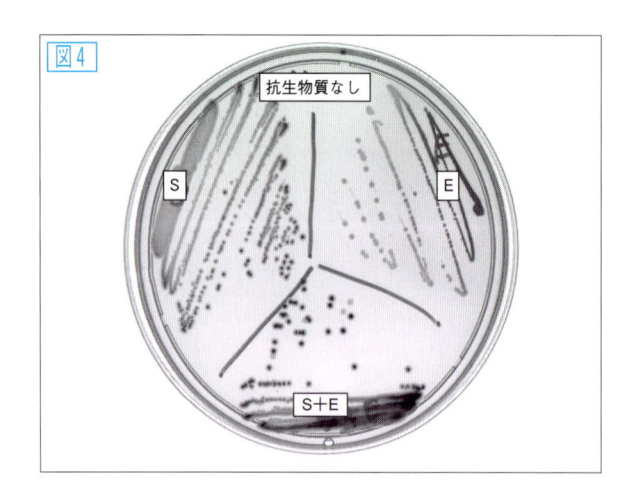

図5　アンピシリン　S　E　S+E

104

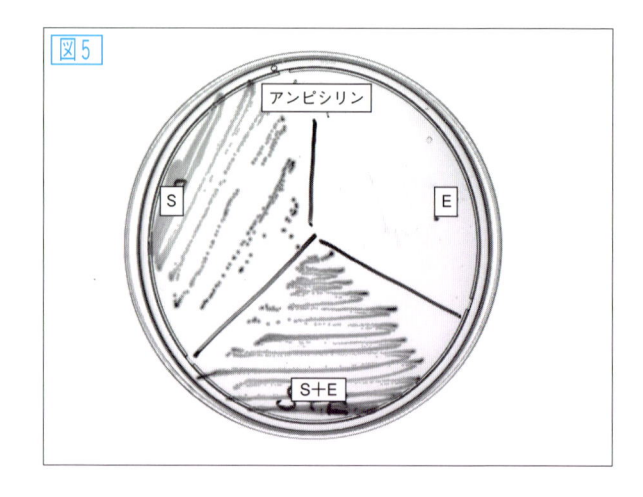

薬剤耐性プラスミドの伝達　第11章

図6

図7

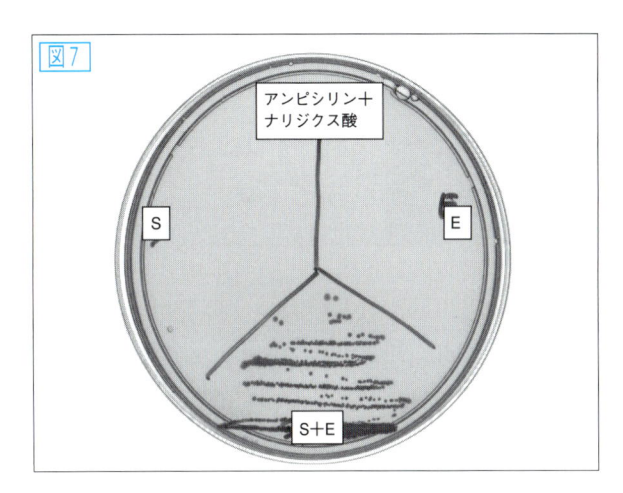

表2　抗生物質を添加したDHL寒天培地上での各細菌の増殖の有無

DHL寒天に含まれる 抗生物質	S. Montevideo 1449 （アンピシリン耐性）	E. coli ML1410 （ナリジクス酸耐性）	混合培養
なし	＋（黒）	＋（赤）	＋（黒） ＋（赤）＊
アンピシリンのみ	＋（黒）	−	＋（黒） ＋（赤）＊
ナリジクス酸のみ	−	＋（赤）	＋（赤）
アンピシリン＋ ナリジクス酸	−	−	＋（赤）

＊S. Montevideo 1449の増殖速度がE. coli ML1410より早いので，コロニーが確認できないことが多い。

実験の結果（図8）

[1] アンピシリン耐性プラスミドが S. Montevideo 1449（donor）から E. coli ML1410（recipient）へ伝達されることを確認した。
[2] 薬剤耐性プラスミドの伝達には方向性があり，性線毛を有するdonor菌（F$^+$菌）から一方通行で伝達されることを理解した。
[3] DHL寒天培地の特性を理解した。

図8　薬剤耐性プラスミドの伝達

Salmonera Montevideo 1449　donor
Escherichia coli ML1410　recipient
Amp耐性　伝達　NA耐性

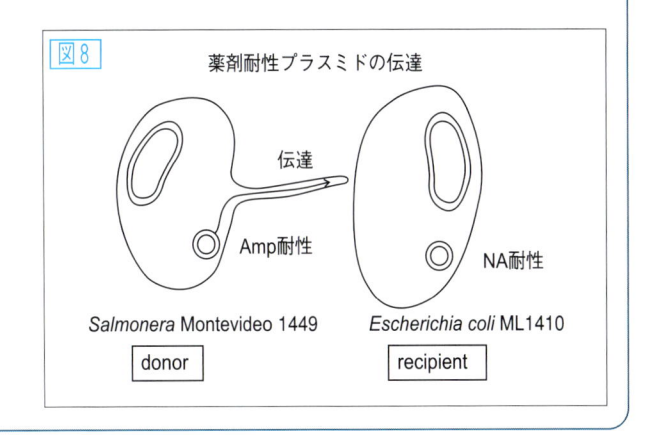

（迫田　義博）

第12章 ファージ型別

本実験の目的
[1] 菌株の由来を特定する。
[2] 菌株の疫学的分布を調べる。
[3] 菌株を分類する。

使用材料・機器

[1] 実験素材
- 型別用ファージまたは国際標準ファージ
- 被検菌液（BHI brothまたは普通ブイヨンで37℃，一晩培養したもの）
- ファージ液（1 RTD，100RTDに調整）

[2] 卓上機器
- ファージ接種器（ミクロプランター）
- 毛細管ピペットまたはマイクロピペット・白金耳（5μL）またはミクロプランター接種器（5μL）
- ミクロプランター用短小試験管および円形アルミ製ホルダー

[3] 大型機器
- インキュベーター

[4] 消耗材
- BHAまたは普通寒天培地・BHIまたは普通ブイヨン・1 M CaCl$_2$溶液・軟寒天（0.7% Bacto-agar加普通ブイヨン）・純エタノール

実験時，特に注意すべき事項
[1] 型別用ファージの増殖は指定された施設以外では行わない。
[2] ファージ接種用ミクロプランターがなければ白金耳，マイクロピペットなどで代用する。
[3] 判定は50プラーク前後が困難なため，＋，＋＋を溶菌とする。

実験概要

　バクテリオファージ（bacteriophage）は細菌へ感染するウイルスであり，ファージが細菌へ感染すると細菌細胞内で増殖し，溶菌する現象が見られる。この現象を利用したものがファージ型別の基本となっている。ファージは，その種類によって感染する細菌が異なり，さらに同種の細菌でも菌株ごとに異なる場合がある。ファージが示すこの性質を利用して，ファージによる溶菌現象を識別することにより菌株の由来を特定したり，菌株を分類することができる。この方法をファージ型別と呼ぶ。
　ファージ型別が応用されている菌として，黄色ブドウ球菌，サルモネラ，大腸菌O157，コレラ菌などがあり，さらにセレウス菌，緑膿菌などにも疫学情報を得るために開発されたファージ型別の報告がある。
　しかしながら，型別用の標準ファージは培養・増殖を繰り返すことによって性質が異なってしまう場合があるので，指定された施設以外では，標準ファージの増殖は行わない方がよい。
　わが国におけるブドウ球菌ファージ型別は群馬大学医学部薬剤耐性菌実験施設がセンターとなっており，神戸大学農学部なども行っている。また，サルモネラファージ型別および大腸菌O157のファージ型別は国立感染症研究所がセンターであり，コレラ菌

ファージ型別は長崎大学熱帯医学研究所が行っているので，ファージ型別を行う場合，それぞれセンターとなっている施設にファージの分与またはファージ型別検査を依頼する。

実 験 の 手 順

[1] ファージ液の準備

[1] 準備するもの。
- Brain heart infusion broth (BHI) または普通ブイヨン
- Brain heart infusion agar (BHA) または普通寒天培地
- ブロックインキュベーターまたは恒温槽 (50℃)

[2] 標準ファージ液の作成 (図1，図2)。
① 各ファージに対応する増殖用菌株をBHIまたは普通ブイヨンで37℃，一晩培養。
② 一晩培養菌液0.1mLを滅菌小試に分注し，ファージ原液1.25mLを加え，37℃で5～10分間置く (図1)。
③ あらかじめブロックインキュベーターまたは恒温槽で50℃に保持した軟寒天 (寒天濃度0.7%) 3.0mLを小試験管に加え，軽く混和する。
④ 乾燥させておいたBHAまたは普通寒天培地上に軟寒天を重層する。
⑤ 軟寒天が固化後，37℃で一晩培養する (図1)。
⑥ 培養後，軟寒天層を純エタノールで滅菌したコンラージ棒で遠心管に掻き取る。
⑦ 滅菌PBSまたは滅菌生理食塩水3.5mLを加え，室温で1時間静置する (図2)。
⑧ 遠心 (3,000rpm，20分間) し，遠心上清を0.45μmミリポアフィルターでろ過する。
⑨ ファージ原液は4℃で保存する (図2)。

[2] ファージの力価検定

[3] 準備するもの。
- 普通ブイヨン
- 10mM $CaCl_2$ 加普通寒天培地
- ミクロプランター接種棒 (5μL) またはマイクロピペット

[4] ファージの力価検定。
① ファージ原液を普通ブイヨンで10倍段階希釈をする (10^{-1}～10^{-4}) (図3)。

図1 [標準ファージの増殖]

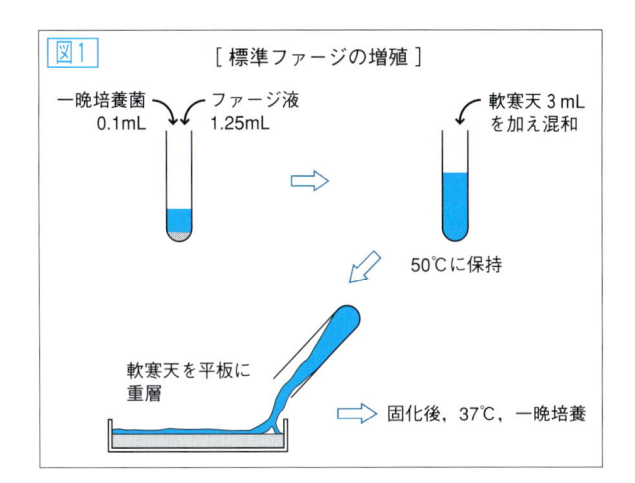

図2 [標準ファージの回収・精製]

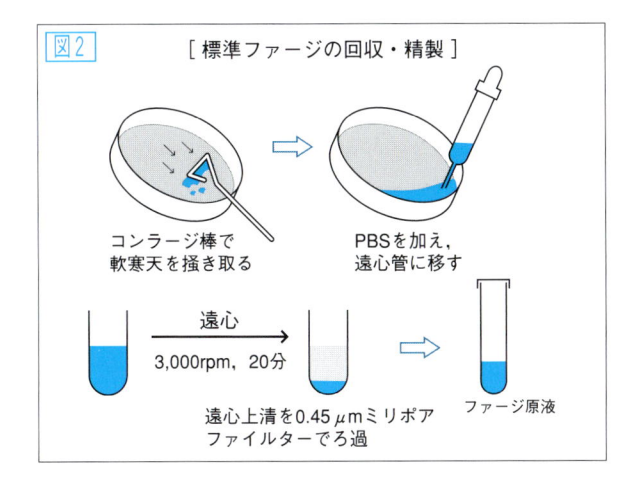

図3 [ファージ原液の希釈]

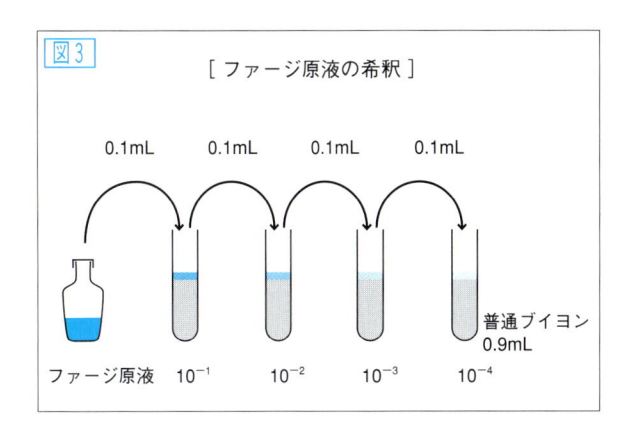

第12章 ファージ型別

②10mM CaCl₂加普通寒天培地に，増殖用菌株の一晩培養菌液を滅菌綿棒で約5cm画線培養する。

③それぞれに対応する希釈ファージ液をミクロプランター接種棒（図4）またはマイクロピペットで5μLずつ画線培養した場所へ接種する。

④30℃で，一晩培養する。

⑤各希釈ファージ液で完全溶菌している最高希釈倍率を1RTD（routine test dilution）とする（図5）。

［3］ファージ型別試験

5 準備するもの。
- BHIまたは普通ブイヨン
- BHAまたは普通寒天培地
- 1RTDおよび100RTDに調整した型別用ファージ液
- 滅菌パスツールピペットまたは滅菌スポイト
- ミクロプランター（接種器）

6 ファージ型別試験（図6）。

①被検菌株をBHIまたは普通ブイヨンで37℃，一晩培養する。

②培養菌液1.0mLを滅菌パスツールピペットまたは滅菌スポイトで取り，乾燥させた普通寒天培地上へ接種し，シャーレ全体に広げる。

③余分な菌液を吸い出し，1〜2時間，自然乾燥させる。

④保存してあるファージを普通ブイヨンで希釈し1RTDと100RTDファージ液を作成する。

⑤ミクロプランター（図7）で各ファージ希釈液を接種し（図8，9），37℃，一晩培養する。

⑥次の判定基準により，どのファージにより溶菌したかを判定する。溶菌は＋または＋＋を溶菌とする。

（判定基準）
- ＋＋：≧50プラーク
- ＋：20〜49プラーク
- ±：1〜19プラーク
- ○：発育抑制（100RTDの場合のみ）

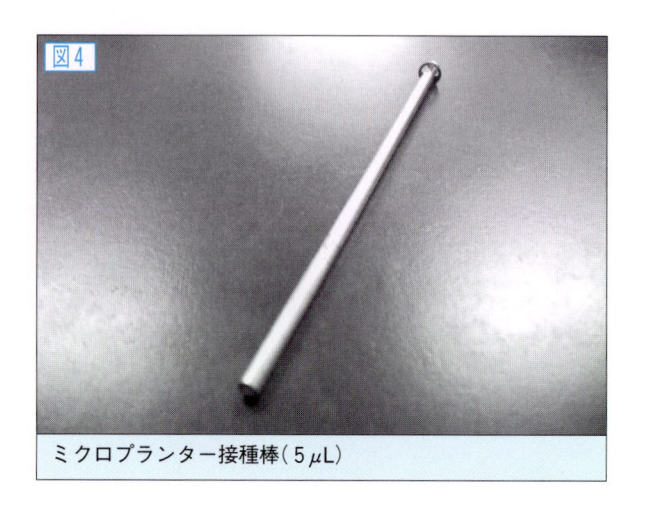

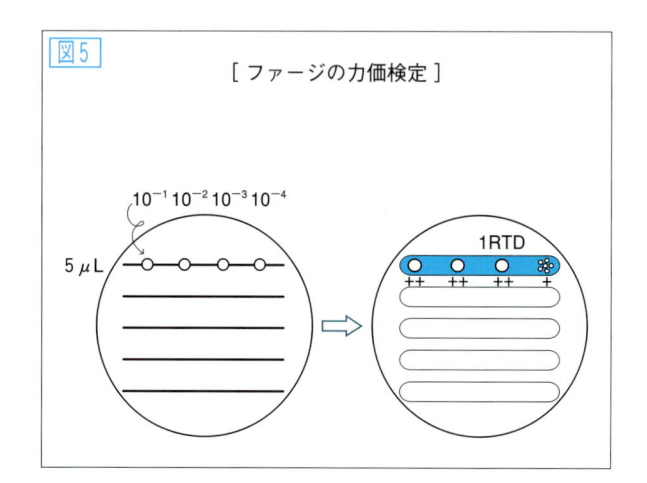

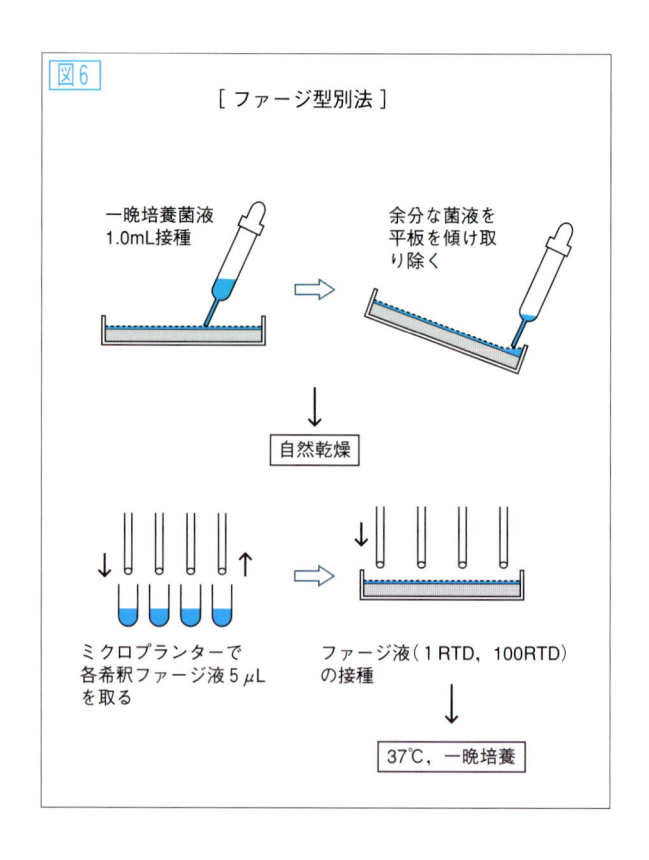

図4　ミクロプランター接種棒（5μL）

図5　［ファージの力価検定］

図6　［ファージ型別法］

ポイント・メモ〈実験のコツ〉

ファージ型別は，標準ファージ液の力価をきちんと1RTDに合わせることができたら，問題なく型別ができる。判定時にはプラーク数が多いと判定し難いため，＋，＋＋を陽性として判定すること。

図7　ミクロプランター

図8　型別用ファージ液の分注

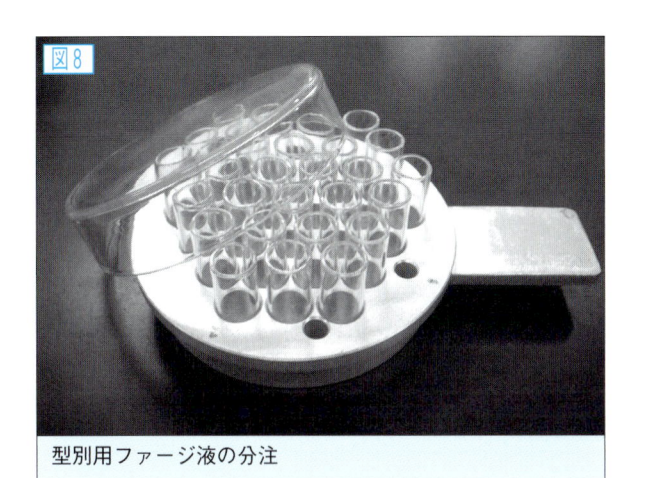

図9　ミクロプランターによるファージの接種

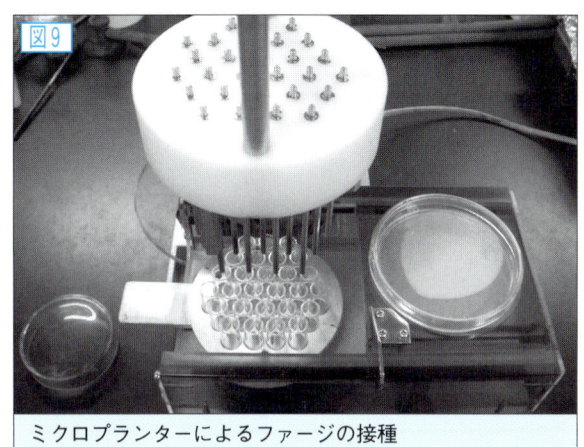

実験の結果（表1，図10）

実験結果は，型別用ファージの種類でどのファージに溶菌したかによってファージ型を決定する。例えばブドウ球菌の場合，国際標準型別ファージ23種類のファージで溶菌パターンを調べ，個々の菌株で比較する場合は溶菌パターンを表示し，全体で比較する場合は溶菌グループ分けして群別して表示する。

表1　ファージ型別の表示

溶菌パターン	溶菌グループ
29 / 52 / 52A / 79 ++　 +　 ++ 　++	I 群
53 / 83A / 85 ++ 　++ 　++	III 群
94 / 96 ++ 　++	IV 群
溶菌なし	NT（型別不能）

図10

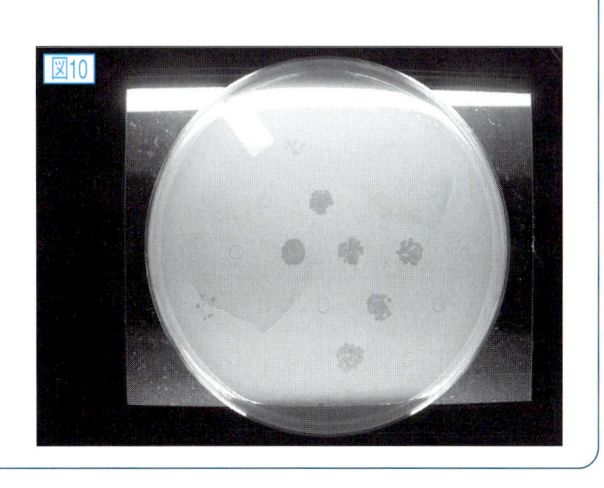

（片岡　康）

第13章 血清反応

本実験の目的

抗原抗体反応による特異性の高い免疫反応を用いて，感染症における抗体・抗原の検出・定量を凝集反応と沈降反応により解析する。

実験概要

抗原抗体反応をin vitroで試験する。凝集反応では，急速あるいは試験管凝集反応により被検血清中の抗体を定性あるいは定量測定する。沈降反応のうち，毛細管を使用した重層法による抗原の検出と反応系に寒天ゲルを用いた寒天ゲル内二重拡散法により，抗体を検出し解析する。

実験の手順

[A] 凝集反応

実験[A]の目的

抗原抗体反応により，被検血清中の抗体の有無について，診断用菌液（抗原）を用いて定性あるいは定量する（既知抗血清を用いて，抗原の定性あるいは定量をする系もある）。

a) **急速凝集反応**（スライド凝集反応，ためし凝集反応）により血清中の抗体を検出する。
b) **試験管凝集反応**（定量凝集反応）により血清中の抗体を検出する。

使用材料・機器

[1] 実験素材
　[急速凝集反応では]・被検血清にサルモネラ菌陽性血清と陰性対照血清・サルモネラ診断用菌液
　[試験管凝集反応では]・犬ブルセラ病陽性血清（非働化しない，溶血血清は不適）・ブルセラ・カニス凝集反応用菌液（犬ブルセラ病診断用菌液）（北里研究所）

[2] 卓上機器
　・凝集板（スライドグラス）・白金耳・小試験管
　・小試験管立て・マイクロピペッター・試験管ミキサー・恒温水槽

[3] 消耗材
　・リン酸緩衝食塩液・マイクロチップ

［A］の実験概要

急速凝集反応は，被検血清と診断用菌液を凝集板上で混合し，凝集の程度を判断する。

試験管凝集反応は，被検血清を段階希釈し，等量の菌液を加え混合し，50℃の恒温水槽で24時間反応させる。判定は，凝集の有無と反応上清の濁度による。

［1］実験進行手順

a．急速凝集反応

1. 凝集板に被検血清を50μL滴下し，混合均一にした診断用菌液を等量加えて，白金耳あるいはマイクロチップの先端でよく混合する。

2. 凝集板を前後左右に傾けて反応させる。

3. 3分以内に凝集が観察されたら，陽性と判定する。

b．試験管凝集反応

1. リン酸緩衝食塩液を9本の小試験管に，第1管には0.9mL，第2〜9管には0.5mL分注する。

2. ①被検血清0.1mLを第1管に加え，試験管ミキサーで混合する。
   ②そこから0.5mLを採り第2管に注入する。
   ③第8管まで倍数希釈する。第8管から0.5mLを採り捨てる。

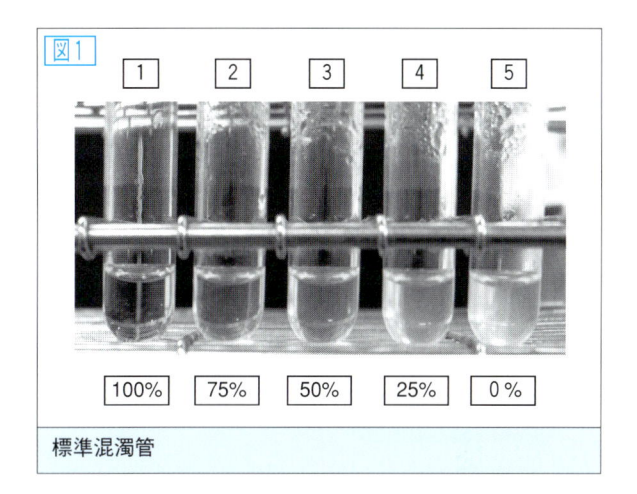

図1

1	2	3	4	5
100%	75%	50%	25%	0%

標準混濁管

3. 診断用菌液を均一に混合し，各希釈血清と対照試験管に0.5mLずつ加え，よく混合する。血清の希釈方法と希釈倍率を表1に示す。

4. 判定用の標準混濁管を作成する。
   ①診断用菌液とリン酸緩衝食塩液を表2に従って混合し，抗原希釈列を作成する。
   ②次いで，希釈液とリン酸緩衝食塩液を表3に従って混合し標準混濁管とする（図1）。

表1　血清の希釈方法と希釈倍率

試験管	1	2	3	4	5	6	7	8	9（対照）
リン酸緩衝食塩液	0.9mL	0.5	0.5	0.5	0.5	0.5	0.5	0.5	0.5
被検血清	0.1mL	0.5	0.5	0.5	0.5	0.5	0.5	0.5	
凝集反応用菌液	0.5mL	0.5	0.5	0.5	0.5	0.5	0.5	0.5	（0.5捨てる）
血清希釈倍数	20	40	80	160	320	640	1280	2560	

表2　混濁度標準管の作成-1

試験管No.	菌液		リン酸緩衝食塩液
1	0 mL	+	4 mL
2	1 mL	+	3 mL
3	2 mL	+	2 mL
4	3 mL	+	1 mL
5	4 mL	+	0 mL

表3　混濁度標準管の作成-2

混濁度標準管	希釈菌液		リン酸緩衝食塩液
1	0.5mL	+	0.5mL
2	0.5mL	+	0.5mL
3	0.5mL	+	0.5mL
4	0.5mL	+	0.5mL
5	0.5mL	+	0.5mL

第13章　血清反応

⑤，③で作成した希釈系列と標準混濁管を，50℃の恒温水槽に24時間静置する。

⑥ ① 50℃の恒温水槽に24時間静置後，試験管を取り出し，明るい方向に向け対照試験管に凝集がないことを確認する。

② 次いで希釈血清の凝集度と上清の濁度を標準混濁管と比較して，凝集価を判定する（表4，図2）。

③ 50%凝集（+）を示した血清の最大希釈倍数をその血清の終末凝集価とする。犬ブルセラ病では，血清の最大希釈倍数が160倍以上で，50%凝集を示す被検血清を陽性と判定する。

表4　凝集価の判定基準

凝集度	標準混濁管No.	凝集塊と上清の観察
100%　+++	1	凝集塊は管壁から剥がれ，上清は透明
75%　++	2	強い凝集沈殿があるが，上清はわずかに混濁
50%　+	3	かなりの凝集沈殿があり，上清も混濁
25%　+/−	4	わずかな凝集塊の沈殿がある
0%　−	5	凝集がなく，菌体が沈殿し小円となる

図2　上清の濁度と凝集管底像（100%　75%　50%　25%　0%）

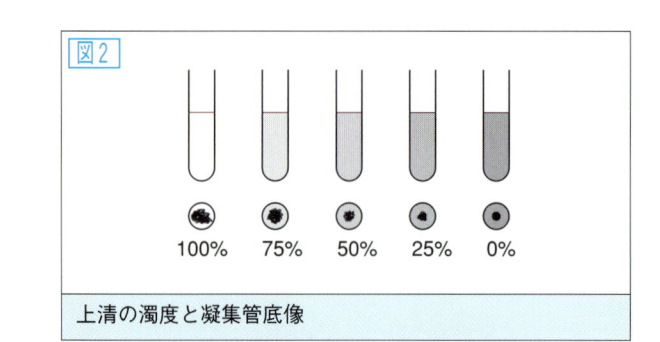

実験の結果

急速凝集反応の陰性例と陽性例。陽性例では強い凝集像が観察される（図3）。

図3　急速凝集反応の結果（陰性／陽性）

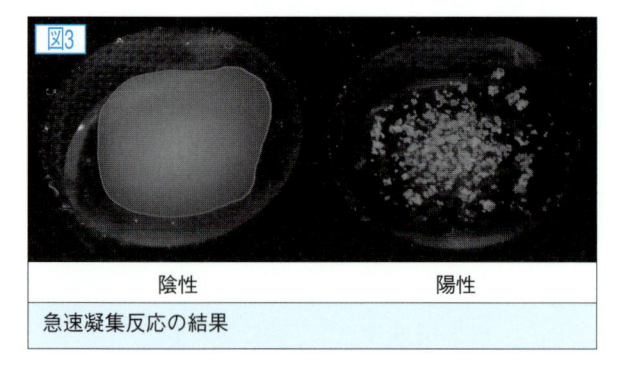

試験管凝集反応による判定から，被検血清の終末凝集価は，最大希釈倍数の640倍と判定される（図4）。

図4　試験管凝集反応の結果（血清希釈倍数 20　40　80　160　320　640　1280　2560　対照）

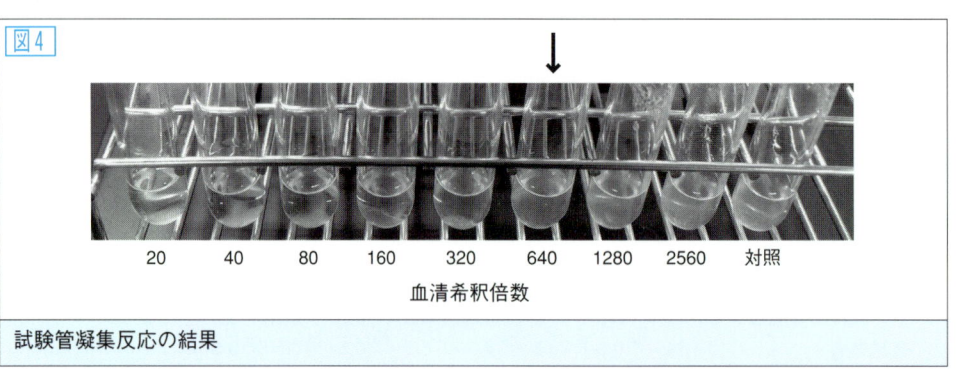

［参考資料］

ラテックス凝集反応は，ラテックス粒子に可溶性抗原を結合させて抗体の検出に利用する（抗体を結合させ抗原を検出する系もある）。反応の結果が判定しやすい（図5）。

図5　ラテックス凝集反応の結果（陰性／陽性）

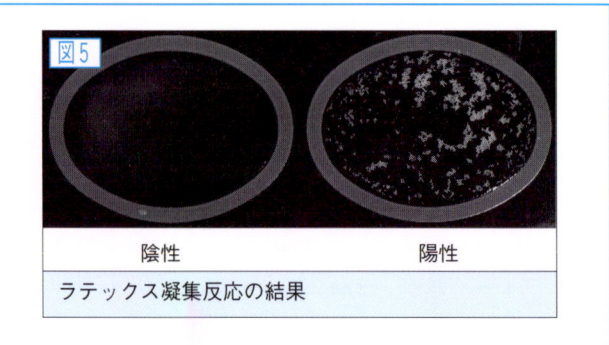

[B] 沈降反応

実験 [B] の目的

可溶性抗原と抗体の反応を沈降物（沈降線）として観察し，被検血清中の抗体の存在や定量を行う（既知抗血清を用いて抗原の定性あるいは定量をする系もある）。

a）**重層法**は抗原溶液と抗体溶液とを支持体を用いずに，両者を沈降管の中で直接反応させ，抗原の存在を検出する。

b）**寒天ゲル内二重拡散法**（ゲル内沈降反応，オクタロニー法）は，寒天ゲル（アガロースゲル）などの支持体中で，抗原と抗体を拡散させ被検血清中の抗体を検出する。

使用材料・機器

[1] 実験素材
　[重層法では]・抗原にサルモネラ菌体超音波破砕遠心上清・抗体として，抗サルモネラ菌体血清
　[寒天ゲル内二重拡散法では]・抗原として日生研精製伝貧ゲル沈抗原（馬伝染性貧血診断用沈降反応抗原）（日生研〈株〉）と抗馬伝染性貧血ウイルス血清（日生研〈株〉）および正常馬血清

[2] 卓上機器
　・アスコリー沈降管・毛細管ピペット・コルベン
　・煮沸道具（電子レンジ）・水平台・ゲルパンチャー
　・アスピレーター・湿潤箱・沈降線観察器具
　・拡大鏡

[3] 消耗材
　・寒天（Agar Noble Difco）・アジ化ナトリウム
　・生理食塩液・蒸留水・スライドグラス・綿棒
　・マイクロピペッター・マイクロチップ

[B] の実験概要

重層法では，アスコリー沈降管内に抗原溶液と抗体溶液を注入して，両者の境界面に形成される沈降輪（沈降物）を観察する。

寒天ゲル内二重拡散法では，寒天板に反応孔を作り中心の穴に抗原を注入する。陽性対照血清を対角線に入れ，被検血清を残りの穴に入れる。湿潤箱に置いて反応させ24時間後，48時間後あるいは96時間後に沈降線の出現を観察する。

[1] 実験進行手順

a．重層法

1 アスコリー沈降管（図6）に，抗サルモネラ菌体血清を，毛細管ピペットで気泡を作らないように約1cmの高さに注入しつつ，管壁に沿いながら引き抜く。

2 ①サルモネラ菌体超音波破砕遠心上清を，別の毛細管ピペットで採る。
　②抗血清との境界面を乱さないように同量を静かに重層する。

図6

毛細管ピペット（上）とアスコリー沈降管（下）

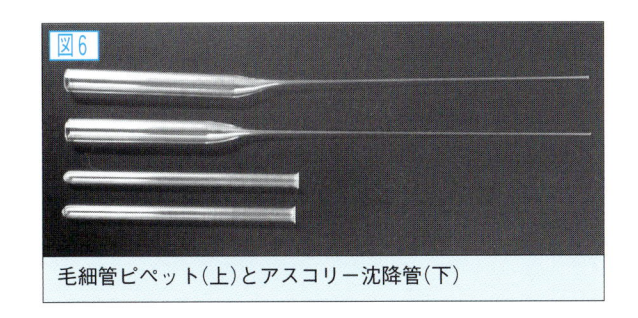

3 15分以内に，両者の境界面に沈降輪（沈降物）が形成されたら陽性と判定する。

第13章 血清反応

b．寒天ゲル内二重拡散法

1. 寒天平板の作成方法は，蒸留水に1％の割合で加温溶解した寒天溶液を，綿棒で塗布し乾燥させる（図7）。

2. ①0.8gの寒天と0.1gのアジ化ナトリウムを100mLの生理食塩水に加える。
   ②煮沸水中で完全に溶解する（電子レンジも利用可能）。

3. ①塗布した寒天が乾燥したスライドグラス（26×76 mm）を水平台に置く。
   ②溶解した寒天を4.5mL注いで寒天平板を作成する（図8）。

4. ①完全に凝固した寒天平板にゲルパンチャーを用い直径5mmの穴を中心として，3mmの間隔で周囲に6個の穴をスライドグラスに垂直になるように開ける（図9）。
   ②アスピレーターを使って，穴の中のゲルを取り除く（図10）。

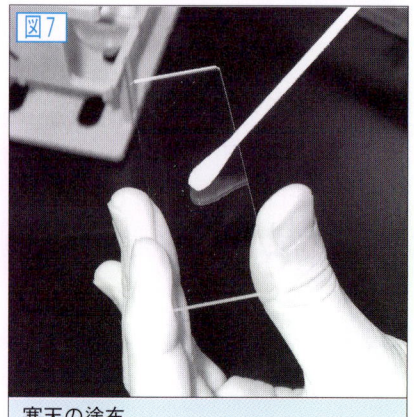

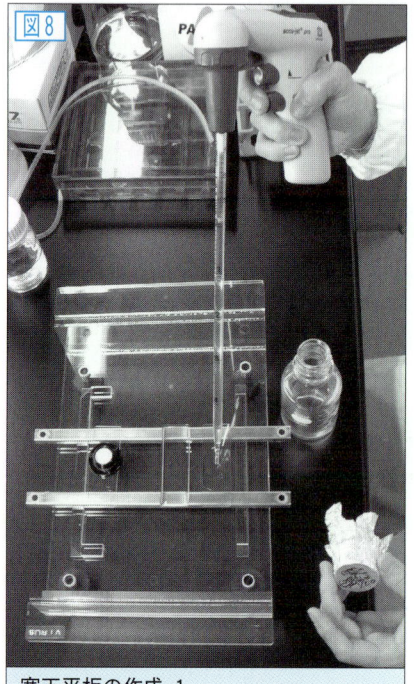

図7 寒天の塗布

図8 寒天平板の作成-1

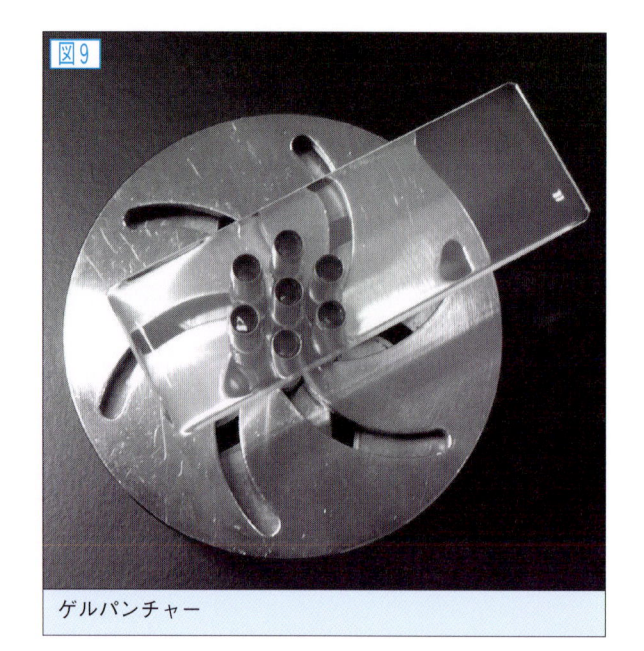

図9 ゲルパンチャー

図10 寒天平板の作成-2

血清反応 第13章

5 ①中心の穴に馬伝染性貧血診断用沈降反応抗原溶液を50μLマイクロピペッターで注入する。
②周囲の6穴のうち左右対称2個に抗馬伝染性貧血ウイルス血清をそれぞれ50μL入れる（図11）。
③残りの4個の穴に被検血清を入れる。
この時，抗原および血清を他の穴に滴下したり，あふれさせたりしないように細心の注意を払って注入する（図11）。

6 試料を加えた寒天平板は，湿潤箱（湿度を保てる容器）に水平に置いて室温で反応させる（図12）。

7 判定は，沈降線観察器具と拡大鏡を用いて24時間から48時間で行い，反応の弱いものは96時間まで観察する（図13）。

8 抗原と陽性血清との間に生じた，沈降線と被検血清のそれを確認し判定する。

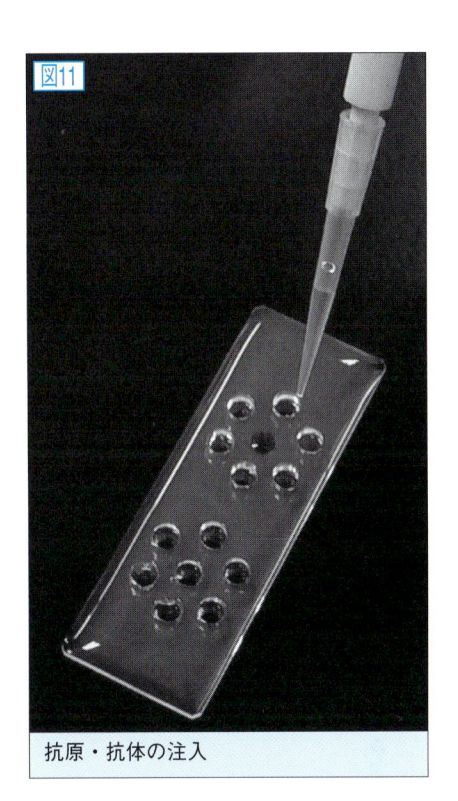

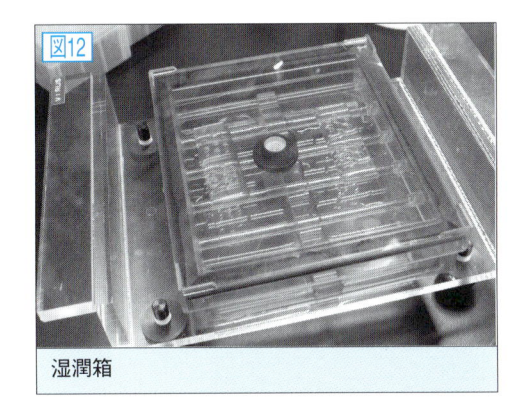

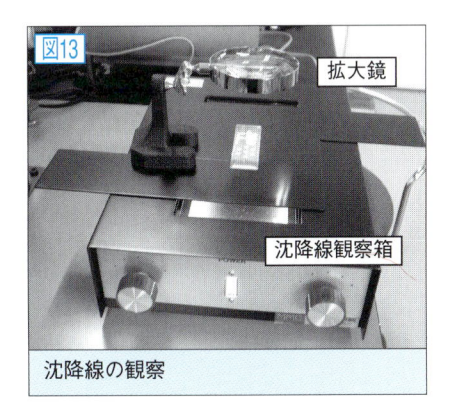

図11 抗原・抗体の注入

図12 湿潤箱

図13 沈降線の観察（拡大鏡／沈降線観察箱）

実験の結果・1

a．重層法
陽性例で明瞭な沈降輪（白色帯）が形成されているが，陰性例では沈降輪の形成は認められない。沈降輪は，量が多い場合，傘状となり沈殿する。また，厚い幅のある輪となったり，薄い沈降輪を形成したりする（図14）。

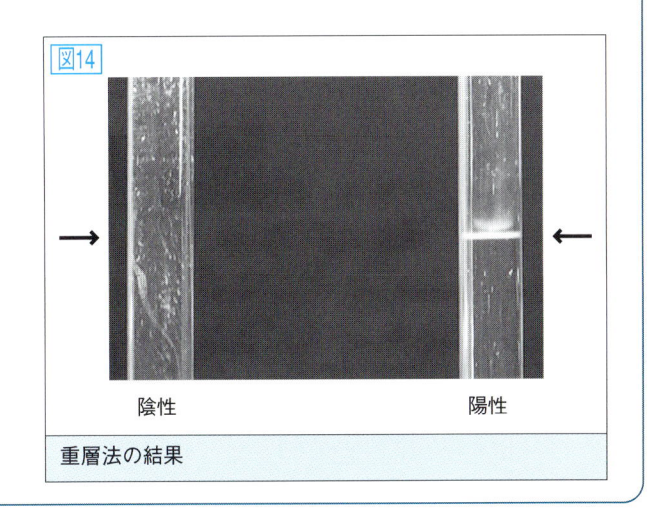

図14 重層法の結果（陰性／陽性）

115

第13章 血清反応

実験の結果・2

b．寒天ゲル内二重拡散法

陽性例は，被検血清と抗原の間に生じた沈降線が，陽性血清と抗原で形成された沈降線と完全に融合した場合である(図15)。

陰性は，陽性血清と抗原で形成される沈降線と融合する沈降線が出現しないもので陽性沈降線の先端が外反し，当該血清孔に接近あるいは，突き当たっているものである(図15)。

沈降線は形成されないが，陽性血清と抗原で作られる沈降線の先端が内側に曲がるもの，あるいは抗体過剰で不明瞭で拡散した沈降線が認められる場合は，擬陽性と判定する(図15)。

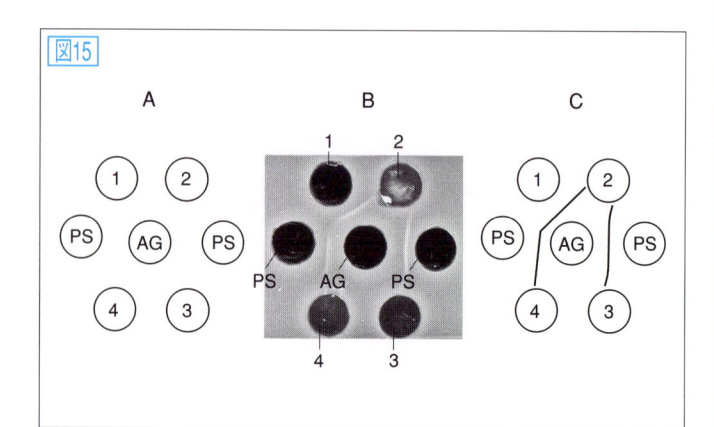

図15

寒天ゲル内二重拡散法における穴の位置と反応例
- A　サンプル注入例
　　　AG：抗原　PS：陽性血清，1，2，3，4：被検血清
- B　反応例：写真
- C　反応例：図示
　　　1：陽性，2,4：陰性，3：擬陽性

[参考資料]

寒天ゲル内二重拡散法における沈降線形成の解説(図16)。

図16

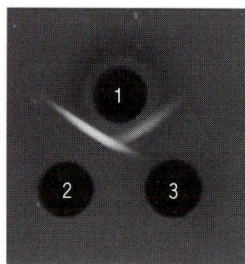

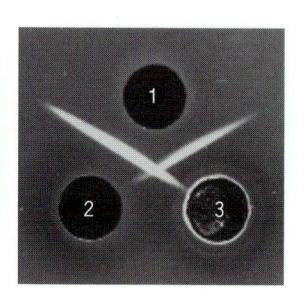

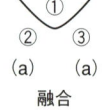

- 融合：②と③は同一の抗原　(a)(a)
- スパー形成：②と③は一部共通の抗原　(a,b)(b)
- 交差：②と③は異なる抗原　(b)(c)

a，b，cは抗原決定基，①はa，b，cに対するすべてを含む抗体

寒天ゲル内二重拡散法における沈降線形成の解析

（木内　明男）

第14章 初代細胞培養法

本実験の目的

［1］ウイルスの培養に必要な初代培養細胞の培養法について，その原理と手技を理解する。

［2］初代培養細胞の代表例として，鶏胚線維芽細胞（CEF）の培養を行い，シート形成した培養細胞を観察する。

使用材料・機器

［1］実験素材
・発育鶏卵（10日齢）・2.5％トリプシン液・子牛血清・リン酸緩衝食塩液（PBS⁻）・細胞培養液・7％ NaHCO₃液・蒸留水（DW）・ヨードチンキ

［2］ガラス・プラスチック器具など
・鶏胚摘出器具一式（小ハサミ，ピンセット，薬匙）・消化用コルベン（マグネットバー入）・ろ過用メッシュ（サイズ100～120）・遠心管（大）

・シャーレ（大）・小試験管・ピペット・培養器

［3］卓上小型機器
・マグネチックスターラー・血球計算盤・数取器・アスピレーター・検卵器

［4］大型機器，その他
・インキュベーター・CO₂インキュベーター・遠心機（低速）・倒立顕微鏡・高圧蒸気滅菌機

実験時，特に注意すべき事項

［1］使用する器具および培地などはすべて滅菌処理したものを使用する。

［2］無菌操作に心掛け，微生物の汚染や迷入がないよう注意する。

［3］培養器は，細胞培養用のプラスチック製品またはガラス製品を使用する。

実験概要

　生体の臓器・組織から取り出した細胞を最初に培養したものを初代培養細胞と呼ぶ。初代培養細胞は，生体内での細胞の性質が比較的よく保たれているが，一般に保存や継代培養することが困難である。しかし，in vitroでのウイルス感染実験には欠かせないもので，種々のウイルス実験に利用されている。

　本実験では，初代培養が最も容易に行える鶏胚線維芽細胞（CEF）を取り上げる。培養の前に，滅菌が必要な器具器材，培地などは高圧蒸気滅菌あるいはろ過滅菌などの処理をしておく。培養操作は無菌室あるいはクリーンベンチ内で行うことが望ましい。所要時間は約90分。

　健康な種鶏由来の発育鶏卵から無菌的に鶏胚を取り出し，シャーレ内で頭，四肢および内臓を取り除いた後，ハサミで細切しトリプシン液へ移す。トリプシン液をゆっくり攪拌しながら組織塊を徐々に消化していき，個々の細胞に分散する。その後，トリプシンの作用を牛血清の添加により止めた後，メッシュでろ過することで分散化された細胞のみを集める。低速遠心で集めた細胞を，別途調整し作成していた増殖用培養液へ入れ，細胞を2回ほど洗浄する。その後，細胞数を計測し，増殖用培養液で濃度調整することで細胞浮遊液を作成する。この細胞浮遊液を適当な培養器に移し，インキュベーター内で静置培養する。翌日には，単層の培養細胞を観察することができる。

実験の手順

[1] 実験場所，機器等の準備

①実験場所として，無菌的作業のできるクリーンベンチあるいは無菌室が好ましいが，無ければ落下細菌の少ない，清浄な部屋を確保する。

②必要な機器は前述のとおりであるが，CO_2インキュベーターは細胞の培養器がシャーレなどの開放容器を使用する場合に必要（CO_2濃度は5％）である。キャップ付フラスコなど密閉式培養器の場合は通常のインキュベーターでよい。

③遠心機は低速回転（1,000～2,000rpm）のもので，冷却装置は必ずしも必要でない。細胞観察用には倒立顕微鏡を準備する。

[2] 培養液と必要な溶液の調整

1 市販の一般的な細胞培養液を使用できるが，ここではイーグルMEM培地（ニッスイ①：カナマイシンおよびフェノールレッドを含有）を例にとり（図1），以下に必要な溶液とその調整を示す。

- ①**基礎培養液**：イーグルMEM培地9.4gおよびトリプトース・フォスフェイト・ブロス（TPB）3gをDW980mLに溶解，121℃，15分高圧滅菌。室温保存可。
- ②**グルタミン溶液**：L-グルタミン14.6gをDW500mLに溶解，ろ過滅菌後小分け，冷凍保存。
- ③**7％$NaHCO_3$液**：$NaHCO_3$，7gをDW100mLに溶解，115℃，10分高圧滅菌（8～10％でも作成可）。室温保存可。
- ④**リン酸緩衝食塩液（PBS⁻）**：DWを用いて作成。2価イオン不含。121℃，15分高圧滅菌。室温保存可。
- ⑤**2.5％トリプシン液**：冷PBS⁻，500mLにトリプシン（Difco，1：250）12.5gを入れ4℃で一晩撹拌し溶解。ろ過滅菌後小分け，冷凍保存。使用時に解凍しPBS⁻で10倍に希釈，0.25％トリプシン液とする。
- ⑥**子牛血清**：市販品を小分け，冷凍保存。解凍後は冷蔵保存。（胎児血清なら，さらによい）
- ⑦**増殖用培地**：基礎培養液にグルタミン溶液を1％，子牛血清を5％になるように加え，最後に7％$NaHCO_3$液を0.7～1.2％の範囲内で加えpH調整（目視にて赤橙～淡ピンク色がpH7.0前後）。
- ⑧**維持用培地**：ウイルス材料等の接種後に使用するが，増殖用培地の子牛血清を1～3％に，7％$NaHCO_3$液をやや多めに（pHも0.2程度高値になる）加える。

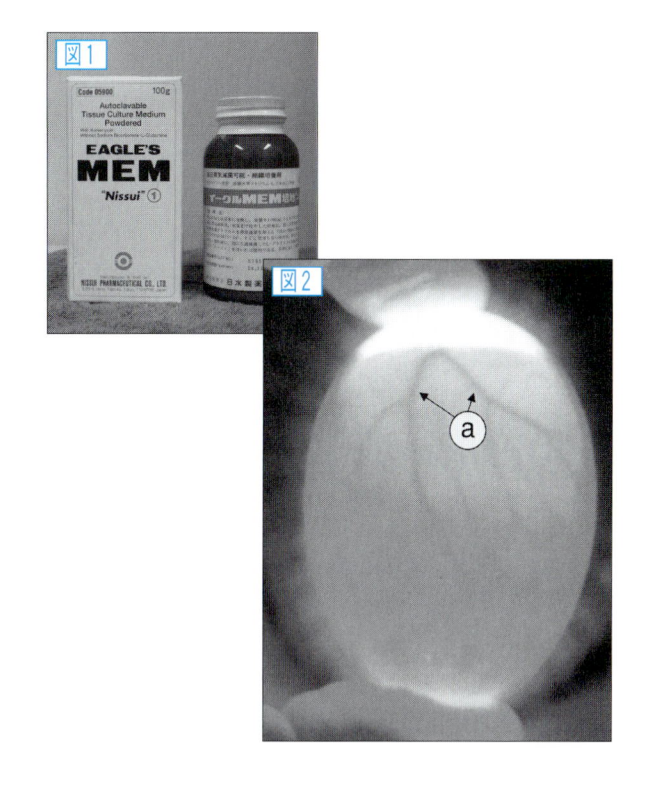

＊なお，CEF培養ではTPBおよびグルタミン溶液は加えなくても増殖は良好。抗生物質は，カナマイシンがイーグルMEM①にすでに含有されているので加えなくてもよい（汚染のリスクが高いときに加える）。

[3] 発育鶏卵の準備

2 発育鶏卵は迷入ウイルスの心配のないSPF卵が望ましいが，微生物学実習では市販の種卵を用いても支障はない。発育鶏卵（10日齢胚）1個から約1億個の細胞を収穫できる（胚の日齢が若い場合，細胞収量は少なくなる）。使用前に暗室内で検卵器を用いて観察し，血管の発育状態（図2のa）が良好なことを確認する（図2）。

第14章　初代細胞培養法

［4］培養手順の実際

　発育鶏卵（10日齢胚）1個を使用した場合を以下に述べる。

3 （図3）の数取器（a），血球計算盤（b），および胚を取り出す器具セット（c：滅菌済み），卵入れ（d）を準備しておく。

4 （図4）の0.25%トリプシン液50mL（a：37℃の恒温槽で温めておく），細胞増殖用培養液100 mL（b），消化コルベン（c：マグネットバー，PBS⁻ 50mL入），大シャーレ（d：PBS⁻ 20mL入／抗生物質を入れるとなおよい），遠心管（e：子牛血清入），メッシュ（f）などを準備しておく。

5 ①発育鶏卵の気室部周辺を，ヨードチンキで消毒する。
　②ピンセットで気室部の卵殻を取り除く。

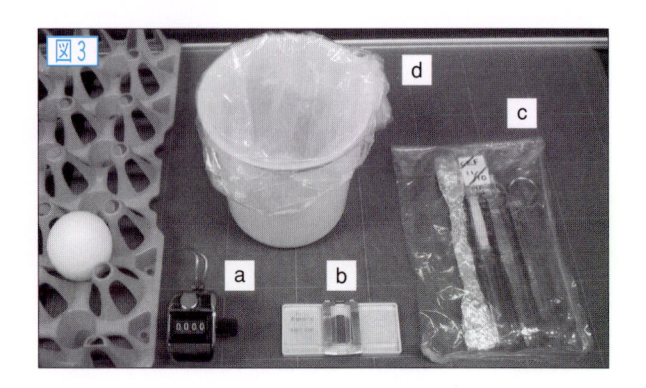

　③新しいピンセットで，胚の頸部を軽く引っ掛けるようにして胚を取り出す（図5）。

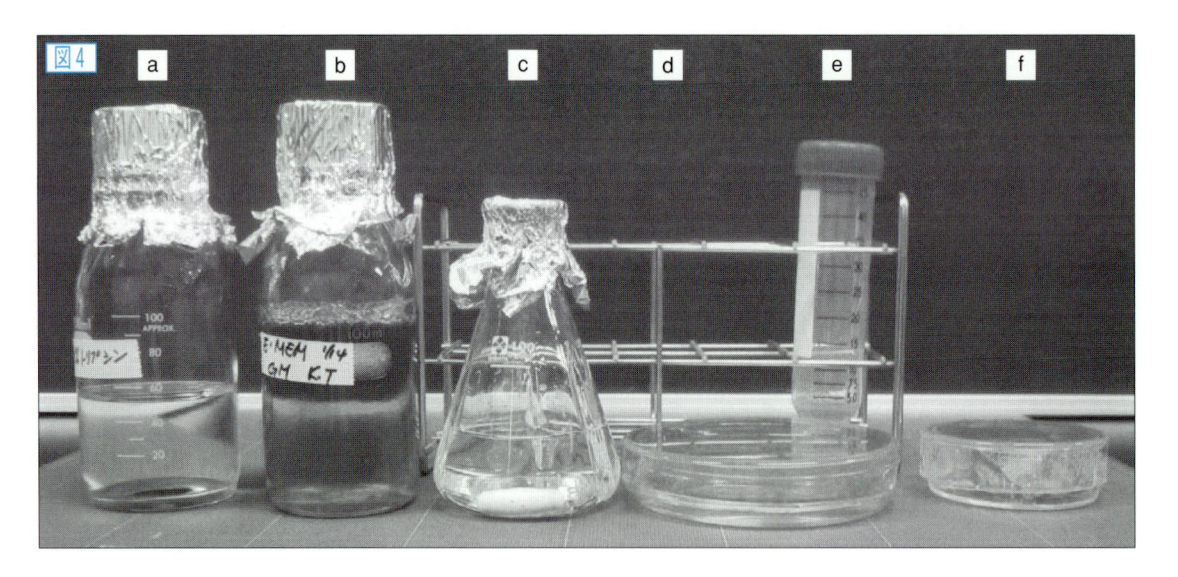

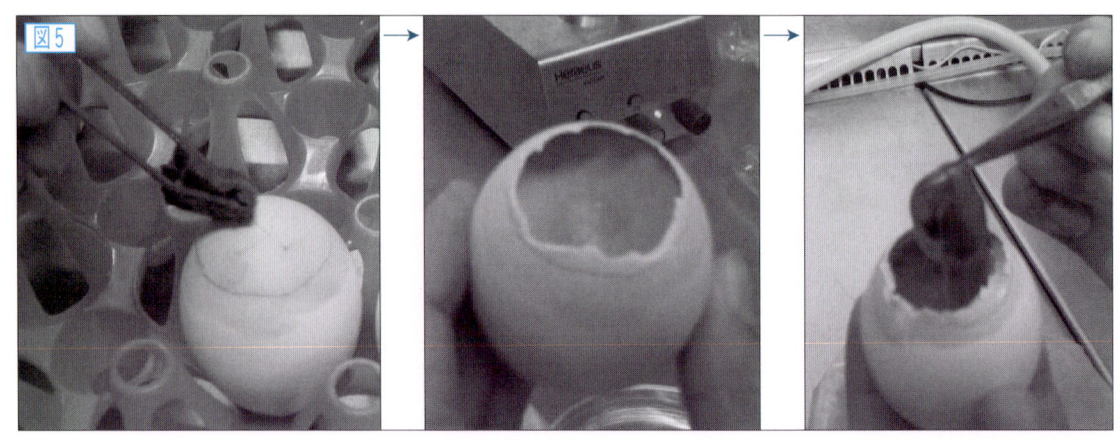

6 ①胚をPBS⁻の入った大シャーレに入れる。
②ピンセットとハサミを用いて，胚の頭部，四肢，および内臓を取り除く。
③この際に，胚を動かしながら，できるだけ放血できるように心がける。新しいPBS⁻入りのシャーレに移し，さらに胚を洗浄すると，さらによい（図6）。

7 ①別の空シャーレに胚を移し，ハサミで細切する。
②マグネットとPBS⁻ 50mLが入った消化用コルベン（100mL容量）に，細切された胚を入れる。
③ゆっくり撹拌洗浄する（図7）。

8 ①コルベンを静かに斜めに置く。
②組織塊が沈むのを待って上清を吸引除去する（図8）。

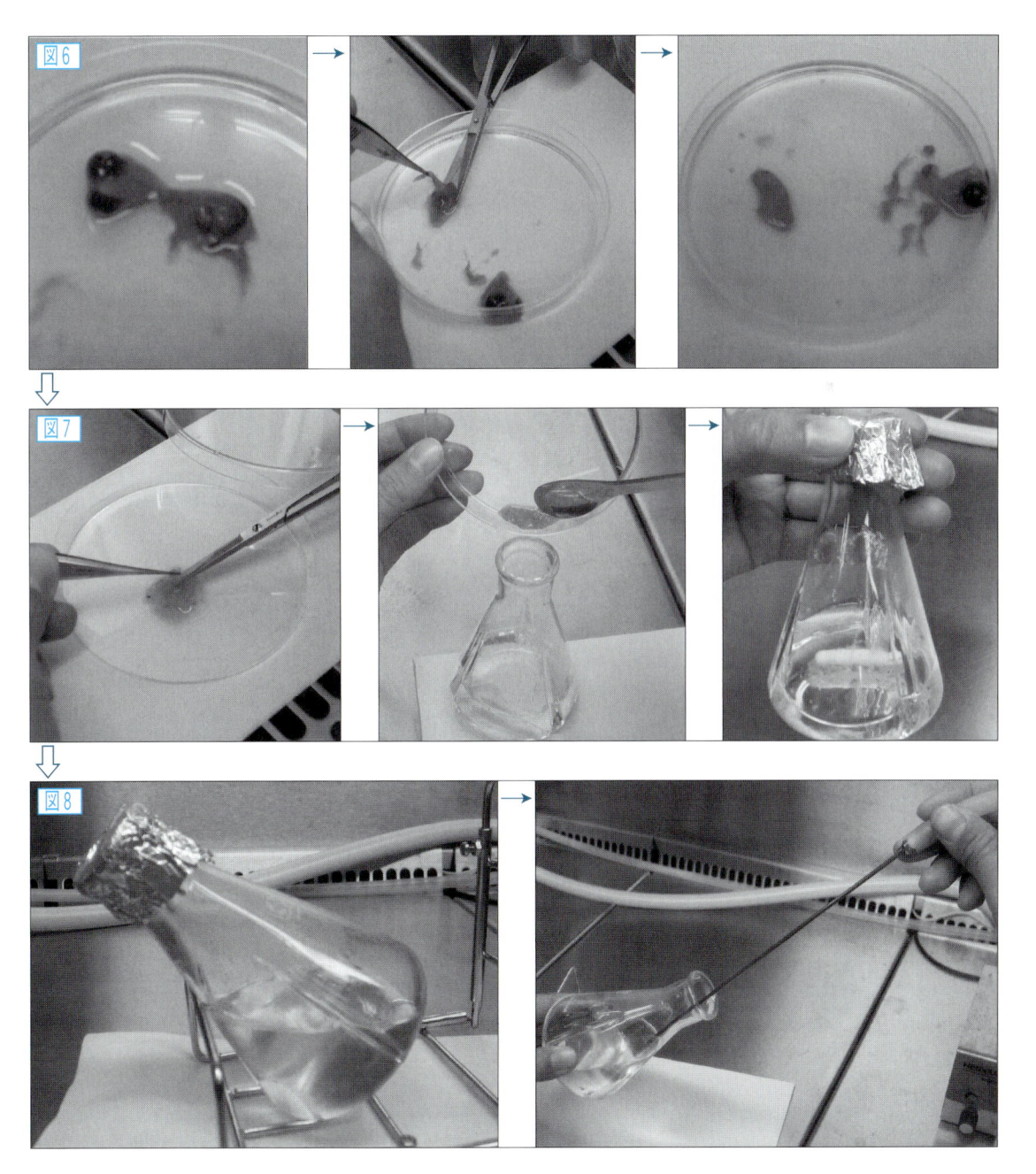

図6

図7

図8

第14章　初代細胞培養法

⑨ ①温めておいた0.25％トリプシン，50mLをフラスコに入れ，スターラーで攪拌しながら10〜15分間，37℃インキュベーター内で消化する（図9-1）。
② ピペッティングするとさらによく消化される（図9-2）。

⑩ ①あらかじめ子牛血清2.5mL（5％濃度でトリプシン活性は停止）を入れておいた遠心管の蓋部に——，
② 滅菌済の100〜120メッシュ（a）（図10-1）をセットする。
③ 消化された細胞液をろ過する（フラスコの中に未消化細胞塊が残っている場合は，新たに0.25％トリプシン液を適量加え，再度消化し，ろ過に加えることもできる）（図10-1，10-2，10-3）。

⑪ メッシュを取り外し蓋をした遠心管を1,000rpmで3分間遠心する（図11）。

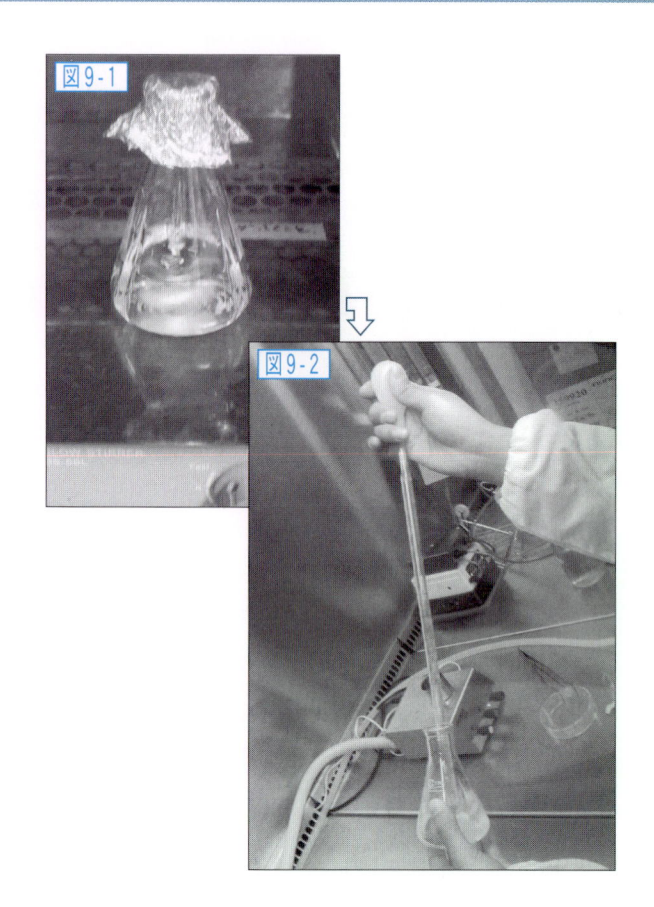

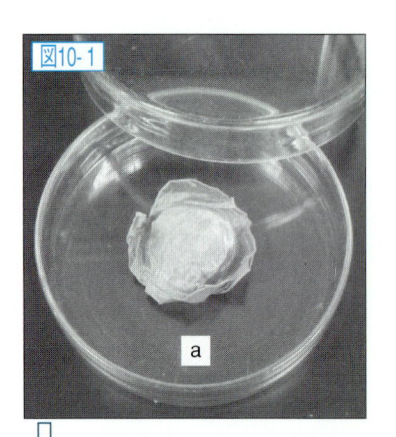

図9-1

図9-2

図10-1

ポイント・メモ〈実験のコツ〉
［1］トリプシン消化の際に，細切胚量に比べてトリプシン液量が少ない場合には，糊状になるので注意する。
［2］メッシュの装着はUロート又はVロートを介しても良い。

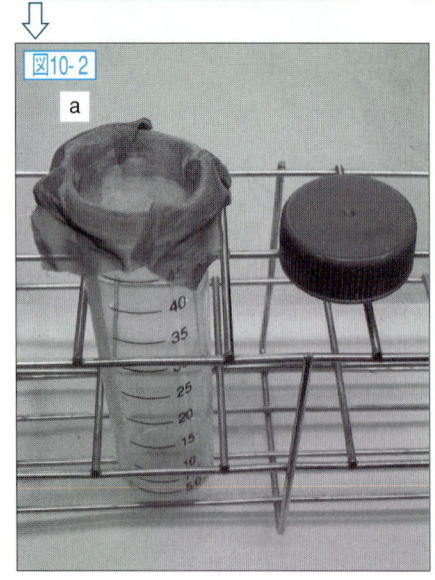

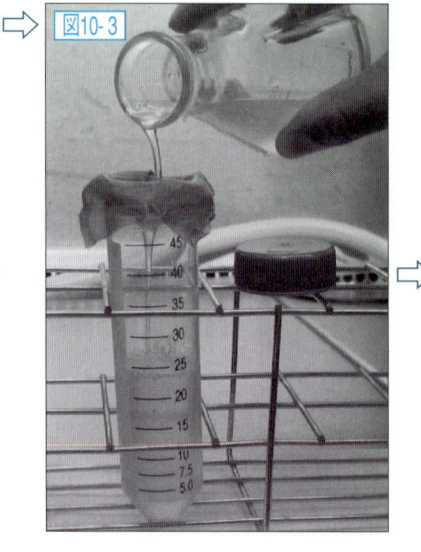

図10-2

図10-3

図11

初代細胞培養法 第14章

12-1 ①遠心後，アスピレーターで上清を吸引除去する（この時，上清を残らず吸引しようと無理すると細胞が吸引されるので注意する：アスピレーターの代わりにピペットを用いてもよい）。
②細胞沈査を適量（25mL）の増殖用培養液でよく攪拌し，再び1,000rpmで3分間遠心し，上清を除去する。
③さらにもう一度，同様な洗浄操作を繰り返す（図12-1）。

12-2 ①最後の細胞沈査に増殖用培地を適量（10mL）入れ，ピペットでゆっくり攪拌し，細胞浮遊原液とする（図12-2）。
②滅菌剤メッシュをもうひとつ用意しておき，細胞浮遊原液をもう一度ろ過すると，大きな細胞塊が除かれるので，きれいな細胞シートを作ることができる。

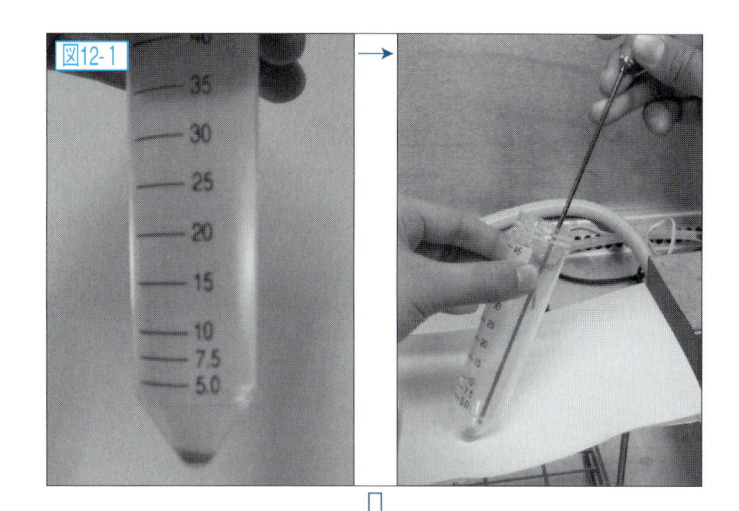

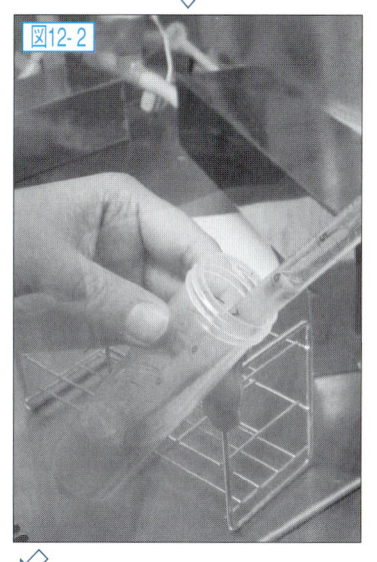

図12-1

図12-2

13 ①この細胞浮遊原液を小試験管内でPBS⁻を用いて10倍希釈する。
②少量を血球計算盤に注入する（図13-1）。

③倒立顕微鏡で観察しながら，数取器で細胞数をカウントする（トリパンブルー染色により死んだ細胞が青く染まることで，生きた細胞だけのカウントも可能であるが，無染色のままカウントして支障はない）（図13-2）。

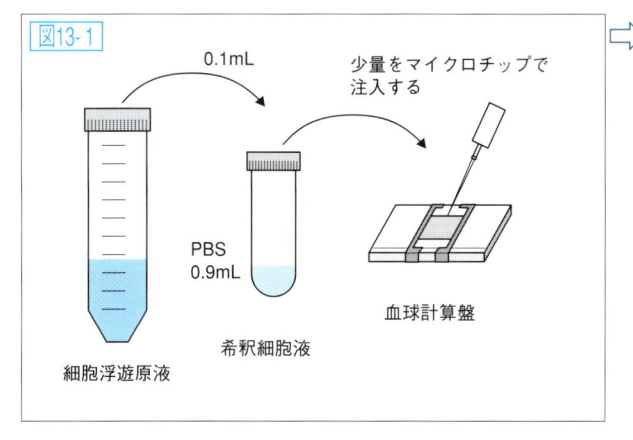

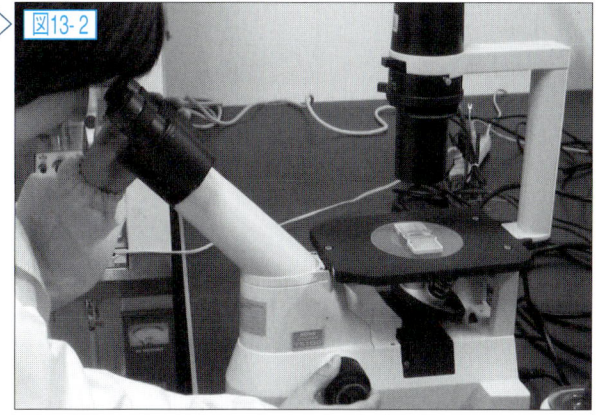

図13-1

0.1mL
少量をマイクロチップで注入する
PBS 0.9mL
細胞浮遊原液　希釈細胞液　血球計算盤

図13-2

第14章 初代細胞培養法

14 ①血球計算板の区画（1mm×1mm×0.1mm＝0.1mm³）内の細胞数を計算する。有核赤血球は除外し，丸い細胞のみカウントする。

②つまり図14の①〜⑤の小区画の細胞数をカウントし，その合計の5倍が全区画（0.1mm³）の細胞数（α）となる。細胞浮遊原液1mm³中の細胞数は，$\alpha\times10$（カウントは0.1mm³であるため）×10（カウントは10倍希釈液であるため）で求められる。

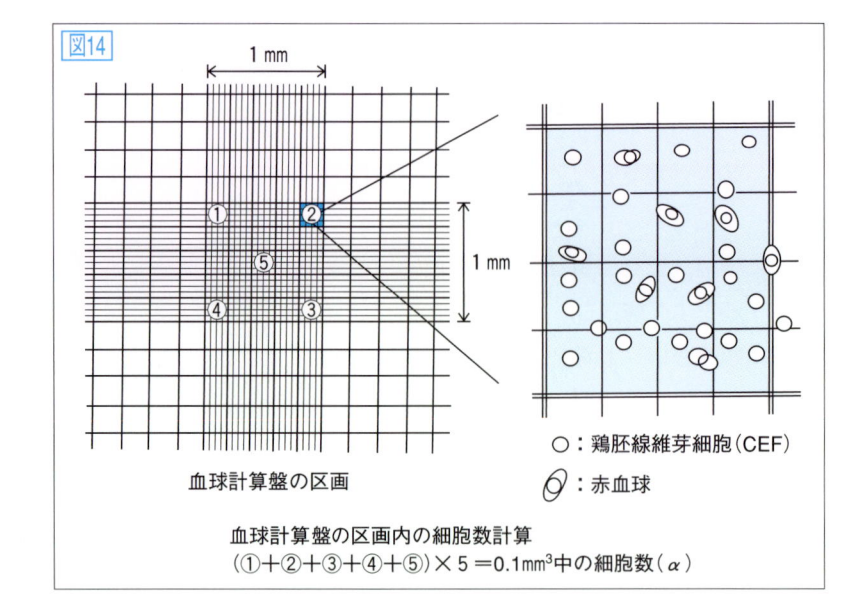

③したがって，1mL中にはさらに1,000倍した値，すなわち，細胞浮遊原液の濃度は$\alpha\times10$万個/mLとなる。（図14）

図14

血球計算盤の区画

○：鶏胚線維芽細胞（CEF）
⬭：赤血球

血球計算盤の区画内の細胞数計算
（①＋②＋③＋④＋⑤）×5＝0.1mm³中の細胞数（α）

15 ①増殖用培地で，細胞濃度が100〜200万個/mLになるように細胞浮遊原液を希釈し，細胞浮遊液とする。

②この細胞浮遊液を，適当な培養器に分注（液面高が3mm程度：6穴プレートの場合は2mL/穴）する。

③CO_2インキュベーター内で培養する（図15）。インキュベーターに入れる前に細胞を均等に分散させる。なお，密閉式培養器（キャップ付フラスコなど）の場合には通常のインキュベーターでも良い。

図15

ポイント・メモ〈実験のコツ〉

＜抗生物質＞滅菌PBS⁻または滅菌DWを用いてペニシリンGカリウムは1万単位/mL，硫酸ストレプトマイシンは10mg/mLの濃度に溶解，小分け後冷凍保存。解凍後の使用時濃度は100単位/mLまたは100μg/mL。アンフォテリシンB（Sigma）は滅菌DWに0.25mg/mLの濃度に溶解し，小分け後冷凍保存。解凍後の使用時濃度は1.0μg/mL以下。いずれも解凍後は冷蔵保存。

［5］培養細胞の観察（実験の結果）

16 ①翌日，倒立顕微鏡で観察すると，培養器の底面に紡錘形の細胞が単層シートを形成しているのがわかる（図16）。

②シート形成が不十分な場合は，さらに24時間培養を続ける。なお，ウイルス材料を接種した後は，維持用培養液に入れ替えると長く培養できる。

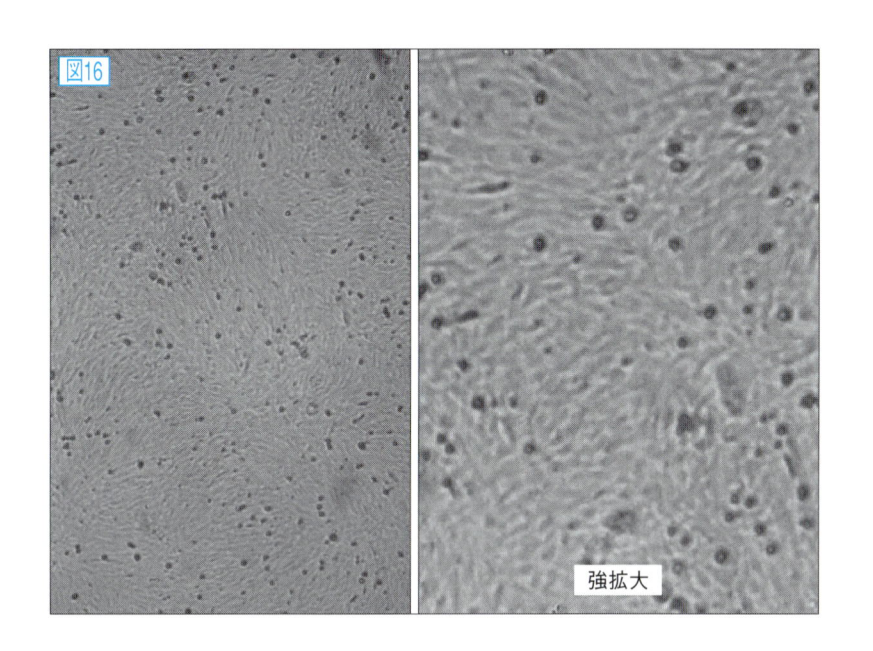

図16

強拡大

［6］応用例：腎細胞の培養

腎細胞の初代細胞培養は，CEF培養の応用編として実施できる。鶏の腎細胞を例にとり，CEF培養と異なる点のみを述べる。

1 増殖用培養液の子牛血清濃度を7％にする。

2 ①雛（0～4週齢）の腎を無菌的に取り出しPBS⁻入りシャーレに移す。
　②血液，結合織（筋）を取り除く。
　③針なしの注射器のピストンを外し，腎を入れ，再びピストンを装着する。
　④そのまま消化コルベンに押し出すことで，ハサミによる細切と同じ状態にする。

3 消化された細胞のろ過には目の大きい，50メッシュを用いる。

4 細胞濃度は体積比（％）で調整する。
　①消化，洗浄後に1,000rpm，5分遠心後の細胞沈査を少量の増殖用培養液で回収し，
　②細胞量を測る（一定量の培養液を加えて回収後，ピペットで全量を計測すると，増加した分量が細胞量／体積となることで分かる）。

5 細胞量が0.3～0.5％（10日齢までの雛の腎では0.3％，20日齢以上では0.5％が目安）になるように増殖用培養液に浮遊させる。

6 増殖はやや遅く，シート形成になるには3日程度が必要である。

（高瀬　公三）

第15章 培養細胞の継代とウイルス接種

本実験の目的

[1] 無菌操作を理解し、細胞培養を習得する。
[2] 培養細胞へウイルスを接種する手技を習得する。

使用材料・機器

[1] 実験素材
- 株化細胞
  豚腎臓由来株化細胞(Swine Kidney line-L; SK-L細胞)
- 細胞培養液
  血清を加えたEagle's Minimum Essential Medium(MEM)
  ＊作成方法は「[2] 培養液の調整」を参照
- ウイルス
  オーエスキー病ウイルスY-S81株
- Phosphate-Buffered Saline(PBS；カルシウム、マグネシウム不含)、pH 7.2
- 0.25％トリプシン-EDTA

[2] 卓上機器
- 倒立型顕微鏡
- オートピペッター
- アスピレーター
- ガスバーナー
- ミキサー

[3] 大型機器
- オートクレーブ
- 低速遠心機
- CO_2インキュベーター

[4] 消耗材
- 細胞培養用フラスコ
- 24穴培養用プレート
- 滅菌済みピペット
- 培養液保存瓶
- 遠心管

実験時、特に注意すべき事項

[1] 培養細胞に雑菌が混入しないよう、無菌操作を徹底する。
[2] 継代後およびウイルス接種後の細胞は、毎日観察する。
[3] 感染性ウイルスを散逸しないよう、実験手技を確認してから作業を始める。
[4] 使用済みの器具の滅菌、実験台と作業者の手の消毒を徹底する。

実験概要

　ウイルスの実験をするためには、ウイルスが感染し増殖する場である培養細胞の調整が重要である。本実習では無菌操作を理解し、細胞培養技術を習得する。次に培養細胞へウイルスを接種し、ウイルスの増殖を観察する。

実験の手順

[1] 実験前の準備

1. CO_2インキュベーターは温度が37℃，CO_2濃度が5％になっていることを確認する（図1）。

2. オートピペッターは事前にバッテリーの充電を行う。

3. ウイルス液をアスピレーターで吸い取る場合，廃液回収瓶には消毒薬をあらかじめ加えておく。

[2] 培養液の調整

4. 以下の粉末培地を蒸留水で溶解し，500mL培養液保存瓶に分注し，オートクレーブで滅菌する。
   - イーグルMEM（日水製薬①） 4.7g ┐ 蒸留水
   - Tryptose Phosphate Broth 1.5g ┘ 500mL

   滅菌後はpHの調整を行っていないので，黄色（酸性）となる（図2のA）

5. 上記の培地へ以下の試薬（図3）を添加し，使用時まで4℃で保存する。

   - 3％ L-グルタミン　　　　　　— 5mL
   - ペニシリン（抗菌剤）　　　　┐
   - ストレプトマイシン（抗菌剤）│ それぞれ適
   - ゲンタマイシン（抗菌剤）　　│ 量を加える
   - アンフォテリシンB（抗真菌剤）┘
   - 牛胎児血清　　　　　　　　　— 50mL
   - 10％ $NaHCO_3$（pHの調整）　 — 5mL

   ＊$NaHCO_3$でpHが調整され，培地の色はオレンジ～赤色（中性）となる（図2のB）。

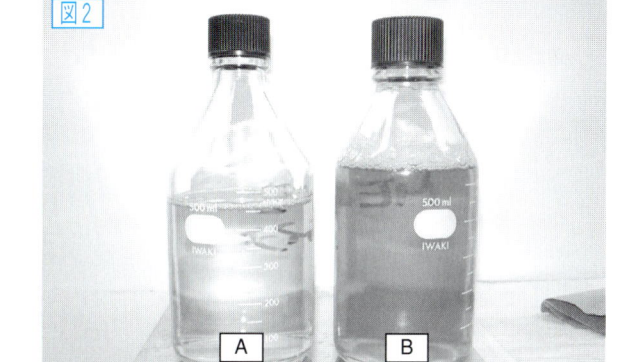

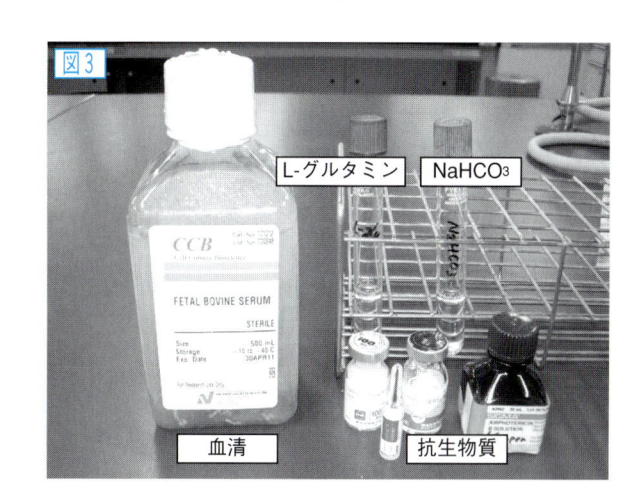

図1

図2　A　B

図3　L-グルタミン　$NaHCO_3$　血清　抗生物質

ポイント・メモ〈実験のコツ〉

[1] 実験を始める前に，使用する器具がすべてそろっていることを確認しよう。

[2] すべてを暗記してひとりで作業するのは大変である。作業者とそれを補助するナビゲーターの2人1組で作業すると確実である。

[3] ピペットマンや培養液保存瓶を取り扱う作業は，ヒジをついて作業した方が安定する（図10，図11参照。食事時は怒られますが，無菌操作では推奨される！）

[4] ひとつのことに注意が集中すると，全体像が見えなくなり，無菌操作がうまくいかない。「どうしたら雑菌が培養細胞内に入り込まないか？」を常に考えながら，落ち着いて作業しよう。

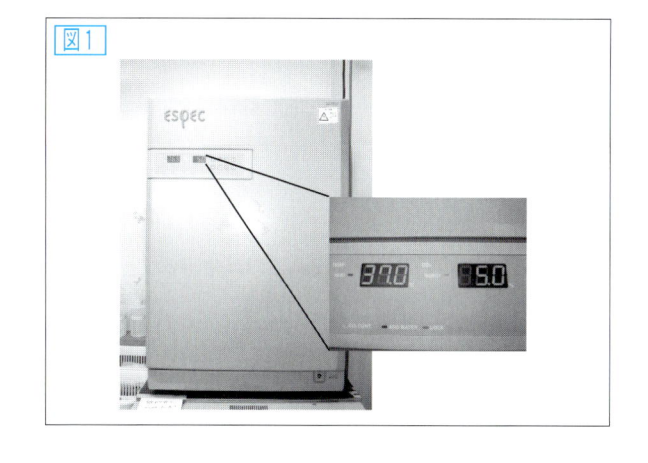

第15章 培養細胞の継代とウイルス接種

［3］細胞の観察

培養細胞を増殖させるときは，細胞培養用フラスコ（図4のA）を用います。ウイルスを接種する場合などには24穴プレート（図4のB）や96穴プレートが用いられます。

6 倒立顕微鏡で細胞を観察する（図5）。40倍（接眼レンズ10倍×対物レンズ4倍）で細胞の全体像をまず観察する。継代して日が浅い場合には，細胞は島状に観察されるが，日数が経過すると一層のシート状として観察される（図6）。

7 細胞の形態を詳細に観察したい場合には，100倍（接眼レンズ10倍×対物レンズ10倍）で細胞を観察する。

8 細胞が増殖する様子をスケッチする。

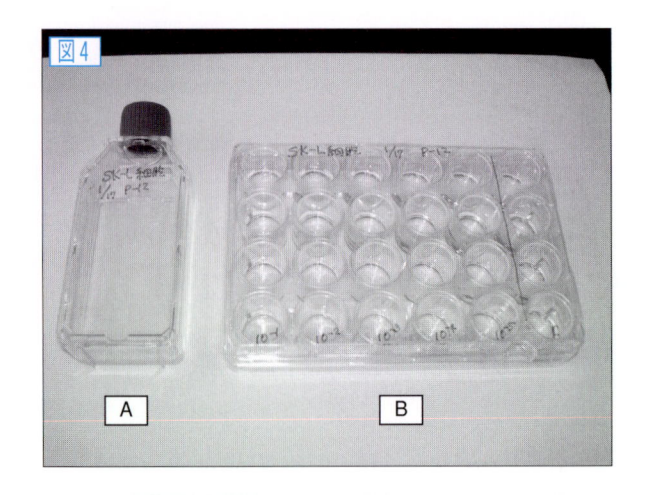

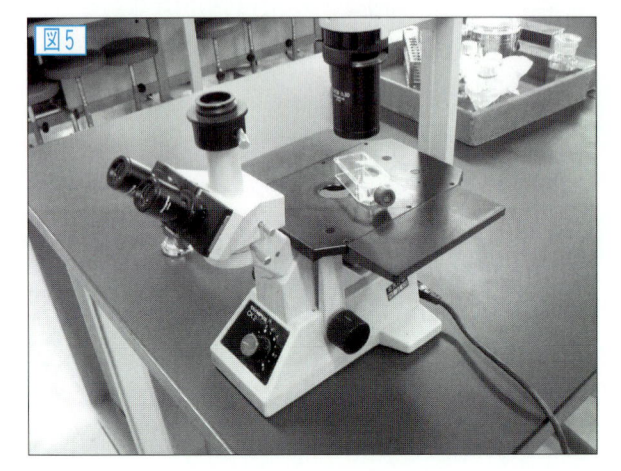

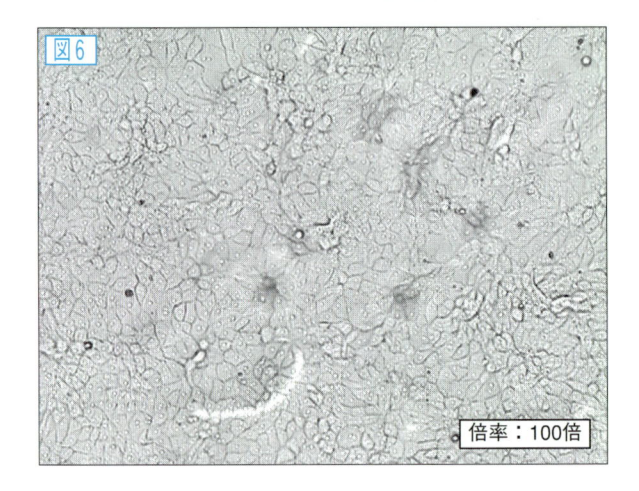

［4］細胞の継代

細胞がシート状に増えたまま放置すると，オーバーグロース（過増殖）し，死滅する。細胞はこまめに観察し，シート状になったら継代する。また，ウイルス価の測定等の目的で24穴や96穴プレートで細胞を増やす場合にも，継代と同じように細胞をトリプシンで消化し，新しいプレートで培養する。

9 培地，PBS，トリプシン，遠心管，アスピレーター，ピペット，ピペットマンを準備する。

培養細胞の継代とウイルス接種 第15章

10 ピペット缶は蓋のある方を下に斜めに持ち，ガスバーナーで炙りながら蓋を取る（図7〜図8）。

11 アスピレーターは吸引機と廃液回収瓶とホースからなる（図9）。ウイルス液を吸引する場合にはあらかじめ消毒薬（次亜塩素酸や逆性石けん）を廃液回収瓶に入れておく。

12 アスピレーターで培養フラスコ内の培地を除き（図10），PBSを5 mL加える（図11）。細胞面をこのPBSで洗う。PBSを注いだピペットでフラスコ内のPBSを吸い取る。

13 使用済みのピペットは消毒薬が入ったバットなどに回収する（図12）。

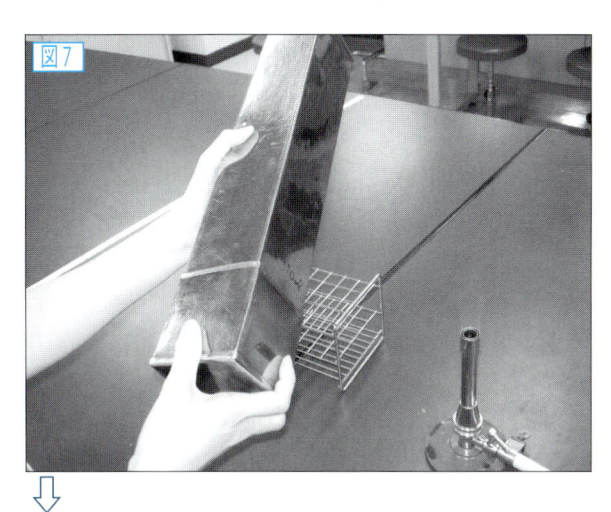

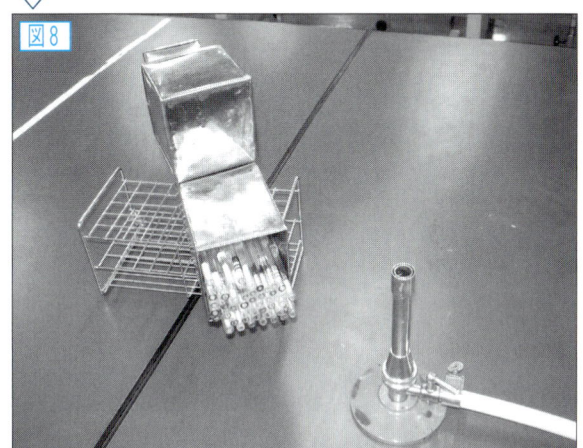

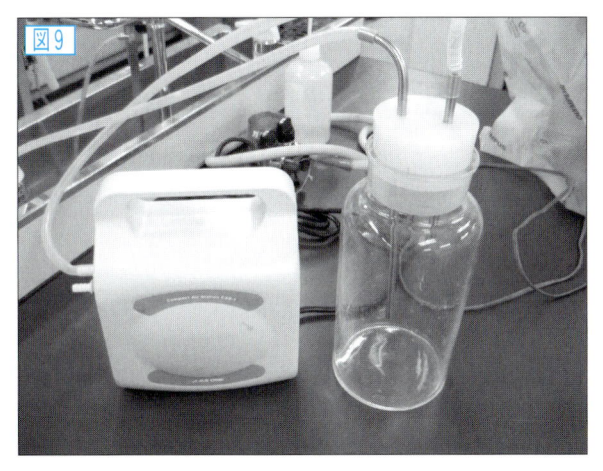

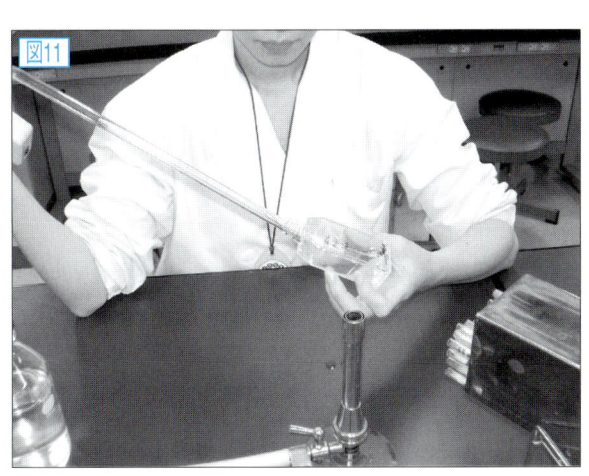

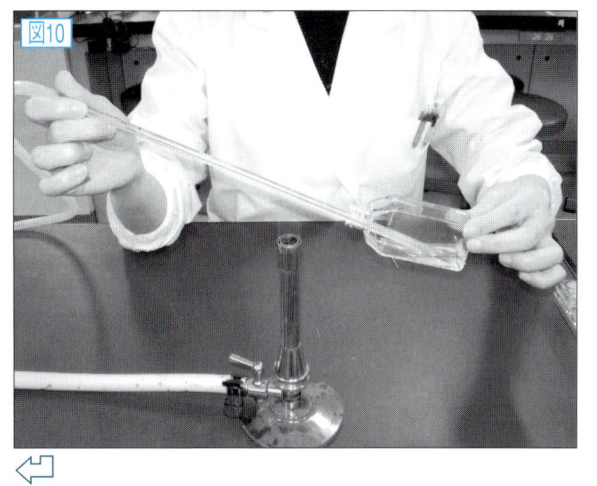

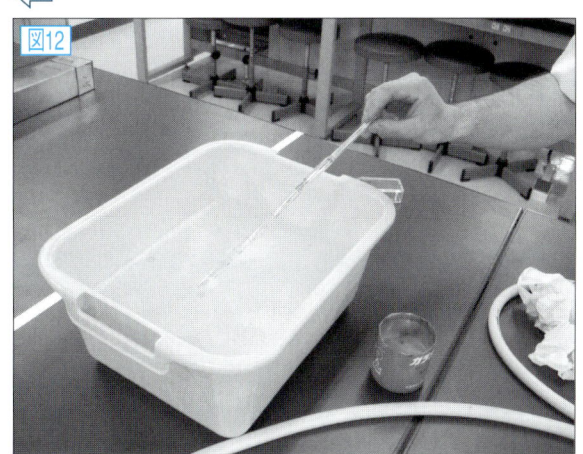

第15章　培養細胞の継代とウイルス接種

⑭　1 mLのトリプシンを加える。細胞面に広げ，37℃インキュベーターに静置する。

⑮　細胞が剥離したら（図13），先細ピペットで5 mLの新しい培地をフラスコ内に加える。十分にピペッティングして細胞をよくほぐす。

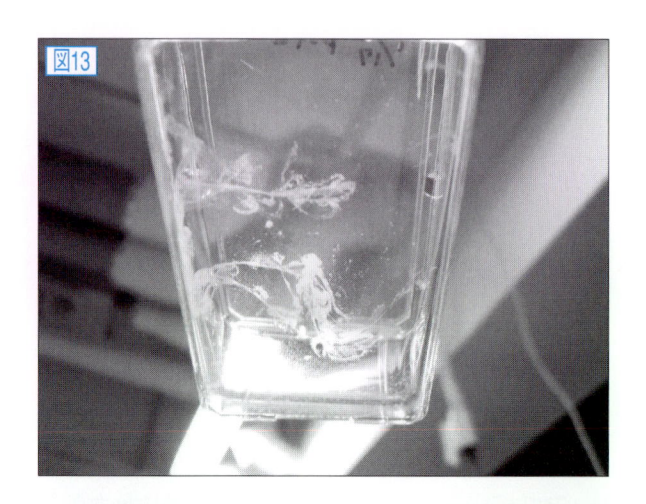

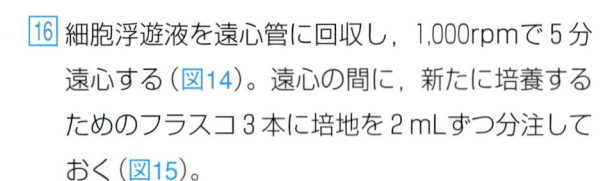

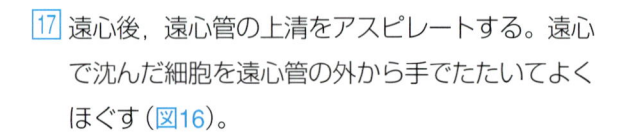

図13

⑯　細胞浮遊液を遠心管に回収し，1,000 rpmで5分遠心する（図14）。遠心の間に，新たに培養するためのフラスコ3本に培地を2 mLずつ分注しておく（図15）。

図14

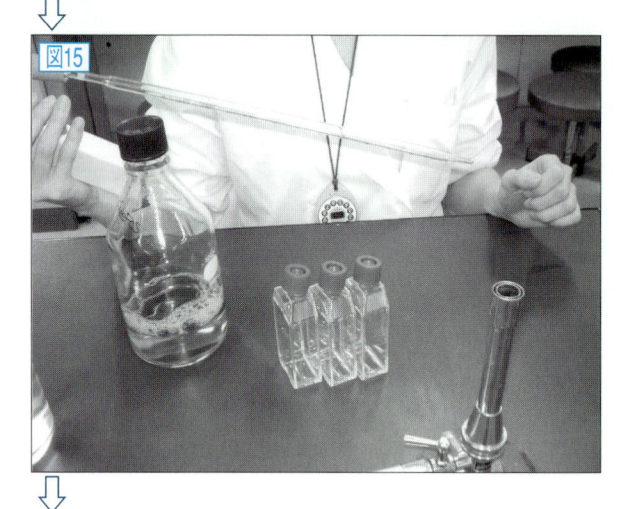

⑰　遠心後，遠心管の上清をアスピレートする。遠心で沈んだ細胞を遠心管の外から手でたたいてよくほぐす（図16）。

図15

⑱　9 mLの培地を加え，細胞と混和する。フラスコに細胞浮遊液を3 mLずつ分注し，蓋をしっかり閉める（これで各フラスコ培地が合計5 mLとなる）。

⑲　顕微鏡で細胞を観察する。その後蓋をゆるめ，静かにCO_2インキュベーター内に静置する。静置する前にフラスコを前後左右に傾け，細胞を均等にフラスコ表面に広げる。

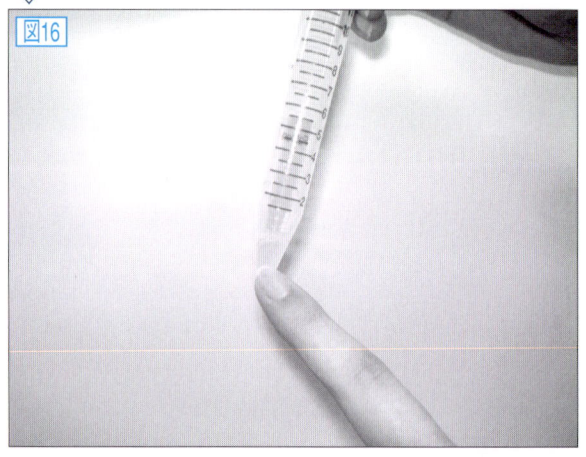

図16

⑳　細胞の様子を毎日観察し，スケッチする。その際，培養液の色の変化や雑菌の増殖の有無も確認する。
　　雑菌の増殖（コンタミネーション）を確認したら，速やかに細胞を処分する。

［5］ウイルス接種用の細胞の準備

ウイルスを細胞に接種する場合には，目的に応じたプレートを使用する。今回は24穴プレートにウイルスを接種する。

21. 培養したフラスコ内の細胞を顕微鏡で観察し，シート状になっていることを確認する。

22. 先述のとおり，SK-L細胞をトリプシンで消化する。細胞は遠心管に回収し，1,000rpmで5分遠心する。

23. 遠心が終了したら，遠心管の上清をアスピレートし，ペレットの細胞を手でよくほぐす。13mLの新しい培地を加え，細胞と混和する。

24. 24穴プレートを準備し，各穴に0.5mLずつ細胞浮遊液を分注する（図17）。静置する前に24穴プレートを前後左右に傾け，細胞を均等にプレート表面に広げる。

25. CO_2インキュベーター内に静置し，数日シート状になるまで培養する。

［6］ウイルスの接種

細胞に希釈したウイルス液を接種する。接種されたウイルスは細胞に吸着後，侵入する。細胞内で増殖を繰り返したウイルスは細胞外へ放出され，新たな細胞に再び感染する。今回はSK-L細胞へオーエスキー病ウイルス（Aujeszky's disease virus）を接種する。

26. ウイルス液を希釈するために，滅菌した試験管へ培地を9mLずつ分注する（図18）。

27. 希釈前のウイルス原液1mLをピペットで加える。ミキサーでよく混和する（図18）。

28. 新しいピペットで10倍希釈されたウイルス液1mLを次の試験管へ加え，培地とよく混和する（図18）。

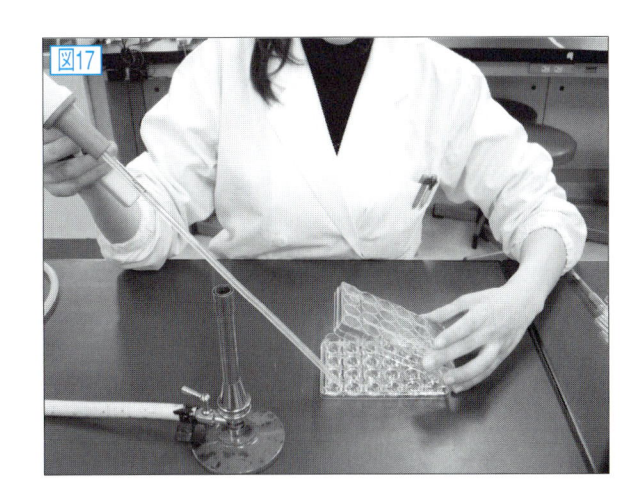

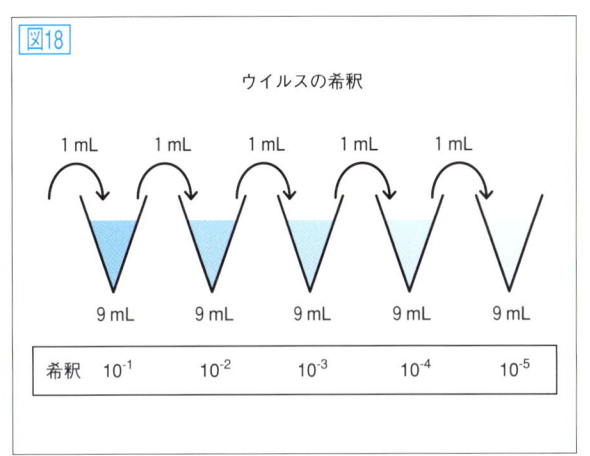

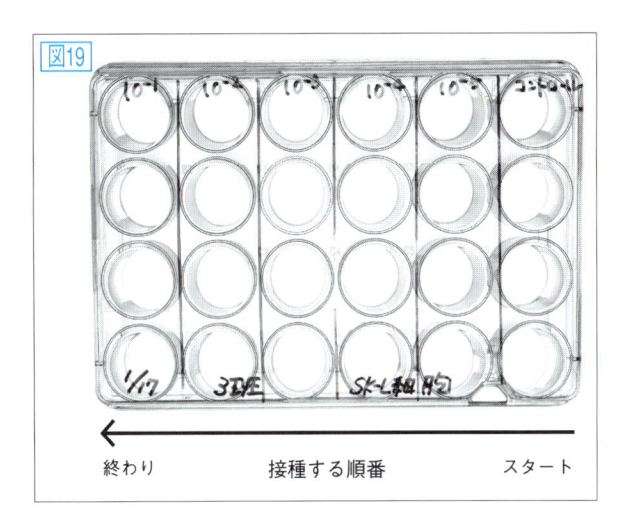

29. 27の操作をさらに3回繰り返す。なお，ピペットは毎回新しいものを使用する（図18）。

30. ウイルス接種前に，24穴プレートの各穴がシート状になっていることを確認する。

31. 24穴プレートの上蓋に，どの列にどの希釈のウイルスを接種するか，班名，ウイルス接種日などを油性ペンで記入する（図19）。

第15章　培養細胞の継代とウイルス接種

32 プレートの各穴から培地をアスピレーターで除去する（図20）。

33 各希釈のウイルス液を4穴ずつ，各穴へ0.2mLずつ接種する。ウイルス液を希釈倍数の高い方から低い方へ順に接種した場合，ピペットを換えずに接種しても構わない（図19）。

34 陰性コントロールには培地を0.2mLずつ加える。

35 ウイルスを培養細胞へ吸着させるため，CO_2インキュベーターで1時間静置する。

36 接種したウイルス液をアスピレーターで除く。この作業も，陰性コントロールから始め，ウイルスの希釈倍数の高い方から低い方へ向けてピペットを換えずに作業する（図20）。

37 各穴に新しい培養液0.5mLを加える。この際もウイルスの希釈倍数の高い方から低い方へ向けて作業する。なお，ピペットの先が24穴プレートの各穴に触れた場合，ピペットの先にウイルスが付着している可能性があるので，ピペットは毎回新しいものに交換する。

38 顕微鏡で細胞を観察後，静かにCO_2インキュベーター内に静置する。

39 毎日，細胞を観察し，細胞変性効果（CPE）を観察する（図21）。

図20

図21　倍率：100倍

― ポイント・メモ〈実験のコツ〉 ―
［1］ウイルスを希釈するときは，希釈のたびにピペットを交換しよう。
［2］ウイルスを接種するときは，ウイルス濃度の低い方から1本のピペットで接種可能である。
［3］作業が遅いとプレート表面の細胞が乾燥し死滅してしまうので，作業に慣れるまではプレートの半分程度のみアスピレートし，作業をまず完了させよう。その後，残り半分の作業を行う方がよい。

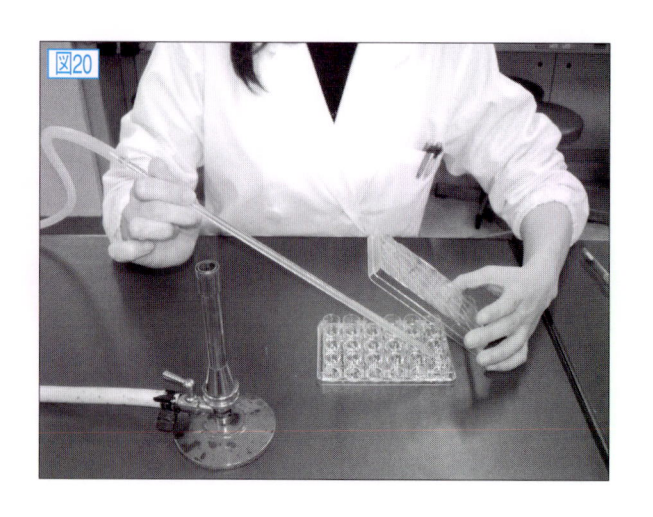

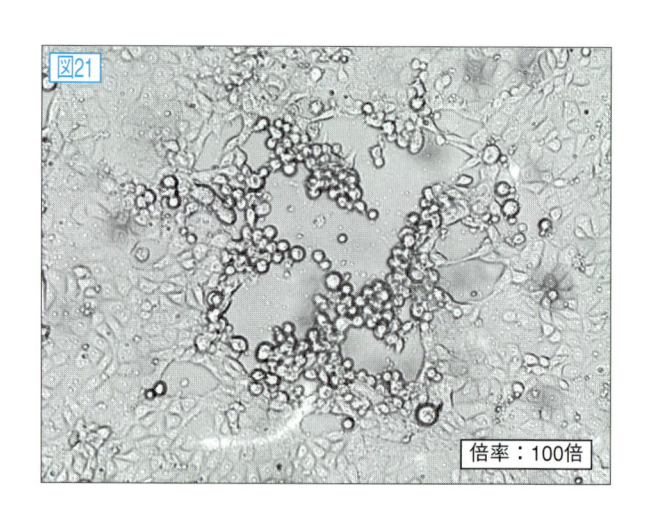

― ［実験メモ］ ―
●段階希釈系列を作るときのピペッティング回数
　2倍あるいは10倍段階希釈系列を作製する場合には，試験管内の液体を何回かピペッティングにより均一にさせてから，その一部を新しいピペットで次の試験管へ移す。このとき，ピペッティングの回数は次のように決めておくと，常に一定の希釈系列が作製できる。N倍段階希釈系列を作るときは2N回のピペッティングを行う。例えば，2倍段階希釈のときは4回，10倍希釈系列のときは20回とする。また，ミキサー（ブレンダー）を併用する場合も攪拌させる秒数を決めておくのがよい。

実験の結果

[1] 無菌操作を習得し，細胞を継代できた。
[2] 継代した細胞が元気に増殖し，シート状になるまで増えた。
[3] ウイルスを接種する技術を習得した。
[4] ウイルスを接種した細胞においてCPEを観察できた。

（迫田　義博）

第16章 鶏卵接種

本実験の目的

鶏胚に感受性のあるウイルスを増殖させるための手法である，鶏卵接種法の技術を修得する。

使用材料・機器

[1] 実験素材
- 発育鶏卵
- ウイルス材料

[2] 卓上機器
- 検卵器
- 卵台
- ゴム栓をつけた千枚通し
- やすり
- 注射筒

- 注射針
- 歯科用ピンセット

[3] 大型機器
- 孵卵器

[4] 消耗材
- セロテープ，セメダインあるいはマニキュアのいずれか1種
- アルコール（70%＜w/w＞エタノール）綿

実験時，特に注意すべき事項

[1] 尿膜腔内接種法では，接種時，針を深く入れて卵黄嚢に接種しないよう，注意する。
[2] 尿膜腔内接種法では，漿尿液採取時，卵黄嚢を傷つけて卵黄を採取しないよう注意する。
[3] 漿尿膜接種法では，卵殻を削る時，卵殻膜を傷つけないよう注意する。

実験概要

ウイルスやリケッチア，クラミジアは増殖に生細胞を必要とする。現在は培養細胞を用いて分離，増殖させることが多いが，鶏胚で増殖可能なウイルスの場合，手軽でウイルス収量が多いことから，発育鶏卵を用いたウイルス増殖法は今でもひろく用いられている。特に，インフルエンザやニューカッスル病のワクチン製造には欠くことができない。

接種法には様々なものがあるが，代表的な方法として，尿膜腔内接種法，卵黄嚢内接種法，漿尿膜接種法などがある。尿膜腔内接種法で増殖可能なウイルスとしては，ニューカッスル病ウイルス，インフルエンザウイルス，伝染性気管支炎ウイルスなどが，卵黄嚢内接種法で増殖可能な病原体としては，マレック病ウイルス，鶏脳脊髄炎ウイルス，Q熱コクシエラ，クラミジアなどがあげられる。また，漿尿膜接種法では，伝染性喉頭気管炎ウイルス，禽痘ウイルス，伝染性ファブリキウス嚢病ウイルスなどが増殖する。

実験の手順

発育鶏卵は光を当てて検卵する。胚が生きていれば、血管が明瞭に見える。しばらく観察を続ければ、胚の動きも確認できる（図1，図3）。

図1　［発育鶏卵の構造］
気室／卵殻膜／漿尿膜／尿膜腔／卵黄嚢／羊膜
10日齢胚

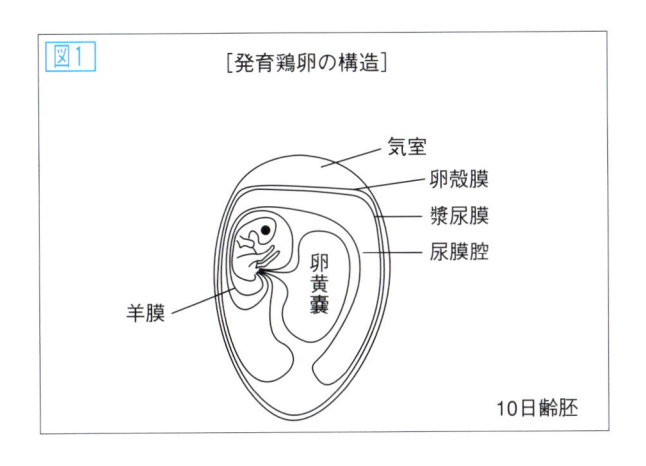

図2　［尿膜腔内接種法］
漿尿膜／卵黄嚢

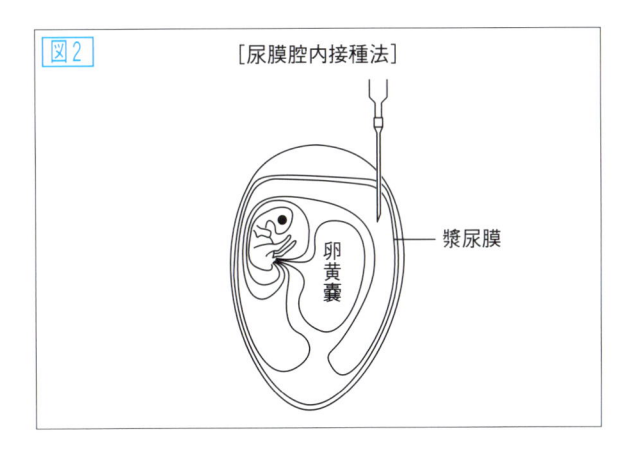

[1] 尿膜腔内接種法（図2）

1. 7～12日齢の卵を用いることができるが，10～11日齢の卵が扱いやすい。

2. 検卵して，気室の周縁に線をひく。周縁より気室側2～3mmで大きな血管のないところを接種部位として印をつける（図3，図4）。

3. 印の周辺をアルコール綿で消毒し，孔を開ける。千枚通しはゴム栓の近くを持つと，孔を開けやすい（図5）。

図3 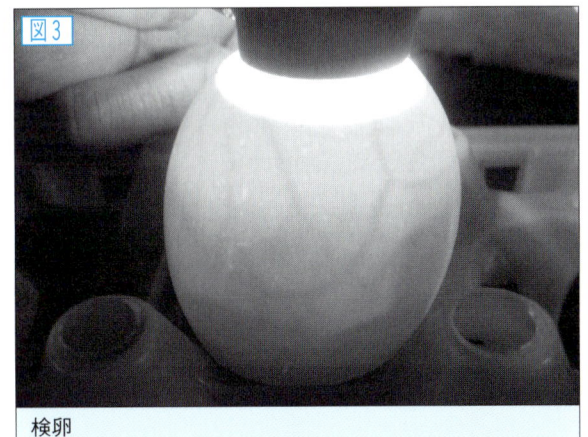
検卵
光を当てると，発育鶏卵の内部が透けて見える。胚が生きていれば，血管が明瞭に見えるが，死亡していれば見えない。しばらく観察を続けると，胚の動きが確認できる

図4 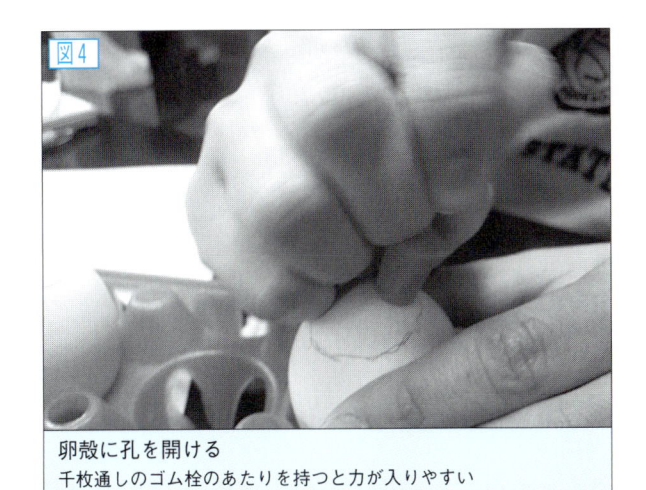
卵殻に孔を開ける
千枚通しのゴム栓のあたりを持つと力が入りやすい

図5 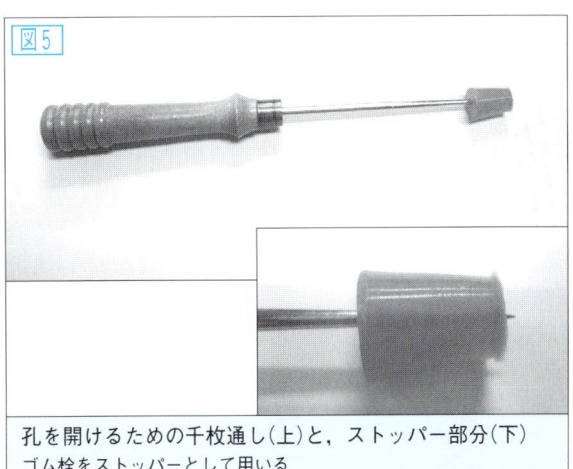
孔を開けるための千枚通し（上）と，ストッパー部分（下）
ゴム栓をストッパーとして用いる

第16章　鶏卵接種

4. 孔から注射針で接種材料を接種する。21G×1 1/2"の針をつけて静かに注射筒内筒を引くと，漿尿液が上がってきて，尿膜腔に針が入ったことを確認できる。細い針では膜に吸い付いてしまい，難しい。接種量は0.1〜0.5mLが適当である（図6）。

5. ①セロテープ，セメダイン，マニキュアなどで孔を封じ，孵卵器で3日間培養する。転卵は行わない。
   ②毎日，胚の生死を確認する。接種の翌日に死亡した場合は，接種ミスによる可能性が高い。

図6
接種
内筒を引いて，透明な液が入ってくれば，針が尿膜腔内に入っている

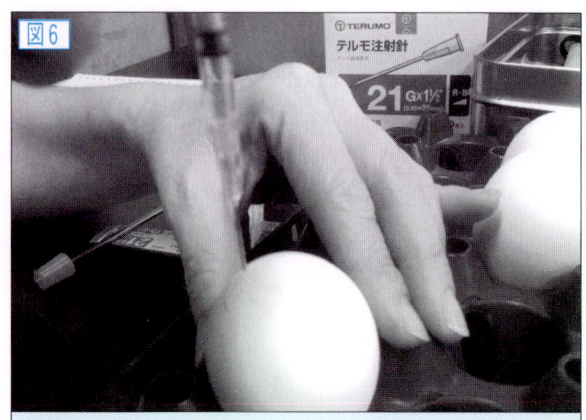

6. 培養後，4℃に移し，数時間から1夜置く。これにより，血管が収縮して採液の際の出血を防ぐことができる。

7. ①気室に沿って，卵殻をピンセット（歯科用ピンセットが使いやすい），あるいは，ハサミで取り去る。
   ②卵殻膜をピンセットではがし，尿膜腔内の液を採取する。採取には18G×1 1/2"の注射針をつけた注射筒，駒込ピペット，パスツールピペットなどを用いる。10mL程度は採取できる。卵黄嚢を傷つけて卵黄を採取しないよう注意する（図7〜図9）。

8. 採取した漿尿液は2,000rpm，10分間遠心して，細胞成分を除く。

図7 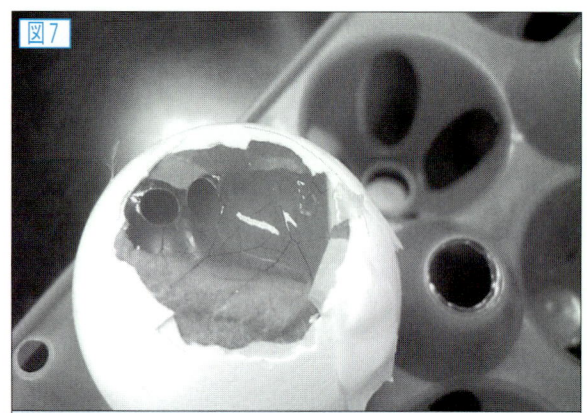
採液1
気室部分の卵殻を取り去った状態。漿尿膜がところどころ破れている

図8 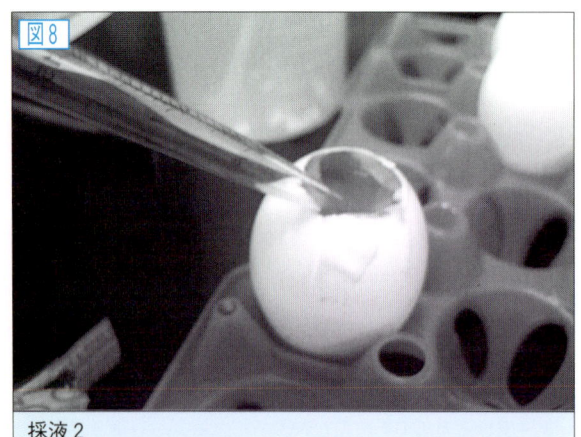
採液2
駒込ピペットを用いた採液

図9 
採液3
注射筒と注射針を用いた採液

第16章 鶏卵接種

9 インフルエンザウイルス，ニューカッスル病ウイルスなど，鶏赤血球凝集性を示すウイルスで増殖の有無を迅速に調べるには，10％赤血球を用いたスライド凝集反応が便利である（図10）。

10 漿尿液は−80℃に凍結して保存する。

図10 スライド赤血球凝集反応
左からニューカッスル病ウイルス接種卵の漿尿液，未接種卵の漿尿液，ニューカッスル病ウイルスに対する抗血清と混合したもの　カラーP参照

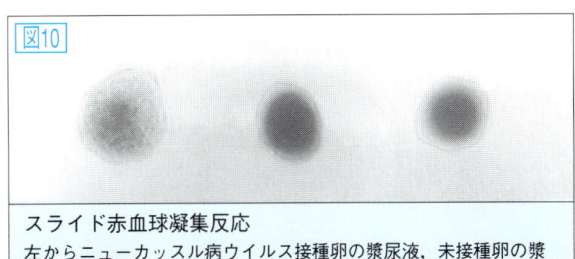

［2］漿尿膜接種法（図11）

1 10〜13日齢卵を用いる。

2 検卵して，気室と，卵の長径の中央あたり，血管の少ないところを接種部位として，印をつける。

3 気室の表面を消毒し，中心に千枚通しで排気用の孔を開ける。

図11 ［漿尿膜接種法］
人工気室／スリット／漿尿膜／卵殻膜／卵黄嚢／空気を吸い出す

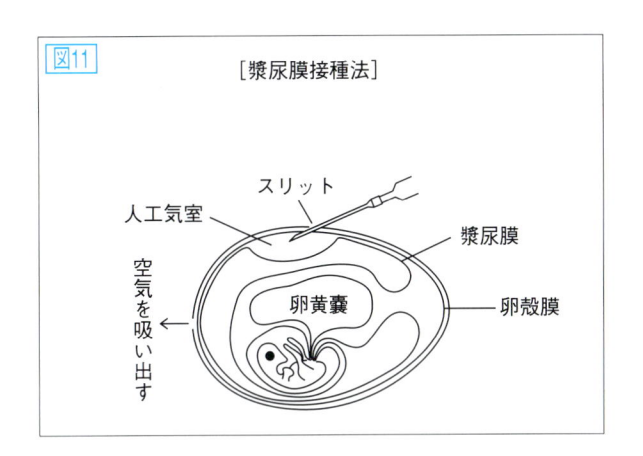

4 ①接種部位を上にして，卵を水平に卵立てに置く。
②接種部位を消毒し，やすりで，2〜3mm，卵殻だけを削る。このとき卵殻膜を傷つけない（図12）。

5 ①滅菌生理食塩水を1滴，スリットにのせる。このとき，卵殻膜が破れていると，食塩水は中に入ってしまう。
②食塩水をのせた状態で，注射針をスリットから卵殻の内側に平行に入れて卵殻膜をひっかき，小さな孔を開ける。孔が開くと，食塩水が中に吸い込まれる。

図12 卵殻を削る
2〜3mmの長さに，卵殻膜を傷つけないように注意して削る

6 ①気室に開けた穴にピペット用のゴムキャップを当てて，静かに空気を吸い出す（図13）。漿尿膜が卵殻膜から離れて，接種部位に人工気室ができる。
②検卵器で人工気室ができたことを確認する。

7 接種材料（0.05〜0.2mL）をスリットから接種する。注射針は25G×1″が使いやすい。漿尿膜を破らないように注意する。

図13 人工気室の作製
ピペット用ゴムキャップで気室側に開けた孔から空気を吸い出す。検卵器で人工気室ができたことを確認する

第16章　鶏卵接種

8 スリットをセメダイン，マニキュアなどでふさぐ。元の気室側の孔も同様にふさぐ。

9 ①卵を転卵せずに，3〜7日培養する（ウイルスによって異なる）。
②毎日，胚が生きていることを確認する。

10 ①培養後，人工気室部分の卵殻を取り除く。
②漿尿膜に孔を開けて漿尿液を流して捨てる。ピペットなどで吸い取ってもよい。
③漿尿膜をピンセットでつまみながら卵殻からはがし，ハサミで切り取り，シャーレの中で滅菌PBSを用いて洗浄する。形態を確認するには，10％ホルマリンを加えた生理食塩水で固定すると見やすい。
④ウイルスの接種材料とするには，漿尿膜を培養液などで乳剤にする。保存には，漿尿膜を−80℃で凍結保存する。

[3] 卵黄嚢内接種法（図14）

1 5〜7日齢の卵を用いる。検卵して，気室と胚の位置に印をつける。

2 気室を上にして卵を卵立てに固定し，アルコール綿で上端の周囲を消毒する。

3 ①気室の真上の中心に千枚通しで孔を開ける。
②25G×1″の注射針を孔から注射針の根元まで差込み，軽く内筒を引いて，卵黄が上がってくるのを確認する。接種材料は0.5mLを最大量とするが，0.2mL程度が最も安全である。

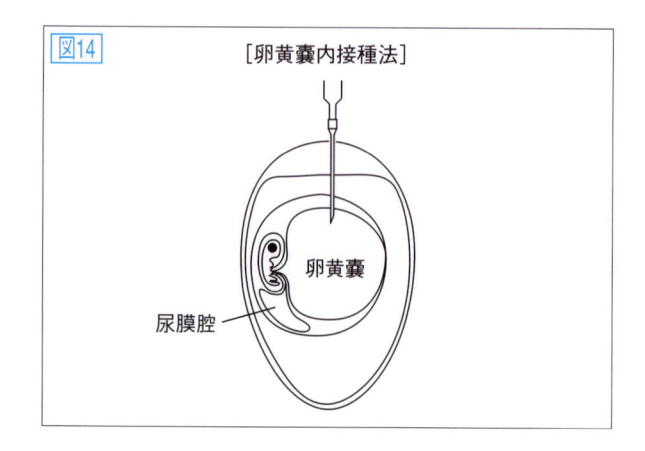

図14　[卵黄嚢内接種法]
卵黄嚢
尿膜腔

4 ①接種後は孔をセメダイン，マニキュアなどで閉じる。
②転卵しながら，7〜10日，培養する。

5 ①気室部分の卵殻を取り去る。漿尿膜を破って漿尿液を捨てる。
②残りの内容物をシャーレに静かに出す。
③卵黄嚢を胚から切り離し，小さく破って卵黄を出す。PBSで軽く洗浄し，塗抹標本を作る。

6 ギムザ染色などでウイルス封入体やクラミジア，コクシエラを確認するか，免疫染色を行って増殖を確認する。

実験メモ

これらの方法のほかに，羊膜腔内接種法，胚の脳内接種法，静脈内接種法などがあるが，詳細は参考文献を参照されたい。

（田島　朋子）

第17章 細胞変性効果の観察

本実験の目的

［1］ウイルス種による分離方法の違いを習得する。
［2］ウイルス種による細胞変性効果の違いを習得する。
［3］倒立顕微鏡の使用方法を習得する。

使用材料・機器

［1］実験素材
　・検査材料

［2］卓上機器
　・倒立顕微鏡（位相差顕微鏡が望ましい）・遠心機・オートピペッター・ボルテックスミキサー・アスピレーター・各種ホモジナイザー（回転刃，ビーズや乳鉢等を用いてサンプルを調節する。サンプルの種類・処理量によって適切なものを用いる）

［3］大型機器
　・安全キャビネット（バイオハザードを目的に，安全キャビネットを使うことが望ましい）・オートクレーブ・CO_2インキュベーター

［4］消耗材
　・検出を目的とする微生物に感受性のある細胞（株化細胞または初代培養細胞）・細胞を培養する培地・滅菌ピペット・細胞培養用シャーレ・細胞培養用フラスコ・遠心管

実験概要

　細胞変性効果（cytopathic effect：CPE）は，ウイルスまたは細菌に感染した細胞に認められる形態変化である。ウイルスは，光学顕微鏡では直接観察することができない。しかし，CPEを引き起こすウイルスや細菌では，その増殖をCPEとして光学顕微鏡で容易に観察することができる。CPEには細胞の円形化，萎縮，集合，膨化，崩壊，多核巨細胞の形成などがある。CPEは，ウイルス種および感染した細胞の種類によって特徴的であることが多いので，ウイルス種の推定に利用できる。

実験の手順

［A］検体がスワブの場合：猫カリシウイルス（FCV）の分離

［1］実験素材，機器の準備（図1）

（1）野外材料（スワブ）
（2）フィルター（必要に応じて）
（3）遠心機

［2］実験進行手順

1　滅菌綿棒を猫鼻腔に挿入する（図2）。挿入した綿棒を回転させ，野外材料のスワブとする。このスワブを500unit/mLのペニシリンおよび1mg/mLのストレプトマイシンを含むMEMに投入し，よくしごいた後ボルテックスミキサーにかける。

細胞変性効果の観察　第17章

図1 採取道具
左上：サンプリング用スクリューチューブ，右上：ディスポフィルター，中央：市販滅菌綿棒，下：取り出した綿棒

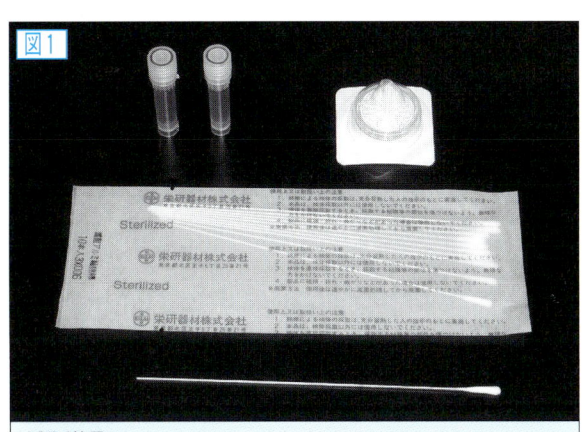

図2 猫からの採取
やさしく，鼻腔に綿棒を挿入しサンプリングする。

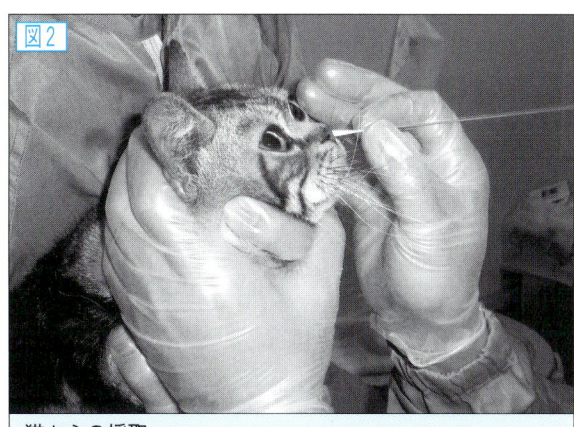

図3 遠心機
サンプルを遠心し，夾雑物を除く。熱に弱いウイルスの場合は冷却遠心器を利用する。

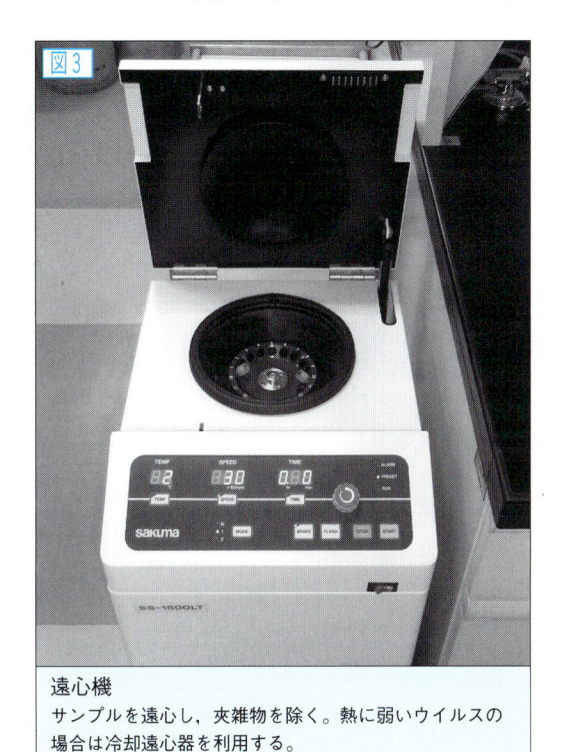

図4 ろ過滅菌
ディスポフィルターは，サンプルを注射器で吸引した後，加圧してろ過滅菌を行う。

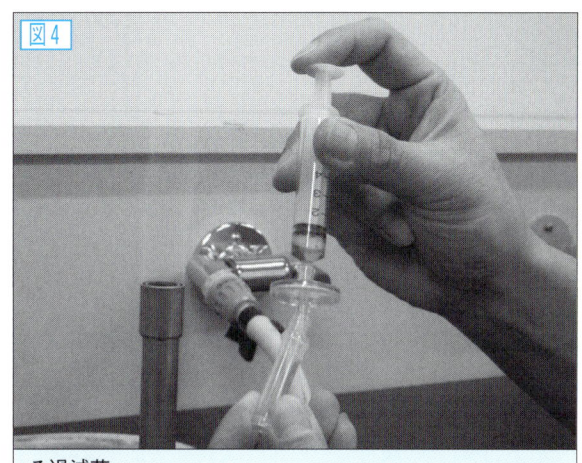

図5 接種
サンプルを細胞に接種する。培地を一度にすべて吸引すると，細胞が乾燥し死んでしまうので，接種数に応じて吸引・接種を行う。

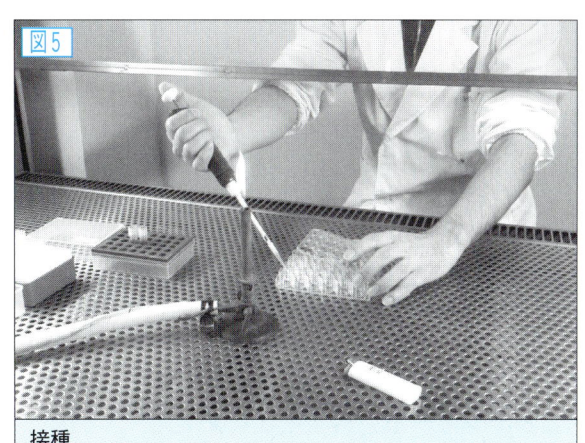

② 3,000～6,000rpm，10～30分間遠心を行う（図3）。必要に応じて，0.45または0.22nmのフィルターを用いてろ過滅菌を行う（図4）。

③ 24穴シャーレに準備したCrandell feline kidney（CRFK）細胞の培養上清を除き，②で準備した遠心後の上清を0.1mL接種する（図5）。残ったサンプルは，−80℃もしくは液体窒素に保存する。

④ 37℃で1時間放置し，ウイルスを細胞に吸着させる。細胞表面の乾燥を防ぐため，10～15分ごとにティルティングを行う。

⑤ 血清を含まないMEMを0.5mL加える。

第17章　細胞変性効果の観察

6　CO₂インキュベーター（5% CO_2, 37℃）にて培養を行う。

7　CPEの観察（図6）→培養上清の回収を行う。回収したサンプルは，−80℃もしくは液体窒素に保存する。

8　CPEを観察できない場合は，培養上清0.1mLを新規に用意したCRFK細胞に 3 ～ 6 と同様に接種する。3代継代を行ってCPEが観察できない場合は，陰性として扱う。

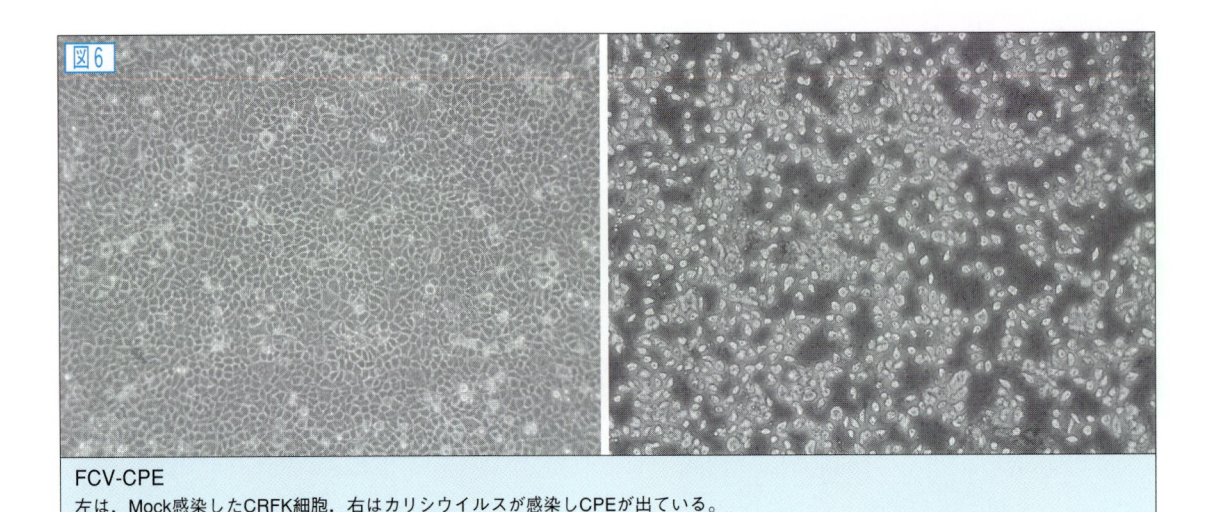

図6

FCV-CPE
左は，Mock感染したCRFK細胞，右はカリシウイルスが感染しCPEが出ている。

ポイント・メモ〈実験のコツ〉

[1] 野外材料は，細菌等に汚染されている可能性が予想されるため，通常の培養よりも多量の抗生剤を用い，細胞の細菌汚染を防ぐ。特に汚染がひどい場合は，10,000rpmで遠心を行う。あるいは，フィルターを用いてろ過滅菌を行うことで除去できるが，ウイルスの分離効率は落ちることがある。

[2] 採材した野外材料の処理はできるだけ迅速に行うことが望ましいが，無理な場合は，氷中等に一時保存しできるだけ早く処理する。それも難しい場合は，−80℃などの超低温槽に保存する。

[3] 野外材料は，感受性細胞に接種してもすぐには細胞に適応できず，CPEが観察できないことが多々ある。そのため，盲継代を行う。

[4] 血清にウイルス増殖阻害作用が認められない場合は，細胞の増殖様培地の1/5～1/10量の血清を加えた方が，細胞の維持に有効な場合がある。

[B] 検体が組織の場合：鶏アデノウイルス（FAV）の分離

[1] 実験素材，機器の準備
（1）野外材料（筋胃）
（2）遠心機

[2] 実験進行手順

1　病変のある筋胃（図7），500unit/mLのペニシリンおよび1mg/mLのストレプトマイシンを含むMEMおよび適当量の滅菌した海砂を乳鉢に投入し，乳棒を使って乳剤を作る（図8，図9）。

2　3,000～6,000rpm，10～30分間遠心を行う。必要に応じて，0.45または0.22nmのろ過フィルターを用いて滅菌を行う。

3　24穴シャーレに準備したCK（chicken kidney）細胞の培養上清を除き，2 で準備した遠心後の上清を0.1mL接種する。残ったサンプルは，−80℃もしくは液体窒素に保存する。

細胞変性効果の観察　第17章

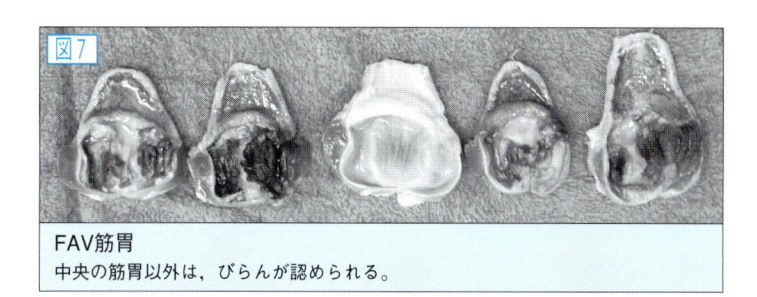

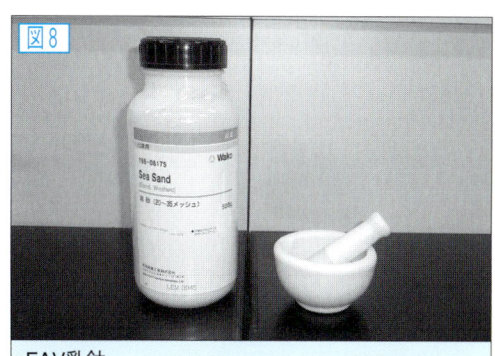

図7 FAV筋胃
中央の筋胃以外は，びらんが認められる。

図8 FAV乳鉢
左：海砂，右：乳鉢と乳棒

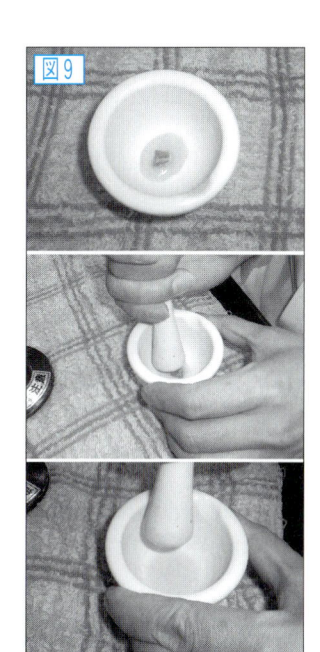

図9 乳剤作製
（上）：サンプル，海砂およびMEMを加えた。（中）：乳棒を使って十分にすりつぶす。（下）：肉片が認められなくなるまで行った。発熱が気になる場合は，氷を用意し，その上ですりつぶす。

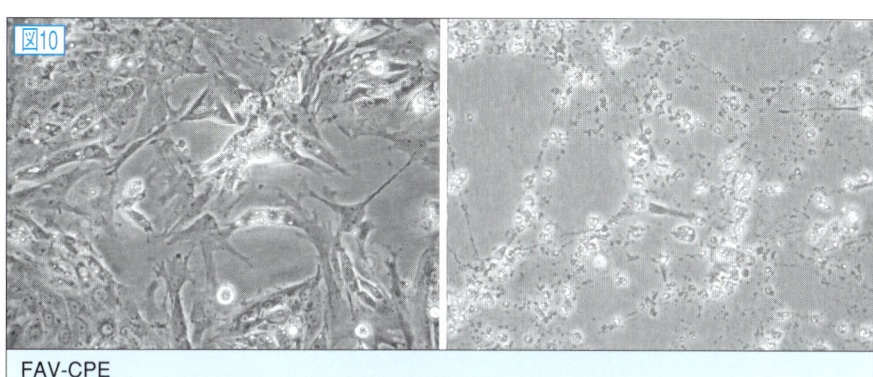

図10 FAV-CPE
左は，Mock感染したCK細胞，右はFAVが感染しCPEが出ている。

4 37℃で1時間放置し，ウイルスを細胞に吸着させる。細胞表面の乾燥を防ぐため，10～15分ごとにティルティングを行う。

5 血清を含まないMEMを0.5mL加える。

6 CO_2インキュベーター（5％CO_2，37℃）にて培養を行う。

7 CPEの観察（図10）→　回収を行う。回収したサンプルは，−80℃もしくは液体窒素に保存する。

8 CPEを観察できない場合は，培養上清0.1mLを新規に用意したCK細胞に 3 ～ 6 と同様に接種する。3代継代を行なってCPEが観察できない場合は，陰性として扱う。

―― ポイント・メモ〈実験のコツ〉 ――

[1] 柔らかい組織は，海砂を投入しなくても容易に乳剤化する。

[2] 多検体処理する必要がある場合は，安井機器製のマルチビーズショッカーがあると便利である。

第17章 細胞変性効果の観察

[C] 検体が組織の場合：潜伏感染しているオーエスキー病ウイルス（ADV）の分離

[1] 実験素材，機器の準備
（1）野外材料（三叉神経）
（2）滅菌ハサミ

[2] 実験進行手順

1. 感染の疑いのある豚の三叉神経を，滅菌ハサミで細切する。

2. 24穴シャーレに準備したVero細胞の培養上清を除き，血清を含まないMEMを0.5mL加える。1で準備した細切した三叉神経を適当量投入する。

3. CO_2インキュベーター（5% CO_2，37℃）にて培養を行う。

4. CPEの観察（図11，図12）→ 培養上清の回収を行う。回収したサンプルは，-80℃もしくは液体窒素に保存する。

5. CPEを観察できない場合は，培養上清0.1mLを新規に用意したVero細胞に接種し，3〜4と同様に行う。3代継代を行なってCPEが観察できない場合は，陰性として扱う。

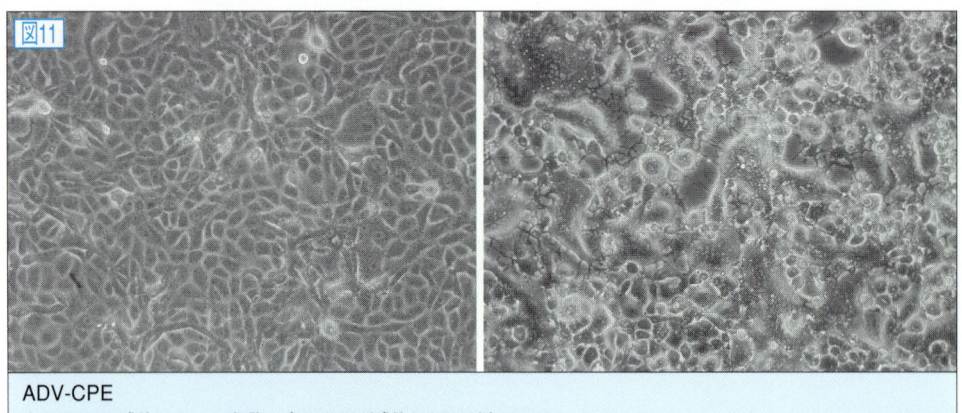

図11 ADV-CPE
左は，Mock感染したVero細胞，右はADVが感染しCPEが出ている。

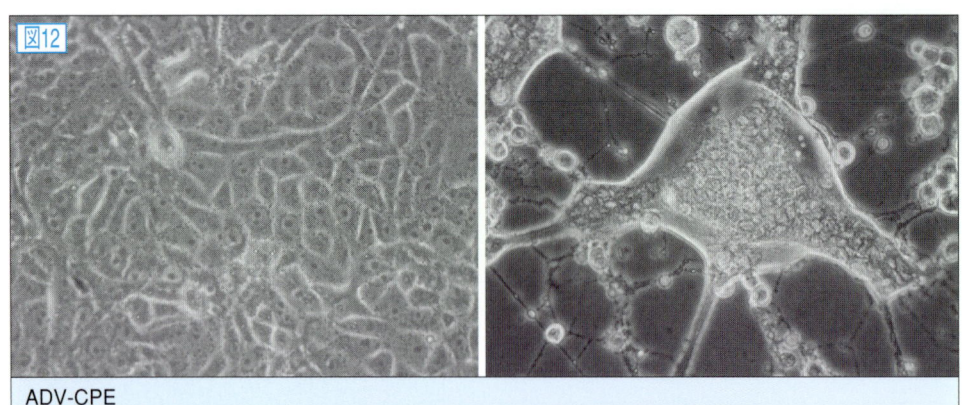

図12 ADV-CPE
写真-ADV-CPEを拡大したもの。右のADVが感染した細胞は，特徴的な多核巨細胞を形成している。

ポイント・メモ〈実験のコツ〉

[1] オーエスキー病ウイルスが潜伏感染した三叉神経節には，感染性のウイルス粒子が存在しない。したがって，乳剤化するとウイルス回収はできない。そこで，細切した三叉神経と感受性細胞を共培養して，三叉神経で潜伏しているウイルス（DNA）を感染性のウイルス粒子にする過程が必要である。

[2] 臨床症状を示している豚からのオーエスキー病ウイルスの分離は，猫カリシウイルスの分離と同様に処理することができる。

第17章 細胞変性効果の観察

顕微鏡観察のポイント

ウイルス接種後の細胞は，ほぼ毎日観察することになる。ウイルスによっては感染によるCPEはわずかであることがある。したがって，細胞の観察眼が必要である。常にコントロールの細胞と比較し，わずかな違いを観察しなければいけない。

細胞はほぼ透明でコントラストが無いため，そのままでは観察は難しい。染色することで観察しやすくなるが，染色した細胞は損傷を受けるため，それ以降の経時的変化を観察することはできなくなる。そこで，細胞を生きたまま観察するには，顕微鏡の「絞り」を絞り，コントラストを上げる。もしくは位相差顕微鏡(図13)を使って観察する(図14)。

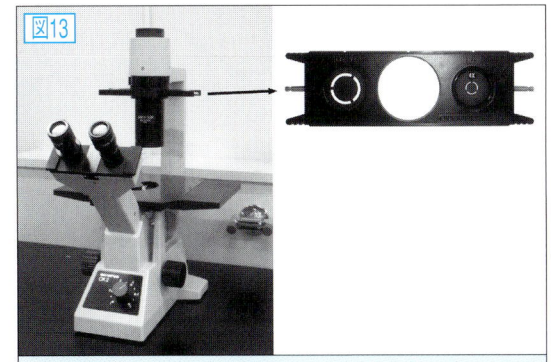

図13
顕微鏡
倒立顕微鏡。写真右にあるのは，位相差による観察に用いるドーナツ型のスリット。写真の左側のスリットは，対物レンズが×10および×20用で，右は対物レンズが×4用である。

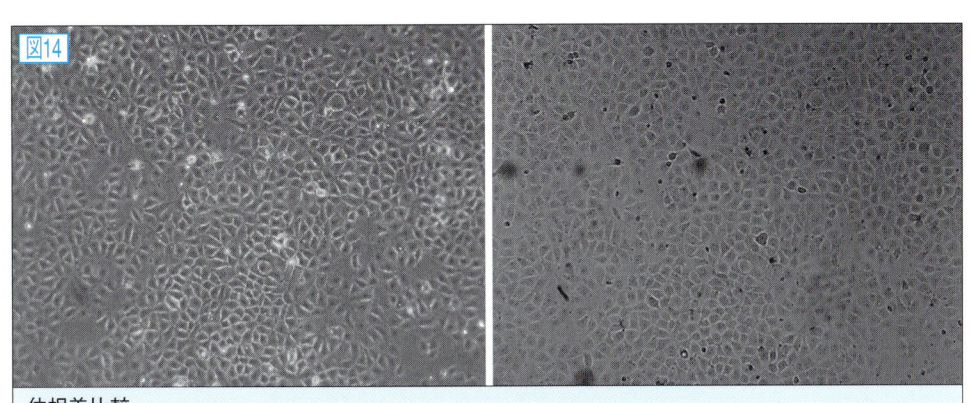

図14
位相差比較
左：位相差による観察像。右：明視野絞りコンデンサー調節による観察像。

位相差顕微鏡を用いて観察する場合は，通常の絞りを開放にした後，ドーナツ型のスリットを通して光を透過させる(図15)。ドーナツ型スリットの大きさは対応する対物レンズと共役な関係にあるため，観察に用いる対物レンズを交換する場合，ドーナツ型スリットを適切な大きさのものに変更する必要がある。最近の位相差顕微鏡は，軸合わせが必要のないものがあるが，通常は軸を合わせないと，その性能を得ることができない。

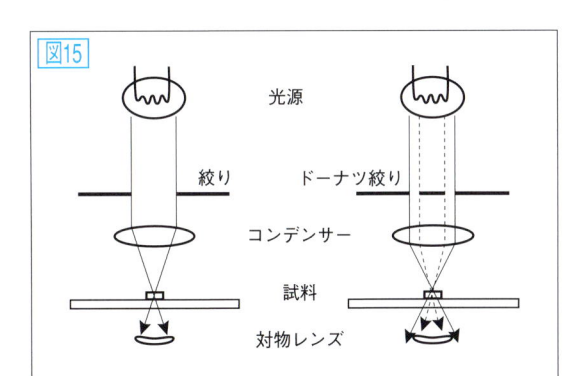

図15
位相差顕微鏡との違い
ドーナツ状のスリットは，通過する光の位相を変化させることができる。この原理で試料のコントラストを得ることができる。

（田原口　智士，原　元宣）

第18章 ウイルス感染価の測定

本 実 験 の 目 的

ウイルスの定量法のひとつである，感染力を保持したウイルスを定量する様々な方法を習得する。

実 験 概 要

多くのウイルスは，細胞に感染し増殖する過程において，その宿主細胞に対し，細胞変性効果（CPE），細胞表面抗原の変化，腫瘍化などの様々な変化をもたらす。この変化を指標とすることで，感染性をもったウイルス量，いわゆる感染価の定量ができる。

本章では，CPE，プラック形成，フォーカス形成，赤血球吸着反応，発育鶏卵を使ったポック形成を指標としたウイルス感染価の測定法について解説する。

実 験 の 手 順

［A］細胞変性効果によるウイルス感染価（$TCID_{50}$/mL）の測定

［A］の実験概要

ウイルス液を希釈し，各希釈液を単層培養細胞や発育鶏卵などに接種し，培養細胞におけるCPEを指標として測定する方法である。CPEは，ウイルスの種類により，細胞の崩壊・断片化，肥大・円形化し集塊を形成，細胞が融合し多核巨細胞になるなど様々であるが，これら変化が50％の割合で起こるウイルスをReed & Muench法により50％ tissue culture infectious dose（$TCID_{50}$）として求め，ウイルス感染価とする。

使用材料・機器

［1］実験素材
　・細胞

［2］卓上機器
　・オートピペッター

［3］大型機器
　・安全キャビネット・遠心機・CO_2インキュベーター

［4］消耗材
　・細胞培養用培地・維持培地*1・遠心管・96穴平底プレート（図1）
　・ホルマリン加クリスタルバイオレット染色液（メチルアルコール500mLにクリスタルバイオレット10gを溶解した液1容に対して，ホルマリン200mLと酢酸ナトリウム40gを精製水に溶解して2,000mLにした液9容を混ぜたもの）。

*1：維持培地には継代培養に用いた培地から血清濃度を1％程度に減じたものを用いる。

[1] 実験進行手順

1. 細胞が96穴平底マイクロプレートに単層形成していることを確かめる。

2. 試料を維持培地を用いて10倍階段希釈する。

3. マイクロプレートの全穴からアスピレーターなどで培地を吸引除去する。

4. ウイルス希釈液を25μLずつ各穴に接種する。なお陰性対照として12列目は維持培地のみを接種する。

5. 37℃のCO₂インキュベーター内で60分間静置しウイルスを吸着させる。ウイルス吸着効率を上げるため、15分間に1度マイクロプレートを揺り動かす(ティルティング)。

6. マイクロプレートの全穴からアスピレーターなどでウイルス液を吸引除去する。

7. 直ちに各穴に維持培地を100μL接種する。

8. CO₂インキュベーターにマイクロプレートを入れ培養する。

9. 判定時期にホルマリン加クリスタルバイオレット染色液を150μLずつ入れ、室温30分間固定・染色・流水洗する。CPE陰性の場合は、青色を呈し、少しでもCPEが認められると、無色の部分が認められる(図2)。

[2] TCID₅₀/mLの算出(Reed and Muenchの方法)(表1)

1. 各ウイルス希釈列のCPE陽性ウェル数を高い希釈倍数側から積算する(A)。

2. 各ウイルス希釈列のCPE陰性ウェル数を低い希釈倍数側から積算する(B)。

3. 各希釈についてA/(A+B)から%を求める(C)。

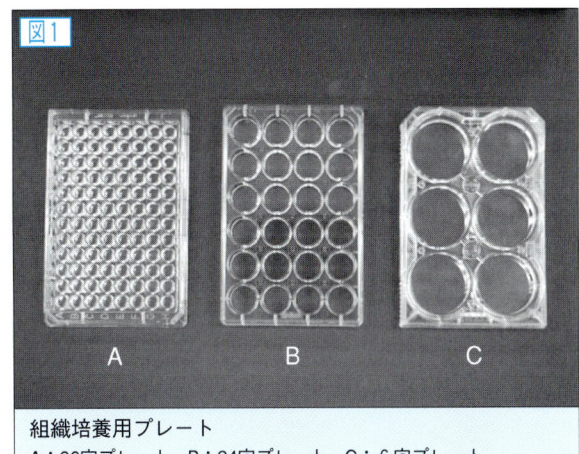

図1

組織培養用プレート
A：96穴プレート、B：24穴プレート、C：6穴プレート

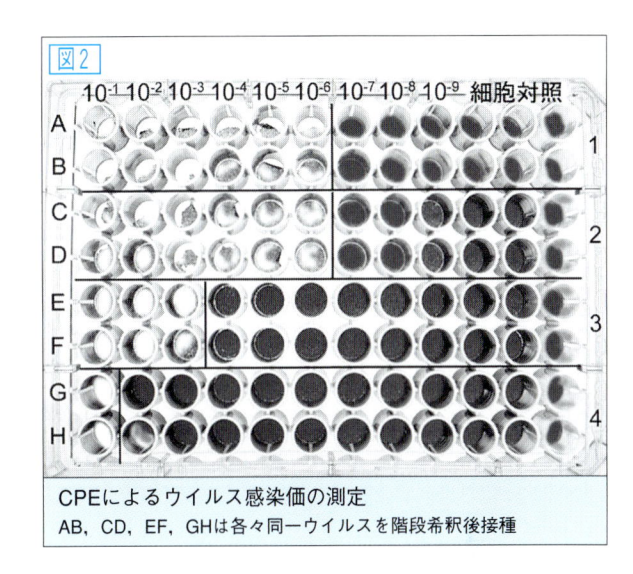

図2

CPEによるウイルス感染価の測定
AB, CD, EF, GHは各々同一ウイルスを階段希釈後接種

4. 50%のCPEを示すウイルス希釈は、DとEの間にあることになるので、次式より

(D−50%)/(D−E) = (57.1−50)/(57.1−12.5)
= 0.16

5. 次に50%以上を示したウイルス希釈倍数(D)の対数値は−7、Proportionate distanceは上式より0.16、希釈係数は−1なので、次式から

(−7) + (0.16×(−1)) = −7.16　　となり、$10^{7.16}$ TCID₅₀となる。

第18章 ウイルス感染価の測定

⑥ 接種ウイルス量が25μLならば，もとの使用したウイルス液1mL当たりの感染価は，

$$10^{7.16} TCID_{50} \times 1,000 / 25 = 4 \times 10^{8.16} TCID_{50}/mL\ (10TCID_{50}/mL)$$

表1 Reed&Muench法によるTCID₅₀の計算方法

ウイルス希釈倍数(10^n)	CPE 陽性ウェル数	CPE 陰性ウェル数	陽性ウェル数の積算(A)	陰性ウェル数の積算(B)	陽性の比率(C)
−9.0	0	10	0	24	0.0
−8.0	2	8	2	14	12.5(E)
−7.0	6	4	8	6	57.1(D)
−6.0	8	2	16	2	88.9
−5.0	10	0	26	0	100.0

[B] プラック形成法によるウイルス感染価（PFU/mL）の測定

[B]の実験概要

CPEを示さないウイルスでは，単層培養細胞にウイルスを接種後，寒天培地を重層し培養することにより，ウイルスの拡散が妨げられ，ウイルスにより限局性に細胞の変性壊死が起こる。ニュートラルレッドなどの色素で染色すると生細胞は染まるが，壊死部分は白斑（プラック）となって観察される。ひとつのプラックは，ひとつの感染性ウイルス粒子から生じたものと考えられるので，この数を数えることによりウイルスの感染価PFU（plaque forming unit）として表すことができる。

なお，本法では，ヘルペスウイルスでのプラック法を例として述べる。

使用材料・機器

[1] 実験素材
　・細胞

[2] 卓上機器
　・オートピペッター

[3] 大型機器
　・安全キャビネット・遠心機・CO_2インキュベーター

[4] 消耗材
　・細胞培養用培地・維持培地・24穴平底プレート
　・遠心管・ピペット・ホルマリン加クリスタルバイオレット
　・1次寒天重層培地：
　　37℃に温めたA液（4倍濃度のMEM50mLに1.1% $NaHCO_3$ 20mL，FCS 4mL，滅菌超純水24mL，抗生物質を加えた液）と56℃に温めたB液（Agar Noble 2gを超純水100mLに溶解した液）を混ぜた培地。なおこれを使用直前まで45℃の恒温槽に保持する。
　・2次寒天重層培地：
　　上記のA液とB液を混合した液に1%ニュートラルレッド液を1%量加えた培地。

[1] 実験進行手順

① 細胞を24穴プレートに播き，単層形成するまで培養を行う。

② ウイルス希釈液を用いて試料を階段希釈する。

③ 24穴プレートの全穴からアスピレーターなどで培地を吸引除去する。

④ 各穴にウイルス希釈液を100μLずつ接種する。

⑤ CO_2インキュベーターに入れ，37℃，60分間静置してウイルスを吸着させる。ウイルス吸着効率を上げるため，15分間に1度，ティルティングを行う。

6 24穴プレートの全穴からウイルス液を吸引除去する。

7 各穴に1次寒天重層培地を1 mLずつ加え，室温で固まらせる。

8 CO_2インキュベーターに入れ，37℃で一定期間培養後，すべての穴に2次寒天重層培地を1 mLずつ加える。室温で固まらせた後，培養をさらに続ける。

9 生きている細胞は，赤く染まり，ウイルスに感染し壊死した細胞は染まらずプラックを形成する。このプラック数を数え，材料1 mL当たりのプラック形成単位（PFU/mL）を算出する（図3）。

図3 寒天重層法によるプラック

[2] PFU/mLの算出方法

20～100程度のプラックが認められる希釈倍数を選び，以下の式に当てはめ感染価（PFU/mL）を算出する。

PFU/mL＝プラック数×希釈倍数の逆数×ウイルス接種量の逆数

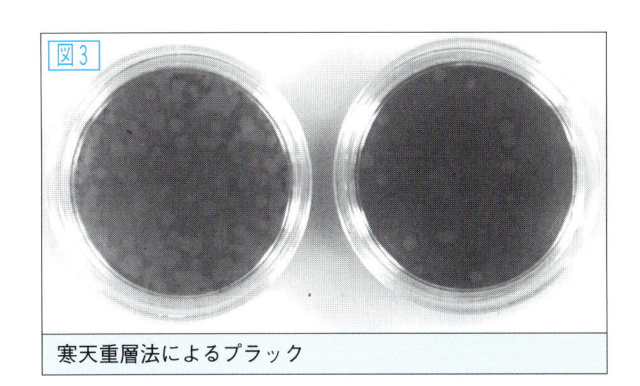

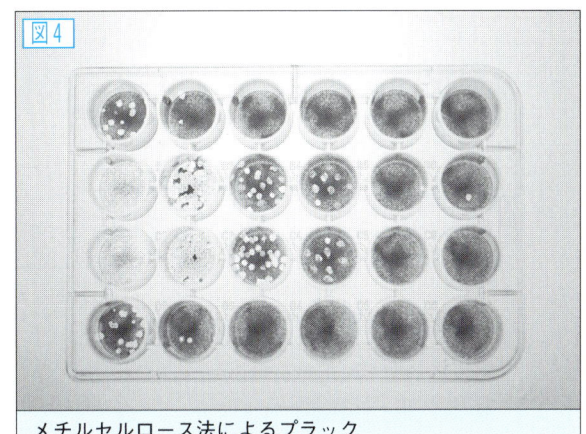

例えば，10^{-6}希釈したウイルスを0.1 mL接種したところで，60個のプラックが観察されたならば，$60×10^6×1/0.1＝6.0×10^8$ PFU/mLとなる。

図4 メチルセルロース法によるプラック

― ［実験メモ・1］ ――――

本法では，一般的な寒天重層法を述べたが，この他にも重層液素材として，カルボキシメチルセルロース，メチルセルロースやアガロースなども使われる。また，プラックの大きさなどは，対象となるウイルスや寒天の組成などによって変わるので最適なものを選択すること（図4）。

第18章 ウイルス感染価の測定

[C] フォーカス形成によるウイルス感染価（FFU/mL）の測定

[C] の実験概要

　腫瘍ウイルスに感染した細胞は，本来持っていた接触により成長が阻止される形質が変化し，無秩序に増殖を続け多層を形成するようになり，これをフォーカスという。このフォーカスを指標として数えることにより，ウイルス感染価FFU（focus forming unit）として表すことができる。

使用材料・機器

[1] 実験素材
  ・細胞

[2] 卓上機器
  ・オートピペッター

[3] 大型機器
  ・安全キャビネット・遠心機

・CO_2インキュベーター

[4] 消耗材
  ・細胞培養用培地・維持培地・24穴平底プレート
  ・遠心管・ピペット

---

[1] 実験進行手順

1. 10^5個の細胞をシャーレ（60mm）や6穴プレートなどに播き，単層になるまで培養する。

2. ウイルス液を階段希釈し，細胞に接種し，37℃，1時間ウイルスを吸着させる。

3. 吸着後，培養液を加え，培養する。

4. 培養後，フォーカス数を数え，プラックの算出法に準じ計算を行い，FFU/mLを求める（図5）。

[実験メモ・2]

[1] 細胞の接着阻止能は，長期継代などで容易に失われてしまうので，細胞は，若い継代数で小分けして凍結保存しておき，常に新しく起こした細胞を使うようにすること。

[2] ウイルスの感作は，浮遊細胞上で行うこともある。
　　ウイルスと細胞の組合せにもよるが，通常培養期間は1〜2週間かかる。そのため4〜5日毎にメディウムを交換する。

図5

フォーカス形成　A：正常細胞　B：フォーカス細胞

[D] 赤血球吸着反応によるウイルス感染価の測定

[D] の実験概要

 ある種のウイルスでは，感染細胞表面に赤血球凝集素（HA）を発現する。そこに赤血球を添加することにより細胞表面に赤血球が付着する赤血球吸着（Hemadsorption：HAD）現象を観察できる。この赤血球の吸着した細胞を数えることによりウイルス感染価とする。

使用材料・機器

[1] 実験素材
　・細胞

[2] 卓上機器
　・オートピペッター

[3] 大型機器
　・安全キャビネット・遠心機

・CO_2インキュベーター

[4] 消耗材
　・細胞培養用培地・維持培地24穴平底プレート
　・遠心管・ピペット

[1] 実験進行手順

1. 細胞をマイクロプレートに播き，単層培養になるまで培養する。

2. 階段希釈された試料を接種し，培養する。

3. 感染細胞の培養液を除去する。

4. Hanks Balanced Salt Solution (HBSS)を加え，細胞表面を2度洗浄する。

5. HBSSを除去後，1〜2％赤血球浮遊液を入れ，4℃で15分間静置する。

6. 赤血球浮遊液を除去する。

7. 未吸着の赤血球を除去するため，冷やしたHBSSを用いて3回緩やかに細胞表面を洗浄する。

8. 顕微鏡下で，赤血球が吸着した細胞の有無を指標とし，ウイルス感染価$TCID_{50}$を算出する（図6）。

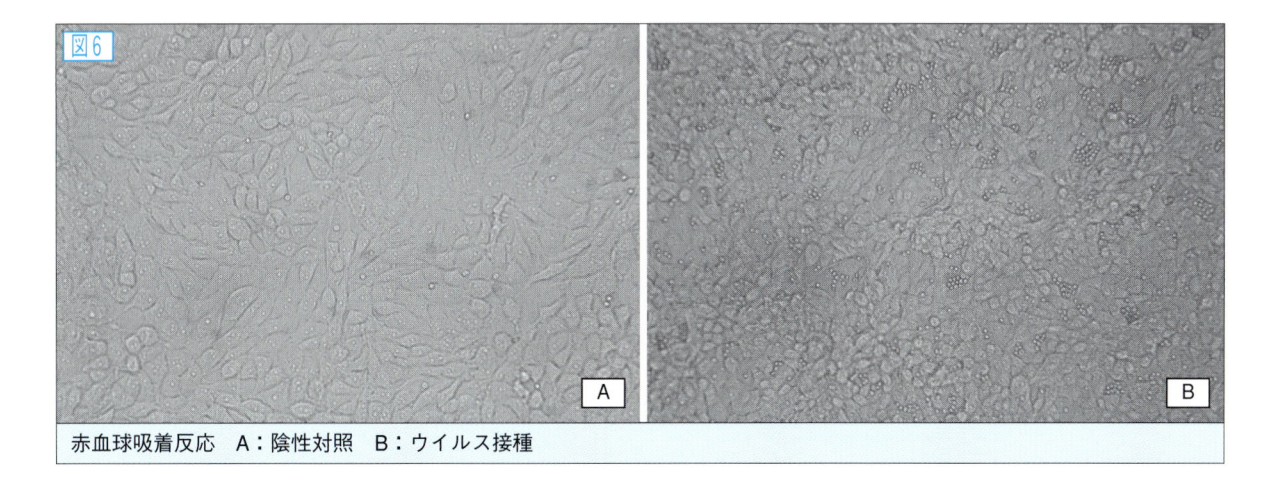

図6　赤血球吸着反応　A：陰性対照　B：ウイルス接種

[実験メモ・3]
　赤血球が吸着した細胞数を算定し，試料中の感染価を求めることもできる。

第18章　ウイルス感染価の測定

［E］発育鶏卵を用いたウイルス感染価の測定

［E］の実験概要

ポックスウイルスやヘルペスウイルスなどを発育鶏卵の漿尿膜に接種すると，漿尿膜上の上皮細胞へのウイルス感染による炎症反応像としてポックが形成される。このポックの数を指標とすることにより，ウイルスの感染価PFU（pock forming unit）として表すことができる。

使用材料・機器

［1］実験素材
・鶏卵

［2］卓上機器
・オートピペッター

［3］大型機器
・安全キャビネット・遠心機・インキュベーター

［4］消耗材
・注射器・ピンセット・はさみ・PBS⁻

［1］実験進行手順

1. 第16章「鶏卵接種」の方法に準じ，発育鶏卵に10倍階段希釈した試料0.1mLを漿尿膜上に接種する。

2. 接種卵を35〜37℃のインキュベーターに入れ，2日間培養する。

3. シャーレに卵を入れ，卵殻をアルコール綿で拭き，滅菌したハサミを使って卵殻を切り取る。

4. 漿尿膜をピンセットでつまみ，ハサミで切り取り，回収する。

5. 必要であれば，漿尿膜をPBS⁻で一度すすぎ，シャーレ中に広げ，ポックの数を数える。

6. プラックの算出法に準じ計算を行い，PFU/mLを求める（図7）

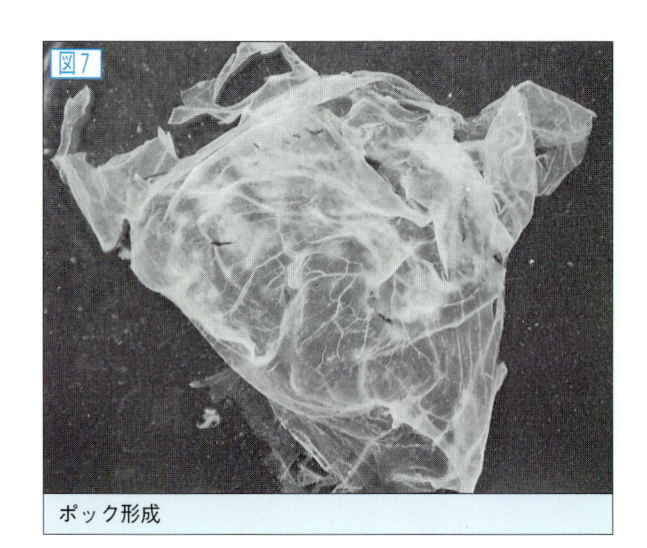

図7　ポック形成

［実験メモ・4］
ポック形成能から感染価を算定するほかに，ウイルスによる胚の生死を指標とすることにより，EID_{50}（50% egg-infective dose）を求めることもできる。

（田邊　太志）

第19章　封入体の染色と観察

> ### 本実験の目的
> ウイルス感染細胞に出現する封入体を染色する方法と観察法を学ぶ。

使用材料・機器

[1] 実験素材
- 感染後，目的の封入体を形成するウイルス
- 用いるウイルスに感受性の細胞

[2] 卓上機器
- 通常の光学顕微鏡（接眼10倍，対物10，20，40倍）

[3] 大型機器
- CO_2 インキュベーター

[4] 消耗材
- レイトン管（図1）（滅菌シャーレも可）・カバーグラス（24穴のプラスチックプレートと専用の丸型カバーグラスの組み合わせも使いやすい）・ダイヤモンドペン（図2）・ニクロム線または針・ピンセット・カバーグラスラック（図3）・広口ガラス容器（図4）（高さと口径が7～8 cm程度の標本ビン，ビーカーでも可）・純メタノールまたはエタノール・メイグリュンワルド（May-Grünwald）染色液・ギムザ液・蒸留水・アセトン・キシレン・封入材・スライドグラス

実験時，特に注意すべき事項

[1] 感染細胞を培養したカバースリップを取り出す際に落としたり，破損しやすい。
[2] カバースリップの染色の際に培養細胞が付着している面を間違えないこと。
[3] レイトン管から取り出したカバースリップは封入するまでの間，乾燥させない。

> ### 実験概要
> カバースリップ上に細胞を発育させ，封入体を形成するウイルスを接種する。適当な時間，培養した後，カバースリップを取り出して，染色を施し顕微鏡観察を行う。

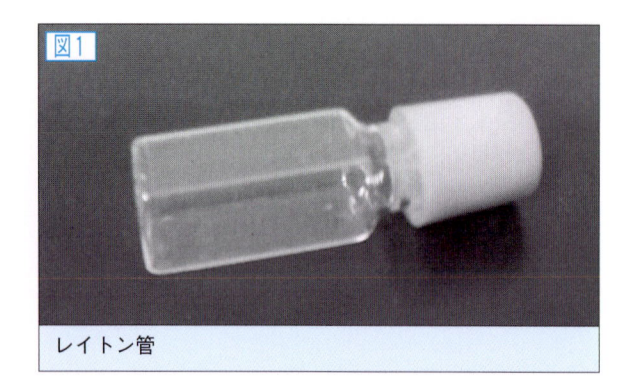

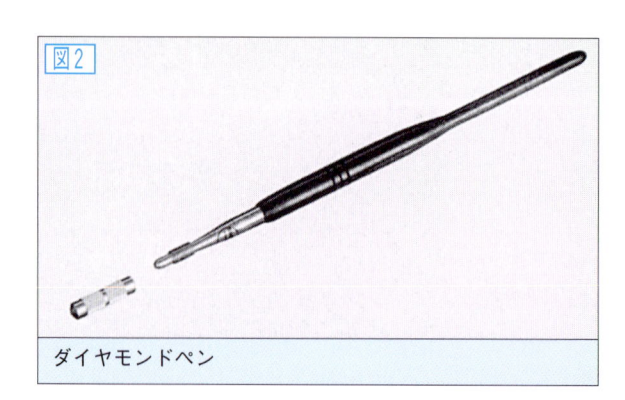

図1　レイトン管

図2　ダイヤモンドペン

実験の手順

[1] 滅菌カバーグラスの準備

1. ダイヤモンドペンを用いてカバーグラスを短冊状に切る。

2. レイトン管に収めて乾熱滅菌する（滅菌済みのプラスチックシャーレなどを用いる場合には，カバーグラスを乾熱滅菌し，クリーンベンチ内で無菌的にシャーレへ入れる）。
カバーグラスを取り扱う際にはピンセットを用い，皮脂を付着させないように気をつける。

[2] ウイルス感染細胞の準備

1. カバーグラス入りの滅菌レイトン管へ細胞浮遊液を分注し，培養する。
その際，カバーグラスが浮かないように配慮し，その後の取り扱いでカバーグラスのある面が分かりやすいようにマークをするとよい。

2. 適宜培養し，細胞が概ね単層を形成したらウイルスを接種する。
封入体は感染のステージによりその形態が異なる場合もあるので，ウイルスに応じて，細胞あたりのウイルス接種量や感染後の培養時間を工夫して変化をもたせるとよい。

実習の関係上，培養時間が限られる場合は，10倍階段希釈をしたウイルスを接種してサンプルを作成するのもよいであろう。非接種の対照も忘れずに準備する。

[3] 染色液などの準備

1. カバーグラスを載せたラックが収まるガラス容器（染色瓶）11個に以下のものを入れる。量はカバーグラスが確実に沈む程度。
   (1) 純メタノールまたはエタノール
   (2) メイグリュンワルド染色液（原液）
   (3) ギムザ液（蒸留水で15倍に希釈）
   (4) 蒸留水
   (5) アセトン（2個），
   (6) アセトン‐キシレン混合液（2：1）
   (7) 同（1：2）
   (8) キシレン
   (9) ラック洗浄用純メタノールまたはエタノール
   （使用済みの（1）を用いて適宜ローテーション）

―[ひと口・メモ]―
ギムザ液は当日に15倍希釈のものを調整する。
ギムザ液に10％炭酸水素ナトリウム液を1～2滴加えると染まりが良くなることがある。

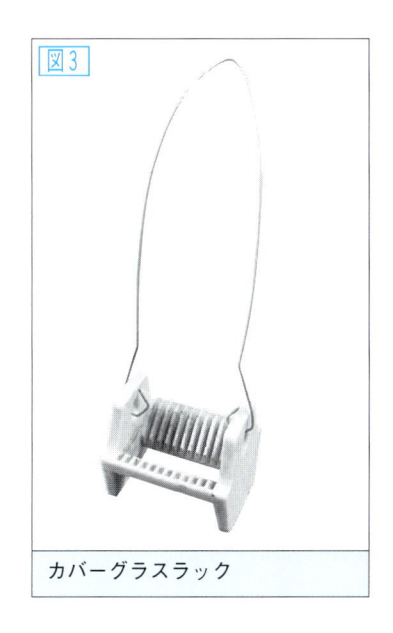

図3 カバーグラスラック

図4 広口ガラス容器

第19章 封入体の染色と観察

［4］ラックへの移動

1. 適当なCPE（細胞変性効果）が発現したところで，カバーグラスを針やニクロム線とピンセットを用いて慎重に取り出し，

2. ラックに立てる。
   その際，細胞が付着している面を忘れずに一定の方向にそろえて立てる。実習者にとってこの段階が一番難しく，カバースリップを落としてしまうとそのサンプルは使えなくなることが多いので，慎重に行うこと。用いたピンセットや針などの先にはウイルスが付着するので，特に注意する。

［5］染色

1. 以下の時間，要領で染色する
   （1） 5分
   （2） 5分
   （3） 10分
   （4） 軽くゆすぐ
   （5）～（7） 各30秒
   （8） 1分

2. 染色済みカバーグラスはスライドグラスに細胞面を下にして封入剤で並べて固定する。

［6］顕微鏡観察

1. 対物10倍でウイルス感染によるCPEを観察し，

2. 適宜対物20倍または40倍に切り替えて封入体を観察する。カバーグラスの端の領域は染色が悪いことが多いので，染色が良好な部分を重点的に観察する。

実験の結果

［1］ネコパルボウイルスによる核内封入体（図5）。
［2］ネコヘルペスウイルスによる核内封入体（図6）。
［3］イヌジステンパーウイルスによる核内および細胞質内封入体（図7）。

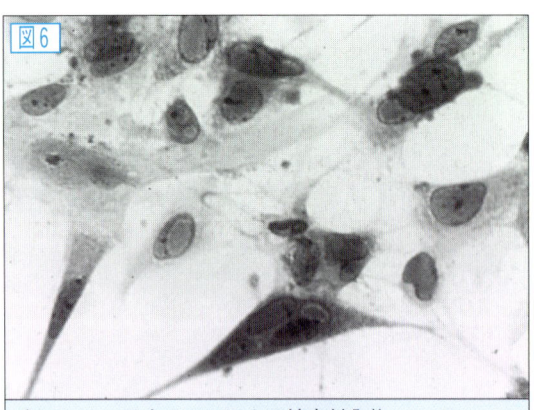

図5 ネコパルボウイルスによる核内封入体

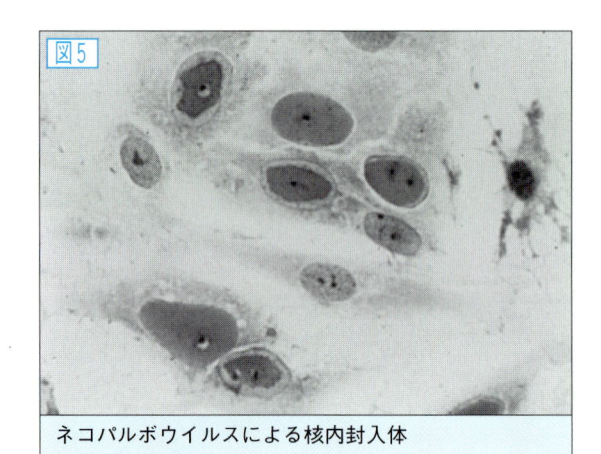

図6 ネコヘルペスウイルスによる核内封入体

図7 イヌジステンパーウイルスによる核内および細胞質内封入体

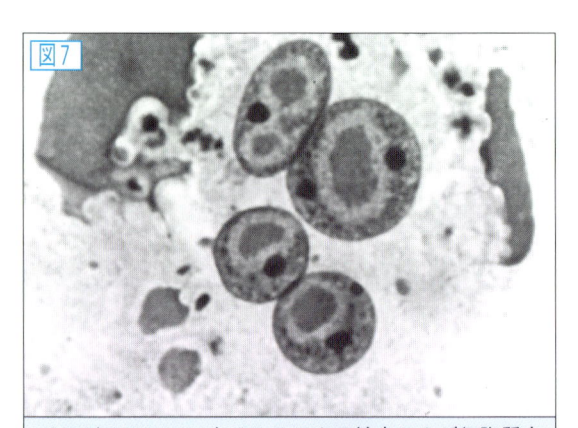

（遠矢　幸伸）

第20章 中和試験

本実験の目的

ウイルスの中和試験の原理と意義を理解し，手技を習得する。

実験概要

中和試験（neutralization test; NT）は，ウイルスの感染を中和する機能を持った抗体である中和抗体を検出する方法であり，抗体の機能試験（functional assay）のひとつに当たる。近年は，生きたウイルスを使用せずに短時間で結果の得られるELISAや粒子凝集反応（particle aggregation test; PA）などのキットが多く開発され，NTがルーチンとして行われることは稀である。しかし一般に，動物の血清中にみられる中和抗体価はその動物の当該ウイルスに対する防御能と良く相関するため，その原理と意義を理解しておくことは重要である。

中和試験にはウイルスが既知で血清中の抗体の質または量を定める場合と，既知の血清を用いて臨床分離ウイルスの血清学的同定を行う場合とがある。ここでは既知のウイルスに対する血清中の抗体価をマイクロタイター法で測定する例を中心に概説する（図1）。

実験時，特に注意すべき事項

[1] 感染性ウイルスを取り扱うことから，BSL2以上の施設環境が必要となることが多く，実施施設が限られる。バイオハザード対策用キャビネット（通称；安全キャビネット）とクリーンベンチの違い（安全キャビネットはエアロゾルを封じ込めるための設備だが，クリーンベンチは実験野から実験者に向かって病原体が出てくる）を認識しておく。

[2] 初心者向けの実習では，BSL1で実施可能な弱毒生ワクチン株とその感受性細胞（アカバネウイルスワクチン株とHmLu細胞など）を使用して行うとよい。

[3] ウイルスの感染価ならびに中和抗体価は，ウイルスと細胞の組み合わせや感染量（例：50 μL 接種するか100 μL接種するか），反応温度や時間などの実験条件によって変わり得るので，詳細なマニュアル（例：国立感染症研究所病原体検出マニュアル，OIE 動物診断マニュアル；巻末「参考文献」HP参照）が提示されているものについては，その方法に従う。

図1 ［中和試験の原理］

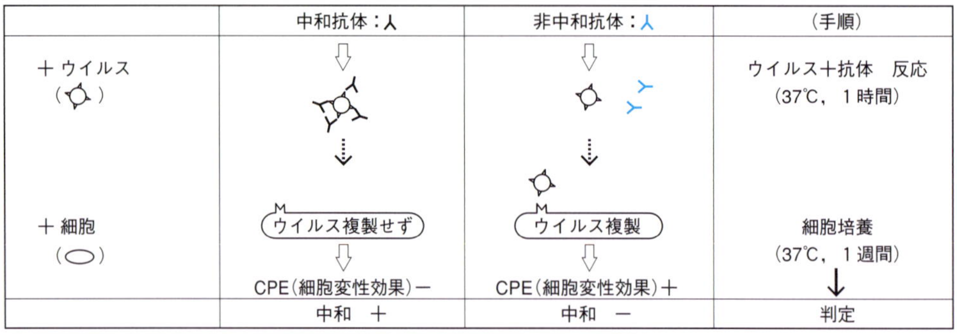

	中和抗体：人	非中和抗体：人	（手順）
＋ウイルス（◇）	↓	↓	ウイルス＋抗体 反応（37℃，1時間）
	↓	↓	
＋細胞（○）	ウイルス複製せず	ウイルス複製	細胞培養（37℃，1週間）↓
	↓	↓	
	CPE（細胞変性効果）－	CPE（細胞変性効果）＋	
	中和 ＋	中和 －	判定

[A] 血清希釈法による中和試験

使用材料・機器

[1] 実験素材
- ウイルス
- 陽性対照血清
- サンプル血清
 （血清は通常，56℃，30分水浴中で加熱処理〈補体非働化〉し，非特異反応の減少や微生物汚染をある程度除去する）
- ウイルス感受性細胞

[2] 器具
- マイクロピペット（マルチピペッター）・血球計算盤

[3] 卓上機器
- 血清非動化用ウォータバス・倒立顕微鏡

[4] 大型機器
- 安全キャビネット・CO_2インキュベーター・高圧蒸気滅菌器（オートクレーブ）

[5] 消耗材
- 感受性細胞の増殖培地（RPMI+10%FCSなど）ならびに維持培地（増殖培地の血清濃度を1%程度に落としたものなど）
- 付着細胞であれば，トリプシン-EDTA，PBS⁻など
- 滅菌済み細胞培養用マイクロプレート（96穴，平底）
- 滅菌済み1.5mLチューブ

実験の手順

[1] 攻撃ウイルスと感受性細胞の準備

1. 攻撃ウイルス中にDI粒子や非感染性のウイルス粒子が存在すると，それらに抗体が特異的に結合して抗体価が不正確になる。したがって，感受性細胞にウイルスを低m.o.i.で感染させ，対数増殖期直後にハーベストしたウイルスを，できるだけ至適条件で保存したウイルスを使用する。

2. ウイルス液は予め感染価を測定し，finalで100 $TCID_{50}$/wellとなるように維持培地で調整；以下の例では$10^n TCID_{50}/100\mu L$なら，$10^n/200$倍希釈して$2\times 10^2 TCID_{50}/100\mu L$を作成しておく。

3. 試験に使うウイルス感受性細胞を予め培養し，試験当日に必要な細胞数を準備しておく。

[2] 血清希釈列の作成

1. 96穴プレートの1A〜1G，5A〜5G（プレート2枚目以降は9A〜9G）に，維持培地をマルチピペッターを用いて200μL/wellで加える（図2）。

図2

[プレート1枚目]

（血清サンプル①）　（血清サンプル②）

	1	2	3	4	5	6	7	8	9	10	11	12
A	200				200							
B	200				200							
C	200				200							
D	200				200							
E	200				200							
F	200				200							
G	200				200							
H												

[プレート2枚目（以降）]

（血清サンプル③）　（血清サンプル④）　（血清サンプル⑤）

	1	2	3	4	5	6	7	8	9	10	11	12
A	200				200				200			
B	200				200				200			
C	200				200				200			
D	200				200				200			
E	200				200				200			
F	200				200				200			
G	200				200				200			
H												

第20章 中和試験

2. 血清サンプル①をA1とH1，血清サンプル②をA5とH5に200μLずつ加え，その後A→B→C→D→E→F→Gの順で2倍段階希釈を行う（図3）。
※液面があふれそうになるので注意（希釈用に別途，1.5mLチューブを準備して行ってもよいが，上記の方法で注意深く行えば，時間と消耗品の節約ができる）。

図3

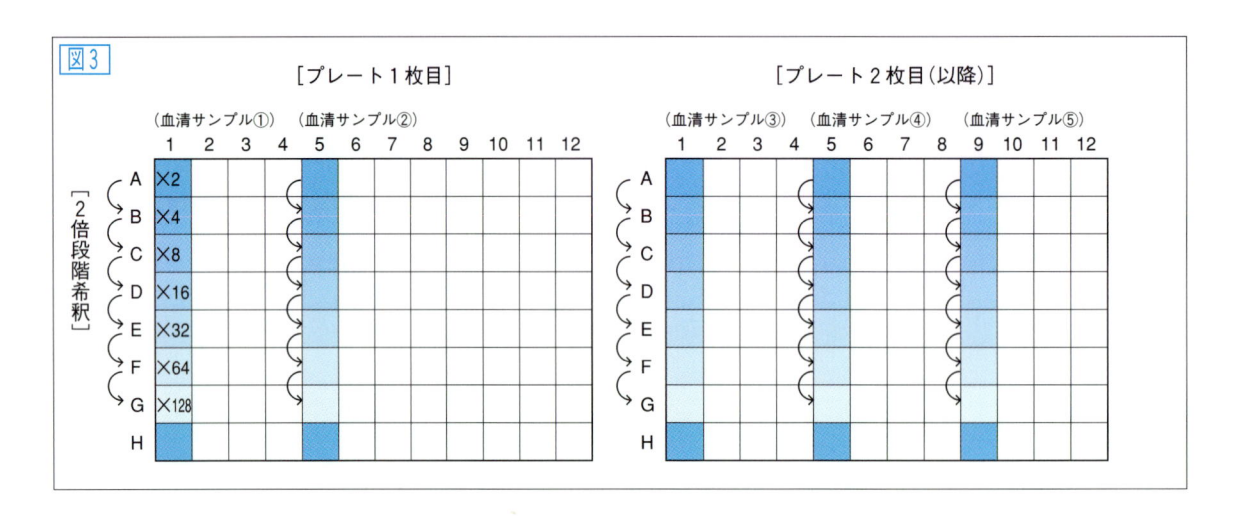

[プレート1枚目] （血清サンプル①）（血清サンプル②）
[プレート2枚目（以降）] （血清サンプル③）（血清サンプル④）（血清サンプル⑤）

[2倍段階希釈]
A ×2
B ×4
C ×8
D ×16
E ×32
F ×64
G ×128
H

3. マルチピペッターを用い，1列・5列から，2・3・4列，6・7・8列に50μLずつ分注する（図4）。

図4

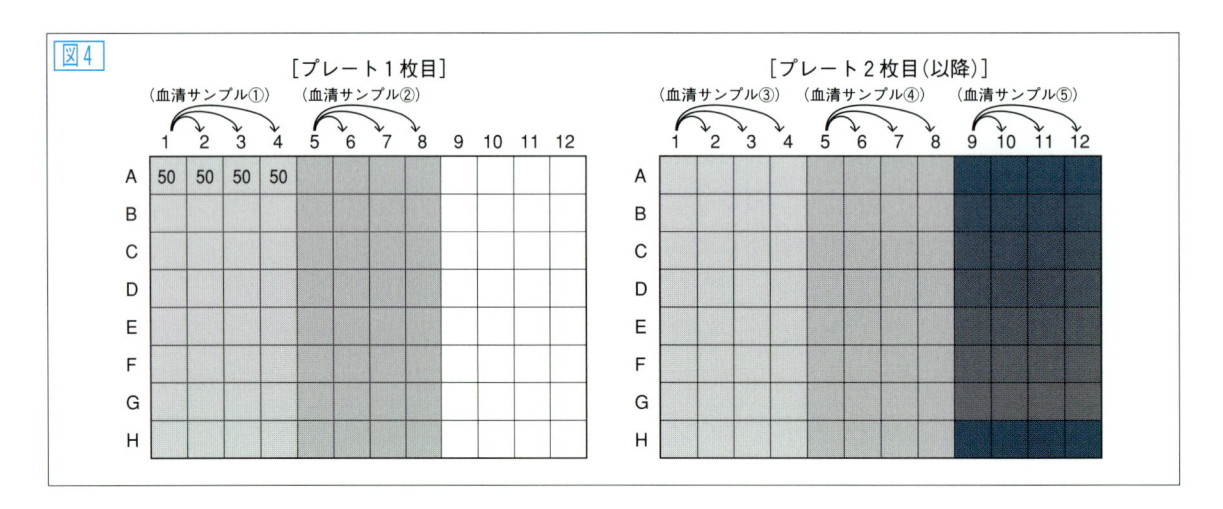

[プレート1枚目] （血清サンプル①）（血清サンプル②）
[プレート2枚目（以降）] （血清サンプル③）（血清サンプル④）（血清サンプル⑤）

■ウイルス二次検定（TCID$_{50}$の確認）

① 1.5mLチューブに270μLずつ維持培地が入っているものに，$2×10^2$ TCID$_{50}$/100μLに調整したウイルス液を30μL加え，10倍段階希釈を行う（図5）。

図5　[ウイルス液の10倍段階希釈]

30μL　30μL　30μL　30μL

攻撃用ウイルス（$2×10^2$ TCID$_{50}$/100μL）
270μL 維持培地

[希釈]　10^{-0}　10^{-1}　10^{-2}　10^{-3}　10^{-4}

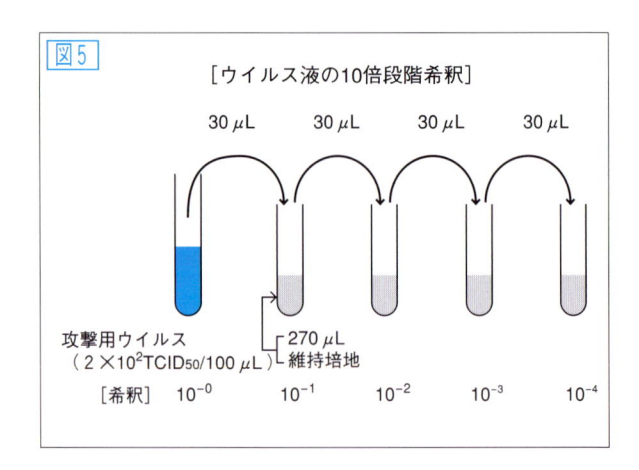

② 前記①の，10倍段階希釈した各ウイルス液を50 μL/wellで，図6のように10^0〜10^{-4}まで蒔く（図6）（2プレート以上行うときは1枚目だけで良い）。

図6 （ウイルス検定）

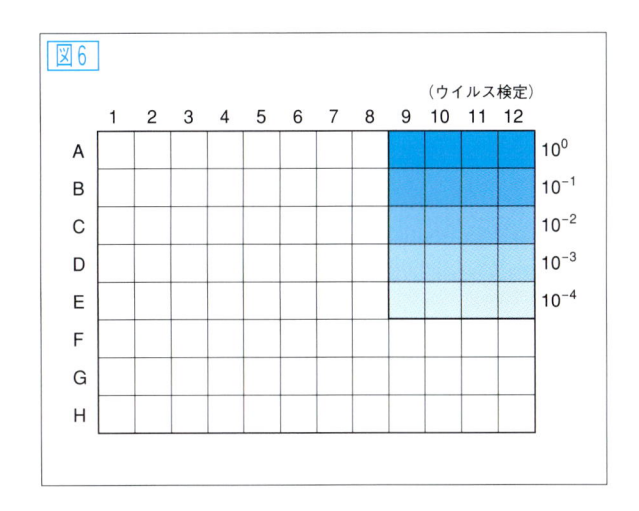

[3] 中和反応

1 中和に先立ち，血清対照，細胞対照，ウイルス二次検定区に50 μL/wellで維持培地を加える（図7）。

図7 ［プレート1枚目］ ［プレート2枚目（以降）］

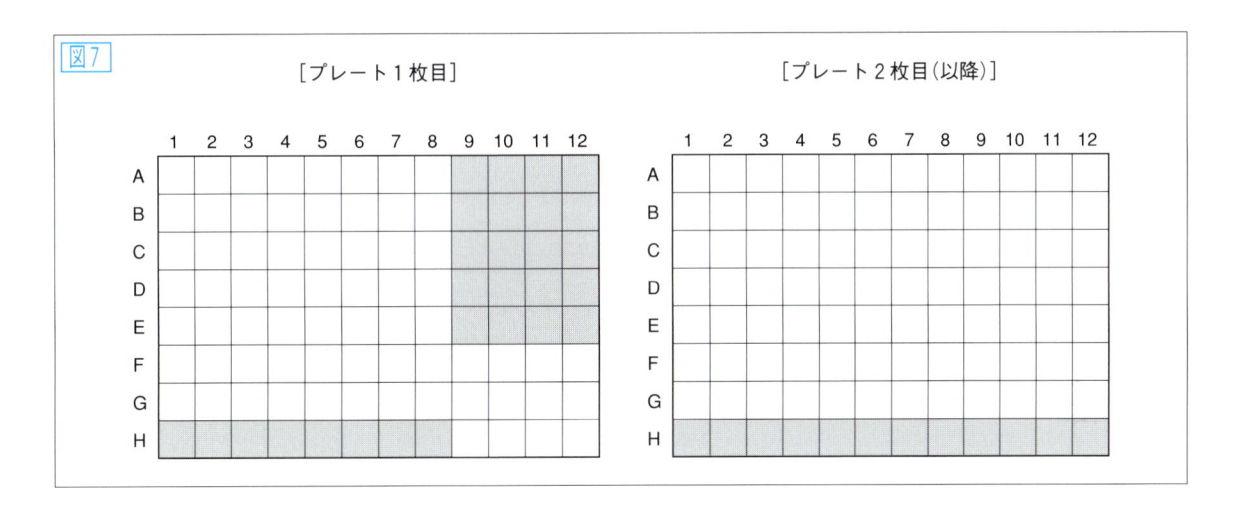

2 A1〜G8に$10^2 TCID_{50}/50 μL$に調整したウイルス液を50 μL/wellで加える（図8）。

図8 ［プレート1枚目］ ［プレート2枚目（以降）］

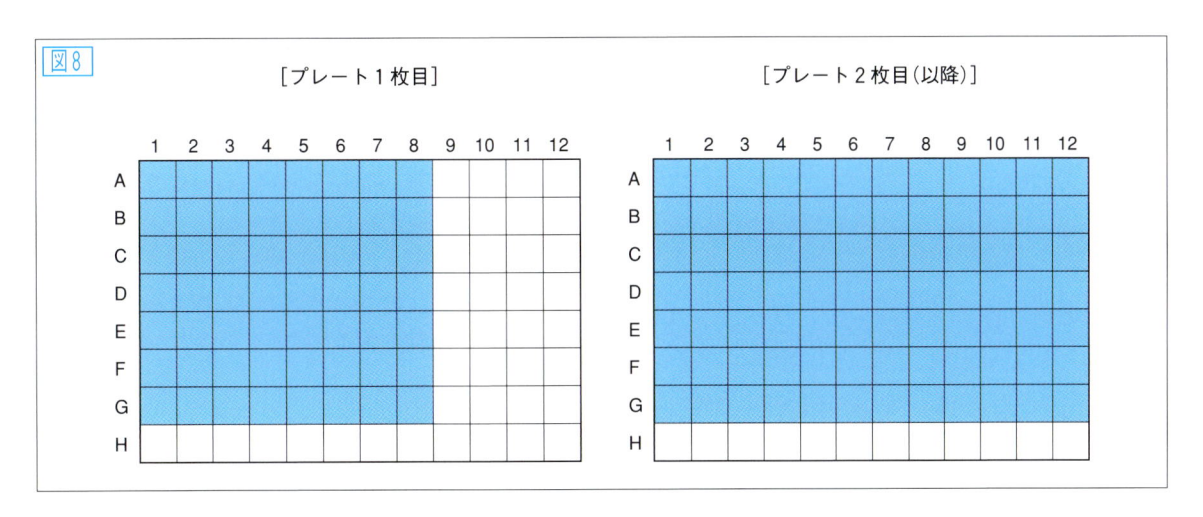

3 37℃で1時間反応（中和）させる。

第20章 中和試験

［4］細胞の準備と添加

1. 中和反応中に，予め培養しておいた細胞を準備し，細胞数をカウント後，5×10^5/mLに調整する。

2. 中和反応が終了したら，プレートの96穴全てに，5×10^5/mLに調整した細胞を100μL/well加える。

3. 37℃のCO_2インキュベーターに入れ，1週間後に判定する。

［5］抗体価の算出

1. 1週間後のCPE（細胞変性効果）の出現の有無を観察し，中和抗体価をReed and Muench法またはBehrens and Kärber法により算出する（表1）。

［例］50%中和量，ND_{50}：Median neutralization dose

※Reed and Muench法に基づく中和抗体価の計算

$M = p - d(a - 0.5)/(a - b)$

表1の例では，対数の底を2とすると，

$d = \log_2 2 = 1$，

累積陽性率が5.0%を挟んで高い希釈は1：8で2^3なので，

$p = -3$となり，

また，$a = 0.83$，$b = 0.4$なので

$M = -3 - (0.83 - 0.5)/(0.83 - 0.4) = 約3.76$

したがって，被検血清の中和抗体価（ND_{50}）は

$2^{3.76} = $約13.5倍となる。

Behrens and Kärber法

$M = xn - d/2 - (h_1 + h_2 + h_{n-1})d$

同様に計算すると

$M = -2 - 1/2 - (0.75 + 0.5) \times 1 = 3.75$

とほぼ同じ結果となる。

表1　中和試験結果の例

血清希釈	CPEの有無（well）		累計		中和の累積陽性率
	有	無	CPE有	CPE無	
1：2（=2^{-1}）	0	4	0	13	1.0
1：4（=2^{-2}）	0	4	0	9	1.0
1：8（=2^{-3}）	1	3	1	5	0.83
1：16（=2^{-4}）	2	2	3	2	0.4
1：32（=2^{-5}）	4	0	7	0	0
1：64（=2^{-6}）	4	0	11	0	0

M：ND_{50}を表す血清希釈の対数
xn：100%陽性を示した最高希釈の対数
d：希釈率の対数
$h_1 + h_2 + \cdots h_{n-1}$：n以上の各希釈における陽性率
s：陽性率の総合計
p：累積陽性率50%を挟んで高い方の希釈率の対数
q：累積陽性率50%を挟んで低い方の希釈率の対数
a：pにおける累積陽性率
b：qにおける累積陽性率
L：試験した最高濃度（最低希釈）の対数

［実験メモ］

［1］Behrens and Kärber法の方が理論上正確な値を出すが，Reed and Muench法の方が多用される傾向があるようである。

［2］ウイルスの2次検定結果は，$10^{2.0}$であれば理想的だが，$10^{1.5}$〜$10^{3.0}$の範囲に収まれば大体，等しい中和抗体価が得られることが経験的に知られている。

この他，プラーク形成を50%（または90%，100%）減少させる抗体の希釈で，抗体価を算出する方法などもある。

[B] ウイルス希釈法による中和試験

1. 未同定ウイルス液および標準（想定している標的ウイルスの基準となる株）ウイルス液の10倍階段希釈列を作製する。

2. あらかじめ適切な濃度（5～10倍）に希釈した標準抗ウイルス血清100μLに等量のそれぞれのウイルス階段希釈液を加え，37℃，60分反応させる。

3. ウイルス対照は，標準抗ウイルス血清のかわりに陰性血清（あるいは維持培地）を用いて同様の系を作製する。

4. 96穴プレートを用いて，感受性細胞に上記の反応液を1希釈あたり4Well接種し，37℃で培養する。

5. それぞれの系の終末ウイルス感染価を求める。
　ウイルス対照の示す感染価から，未同定ウイルス浮遊液の感染価を減じた値が0.5以上を示す場合，分離株は標的ウイルスと同定される。なお，標準株に対する値が，同様の結果であることを確認する。

〔芳賀　猛〕

第21章 赤血球凝集反応と赤血球凝集抑制反応

本実験の目的

[1] 病原体（ウイルスなど）の量を測定するために各種動物（主に鶏赤血球）の赤血球を凝集する性質を利用し，肉眼で病原体の量を計測する［赤血球凝集（hemagglutination：HA）反応］。

[2] HA反応を利用し，その病原体に対する抗体量をHA反応をどこまで阻止できるか，肉眼的に計測する
［赤血球凝集抑制（hemagglutination inhibition：HI）反応］。

使用材料・機器

[1] 実験素材
- 抗原：ニューカッスル病ウイルスB1株
- 抗体：鶏血清
- 希釈液：リン酸緩衝食塩水
- 赤血球：0.5％鶏赤血球（図1）

[2] 卓上機器
- 8連マイクロピペッター（10μL～100μL）（図2右）
- マイクロピペッター（10μL～100μL）（図2左）
- マイクロ分注機（25μL, 50μL）（図3）

- 滅菌用ホーロービーカーもしくはオートクレーブ可能な容器

[3] 大型機器
- マイクロプレート振揺機（図4）

[4] 消耗材
- U底96穴プラスチックマクロプレート（図5）
- マイクロピペットチップ（図6）

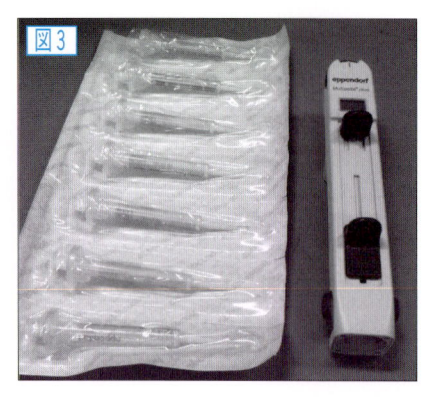

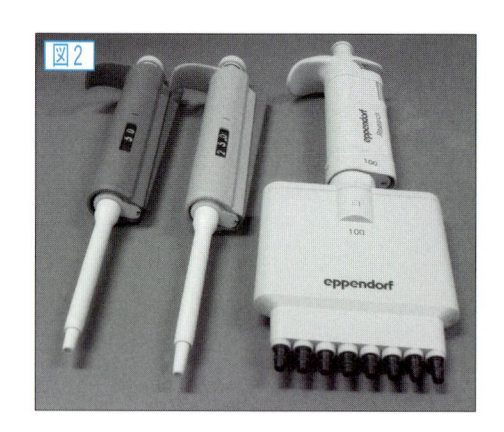

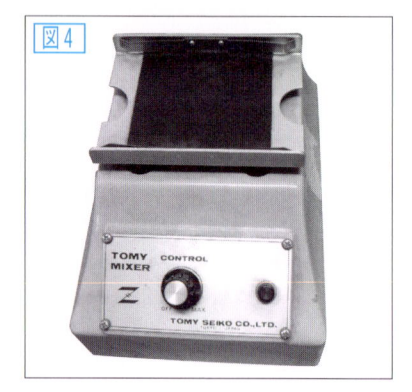

実 験 概 要

　Hirst（1941年）によってインフルエンザウイルスのHA反応が示されて以来，多くのウイルスや細菌がHA反応を起こすことが確認されてきた。

　HA試験は血球凝集素（hemagglutinin）の濃度を測定するものである。HA活性を有するウイルスでは粒子数とHA価の間に相関関係があるので，ウイルスの簡便な定量法として広く用いられている。またHI反応は病原体に対する人および動物の血清中の抗体量を，HA反応をどれだけ抑制することができるか調べ，定量する方法である。

　HA反応の原理としては，病原体がある種動物の赤血球表面に吸着し（図7），その病原体が糊のような役目をして赤血球同士をくっつけていくため，肉眼で観察した場合，赤血球が凝集した像が観察される。その病原体の量に比例して赤血球の凝集が観察されるため，赤血球を凝集する能力を有する病原体を2倍階段希釈し，等量の赤血球浮遊液を混合させてしばらく静置させると，病原体の存在するところでは赤血球の凝集像（●）（概略図＝以下同）が観察され，病原体の存在しないところでは，赤血球が底に沈殿し日の丸模様（⊙）を呈する。

　HI反応の原理は，HA能を有する病原体に対する抗体が病原体と結合し，赤血球を凝集できなくしてしまう反応を利用して行う反応である。方法の概略は，病原体に対する抗体を2倍階段希釈し，そこに等量のHA能を有する病原体を一定濃度で加え反応させる。その反応後，抗原抗体混合量と等量の赤血球浮遊液を加え反応させる。抗体が作用しHA反応を阻止した場合は赤血球が底に沈殿し日の丸模様（⊙）を呈する。抗体量が少なくHA反応を阻止できなかった場合は赤血球の凝集像（●）が観察される。

　本実験では，HA反応およびHI反応が通常野外の現場で診断および疫学調査などに実用されているニューカッスル病ウイルス（*Newcastle disease virus*：NDV）を用いて行う。

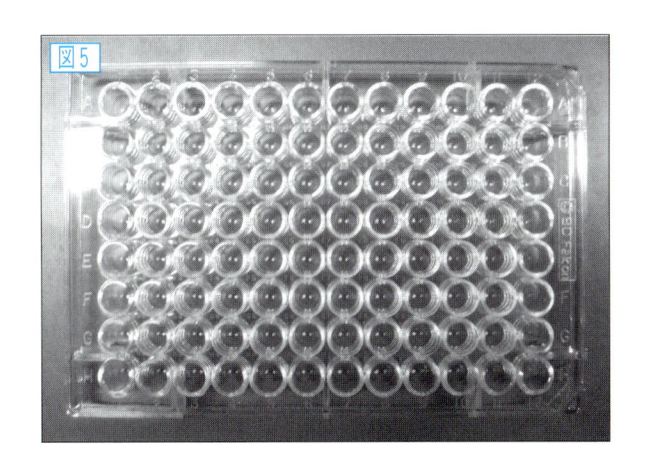

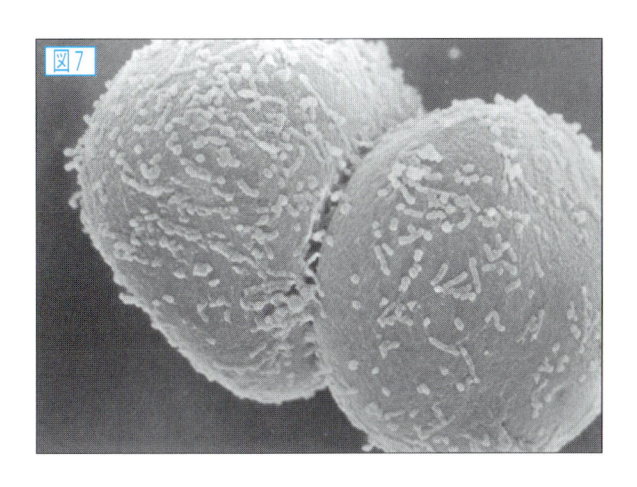

第21章 赤血球凝集反応と赤血球凝集抑制反応

実験の手順

[1] 実験素材，機器の準備

1 **抗原**：NDV（抗原）は，ワクチン株である弱毒のB1株を10日齢発育鶏卵尿膜腔内に接種し，3日後，尿腔液を回収したものを用いる。

2 **抗体**：NDVに対する抗体を有する鶏血清を用いる。

3 **希釈液**：抗原および抗体の希釈には，リン酸緩衝食塩水（phosphate buffered saline：PBS）を用いる。

4 **赤血球**：
①0.5%鶏赤血球を用意する。
②アルスバーを使用し採血した全血を遠心する。
③血清成分を取り除いて，PBSで2回洗浄した赤血球をPacked cellといい，このPacked cellを，PBSに0.5%の割合になるように浮遊させる。

5 **卓上機材**：
①U底の96穴マイクロプレートを，検査材料の数に合わせて必要な枚数を用意する。
②容量25μLおよび50μL計量できる8連マイクロピペットおよびマイクロピペットを用意し，それらに装着可能なチップを用意する。
希釈液をマイクロプレートに分注するときに用いる連続分注機を用意するが，なければ8連マイクロピペットで代用する。その場合ディスペンサーが必要となる。

6 **電気振揺機**：マイクロプレートを装着し，振揺できる電気振揺機を用意する。

[2] HA反応

7 **希釈液の分注**：マイクロプレートへのPBS（50μL）の分注は連続分注機がある場合は，それを用いて，分注機がない場合は8連マイクロピペットにより行う（図8参照）。

8 **抗原の注入**：NDV（抗原）をマイクロピペットで50μLずつ，各サンプル左端列のウェル2カ所に分注する。

9 **抗原の希釈**：
①左端列は抗原が入っているため，全量100μLとなっているが，その列に容量50μLに合わせた8連マイクロピペットを入れ，ウェル内の液を出し入れして撹拌しながら，チップを交換しないで右側の列に移していく。
②次の列で同様にウェル内の液を撹拌する。
③最後の列（右から2番目の列）ではチップ内に50μL希釈された液を吸い上げ，チップとともに滅菌用容器に廃棄する。
　一番右側の列は，赤血球が沈殿するかを観察するために，PBSのみを50μL入れたコントロールとする。

10 **赤血球の分注**：連続分注機もしくは8連マイクロピペットにより0.5%鶏赤血球を50μLずつ各ウェルに分注し，電気振揺機があればそれに装着し，（ない場合はマイクロプレートの1辺を指で軽くたたいて）振揺させる。

11 **反応および判定**：
①室温で30分間静置し判定する。
②判定は凝集反応が起こると血球が管底に沈殿しないことを観察し，マイクロプレートを斜めにすると血球が管底をすべり落ちる（◉）。
判定しにくいウェルではマイクロプレートを斜めにし，観察する。

[3] HI反応

12 希釈液の分注：マイクロプレートへのPBS（25μL）の分注は連続分注機がある場合は，それを用いて，分注機がない場合は8連マイクロピペットにより行う（図8）。

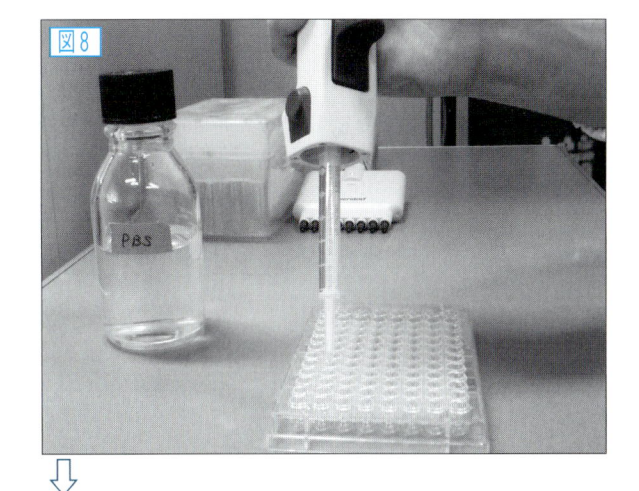

図8

13 抗体の注入：NDV抗血清（抗体）をマイクロピペットで25μLずつ，各サンプル左端列のウェル2カ所に分注する（図9）。

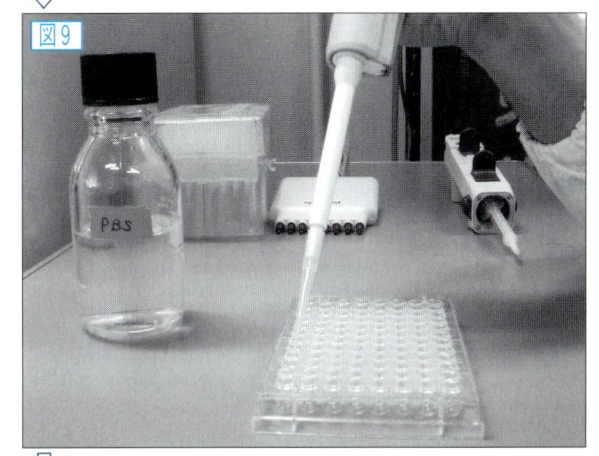

図9

14 抗体の希釈：

①左端列はPBSが入っているため，全量50μLとなっているが，その列に容量25μLに合わせた8連マイクロピペットを入れ，ウェル内の液を出し入れして撹拌しながら，チップを交換しないで右側の列に移していく。次の列で同様にウェル内の液を撹拌する（図10）。

②最後の列（右から2番目の列）ではチップ内に25μL希釈された液を吸い上げ，チップとともに滅菌用容器に廃棄する。

一番右側の列は，赤血球が沈殿するかを観察するために，PBSのみを50μL入れたコントロールとする。

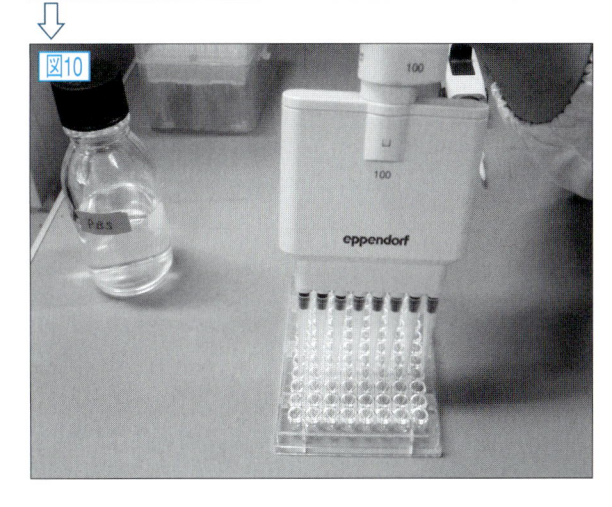

図10

15 抗原の注入：

①HA反応で得られた結果を元に，抗原の希釈を行い，HA力価が8（8単位）となるように調整した抗原を，連続分注機もしくはマイクロピペットで25μLずつ，抗体の希釈されたウェルに分注する。

②よく振揺した後，室温で30分間静置する。

第21章　赤血球凝集反応と赤血球凝集抑制反応

16 **抗原力価の検定**：
　①HA力価が8（8単位）となるように調整した抗原を原液とする。
　②2つのウェルに50μLずつ入れて，5列目まで2倍階段希釈を行い，HIに使用した抗原の力価検定を行う。

17 **赤血球の分注**：連続分注機もしくは8連マイクロピペットにより0.5％鶏赤血球を50μLずつ各ウェルに分注し（図11），電気振盪機があればそれに装着し（ない場合はマイクロプレートの1辺を指で軽くたたいて）振盪させる（図12）。

18 **反応および判定**：
　①室温で30分間静置し判定する。
　②判定は凝集反応が起きると血球が管底に沈殿しないことを観察し，マイクロプレートを斜めにすると血球が管底をすべり落ちる（◐）。
　判定しにくいウェルではマイクロプレートを斜めにして観察する。

図11

図12

― ［実験メモ］ ―
　抗原および抗体注入，希釈などに使用したチップ，分注注射器は滅菌用ホーロービーカーなどにすべて回収し，オートクレーブで滅菌する。

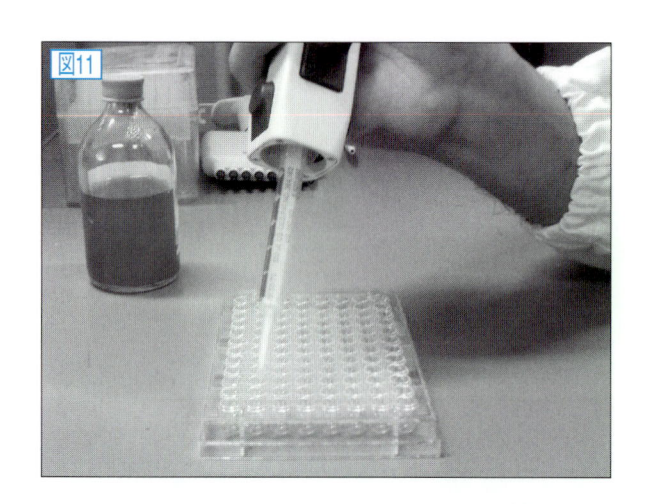

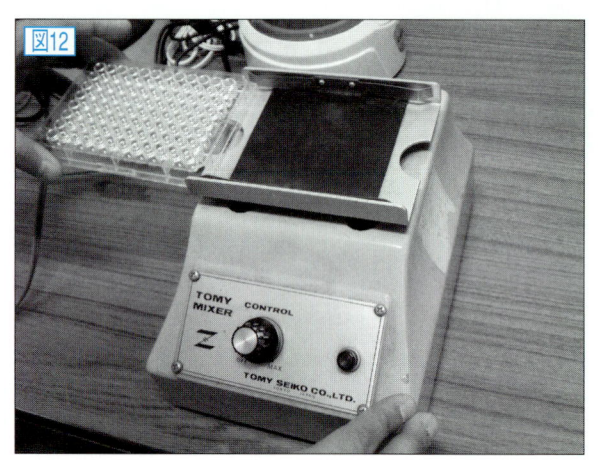

― ポイント・メモ〈実験のコツ〉 ―
［1］発育鶏卵の尿腔液を回収するときは，血管の破損で血球が混入しないように注意し，もし尿酸などで白濁が激しい場合は，遠心し上清を使用する。
［2］0.5％鶏赤血球浮遊液を作製する場合，Packed cellを少し多めに取り，血球浮遊液を作製すると反応が見やすくなる。
［3］Packed cellは冷蔵庫に保存すれば，1週間くらい使用可能であるが，0.5％鶏赤血球浮遊液は冷蔵庫に3日くらいしか保存できない。
［4］抗原もしくは抗体を希釈する場合の8連マイクロピペットのチップはマイクロプレートの底につけてリズム良く液を出し入れし撹拌しながら，隣の列にチップを移動させ行う。
［5］連続分注機により0.5％鶏赤血球浮遊液を分注する場合は，ウェル内に入っている抗原もしくは抗原抗体混合液がウェル外に飛び出ないように，ウェルの壁面に当てて0.5％鶏赤血球浮遊液を注入するようにする。

実験の結果

[1] **HA反応**(図13)：上段2段の抗原は一番左の列を2倍として希釈倍数を数えてゆくと最上段は256倍，2段目も256倍まで凝集を示し，次の抗原は3段目も256倍を示すが，4段目は512倍まで凝集を示している。したがって，これら2つの抗原のうちひとつ目のHA力価は(256＋256)÷2＝256となる。4つ目の抗原は同じ抗原を測定した2列とも512倍であったため(512＋512)÷2＝512となる。

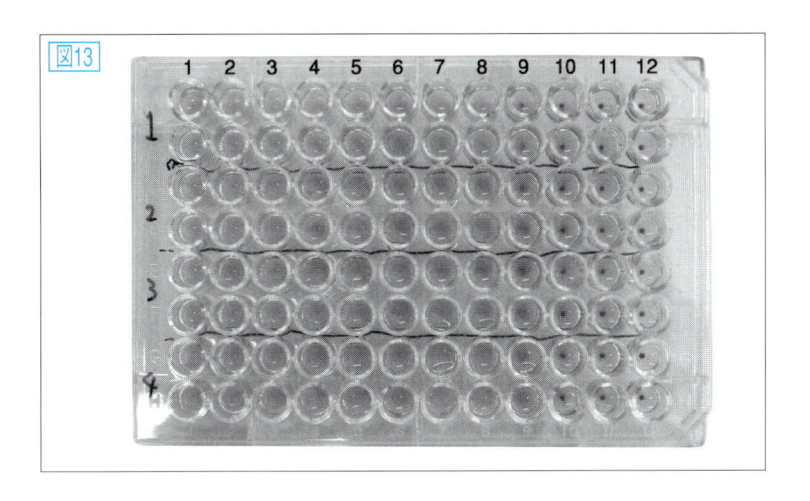

図13

[2] **HI反応**(図14)：上段2段の抗体は一番左の列を2倍として希釈倍数を数えてゆくと最上段は32倍，2段目も32倍まで凝集抑制を示している。次の抗原は3段目4段目とも512倍まで凝集抑制を示している。したがって，これら2つの抗体のうちひとつ目のHA力価は(32＋32)÷2＝32となる。2つ目の抗原は同じ抗原を測定した2列とも512倍であったため(512＋512)÷2＝512となる。

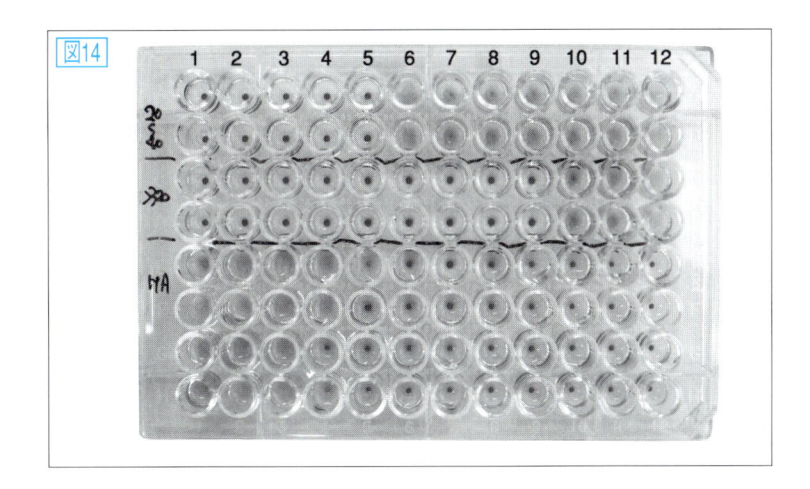

図14

[3] **HI価の補正**：しかしHI反応に用いた8単位の抗原の力価が測定の結果16倍を示したため，HI反応の補正を行う必要がある。本来なら8単位の抗原を使用しなければならないところ，実験には2倍の16単位の抗原を用いてしまったため，抗原の力価が高すぎて，血清中のHI価が1/2になってしまった。したがって抗原を8単位用いた場合の予想されるHI価は最初の抗体が64で2番目の抗体が1024となる。

(白井　淳資)

第22章 蛍光抗体法

本実験の目的

［1］細菌・ウイルスなどの微生物の同定や細胞内・外にある目的の抗原を，蛍光色素を利用して検出する。
［2］その原理を理解し，手技を習得する。

使用材料・機器

［1］実験素材
・組織切片

［2］卓上機器
・ミクロトーム・クリオスタット・蛍光顕微鏡（図1，図2）

［3］大型機器
・インキュベーター

［4］消耗材
・無蛍光スライドグラス・カバーグラス・固定液（2〜4％パラホルムアルデヒドなど）・エタノール・PBS⁻・ブロッキング液（3％BSA加PBS⁻，二次抗体の動物由来正常血清）・特異抗体・標識抗体・封入剤・湿潤箱

実 験 概 要

　蛍光抗体法とは，細菌・ウイルスなどの微生物の同定や細胞内外にある目的の抗原を検出するために，紫外線により蛍光を発する蛍光色素を抗体にあらかじめ結合させ標識抗体とし，抗原抗体反応に用いる方法である。標識抗体が結合した抗原は蛍光を発するようになり，蛍光顕微鏡を使い観察が可能となる。
　蛍光抗体法には，直接法と間接法があり，直接法は，目的抗原に対する特異抗体に直接蛍光標識をしたものを使用する。間接法は，直接法と違い特異抗体を標識するのではなく，特異抗体に対する抗体に蛍光色素を標識し使用する。

　直接法は，間接法に比べ非特異反応が少ない利点があり，間接法は，逆に直接法に比べ感度が数十倍高い利点がある（図3，図4）。
　蛍光色素はある波長の光を吸収し（励起光），それにより長波長の光を放射する物質であり，FITC（fluorescein isothiocyanate），rhodamine red-X，Cy系色素など様々なものが市販されている。表1に，代表的な蛍光色素とその励起波長，蛍光波長を示した。FITCやRohdamineといった異なる蛍光色素を標識した抗体の組合せによって，同一サンプル上の複数の抗原を検出することも可能である。

第22章 蛍光抗体法

図1 落射型蛍光顕微鏡

図2 透過型蛍光顕微鏡

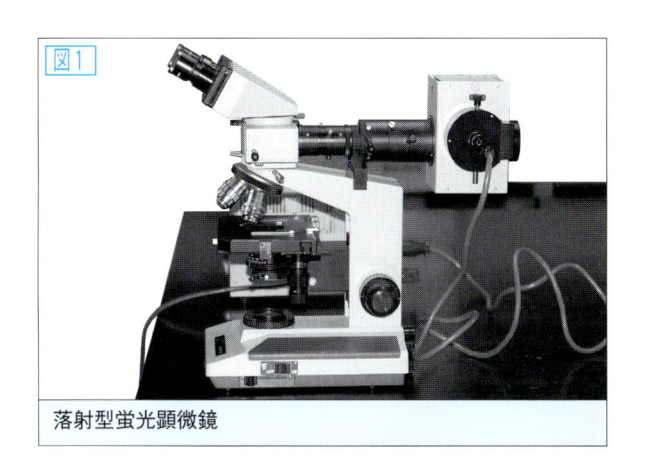

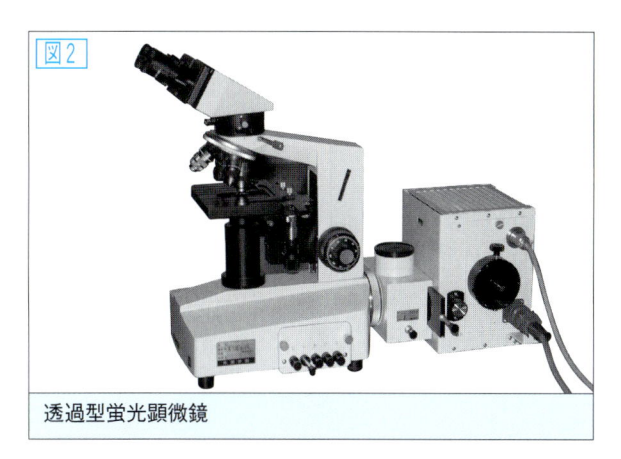

表1 蛍光色素の励起および蛍光ピーク

蛍光色素	励起波長ピーク	蛍光波長ピーク
FITC	495	535
Alexa Flour 488	495	520
Rohodamine red-X	546	590
Texas red	595	615
Cy2	489	506
Cy3	550	570
Cy5	649	670

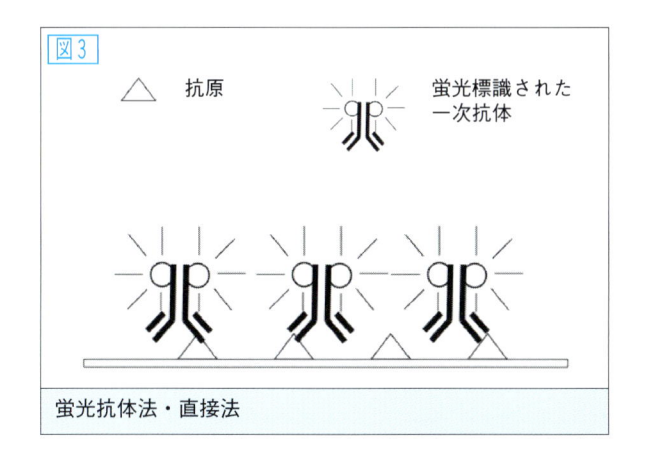

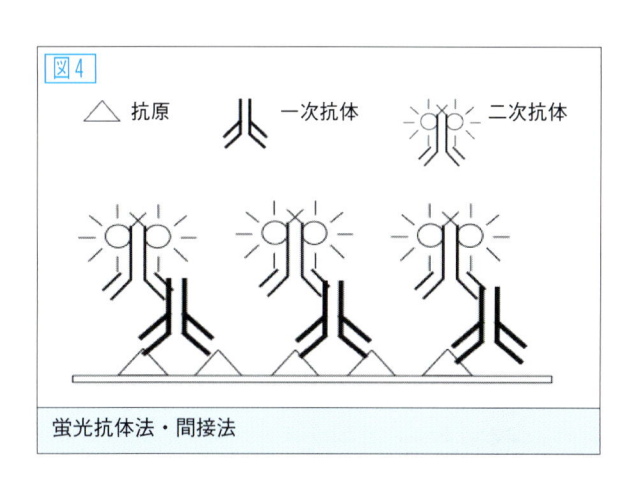

図3 蛍光抗体法・直接法

図4 蛍光抗体法・間接法

実験の手順

[1] 試料の準備

a. 培養細胞の場合

1. 6穴プレートのウェル内に滅菌済みカバーグラスを入れ，その上に細胞を植え込む。

2. カバーグラス上に単層細胞になるまで培養する。

3. 培地を除き，PBS⁻等で2〜3回緩やかに洗浄する。

4. カバーグラスを取り出し，2〜4％パラホルムアルデヒド溶液に浸漬し室温で10分間放置し，固定する。

5. PBS⁻等で洗浄後，風乾し使用するか，4℃で保存する。

第22章　蛍光抗体法

> [実験メモ・1]
> [1] 細胞は，6穴プレートの代わりにレイトン管（図5），またチャンバースライドグラス（図6）を使用し，スライドグラス上に細胞をシート状に発育させて使用することもできる。必要ならば，ガラス表面をコラーゲンやpoly-L-lysineでコートをする。
> [2] 固定液は，この他にアセトン，メタノールまたはメタノールとアセトンを等量混合した冷却液なども用いられる。

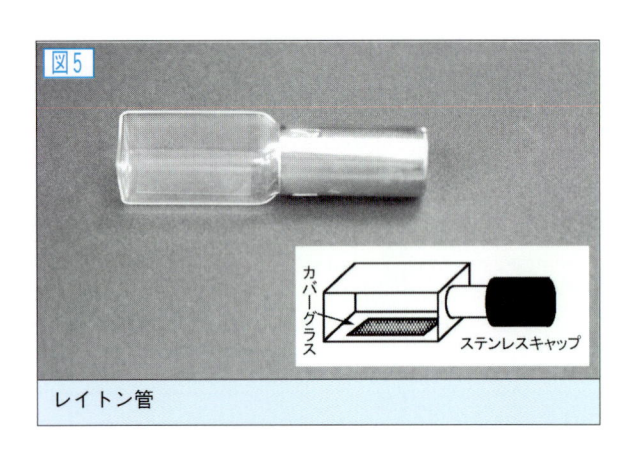

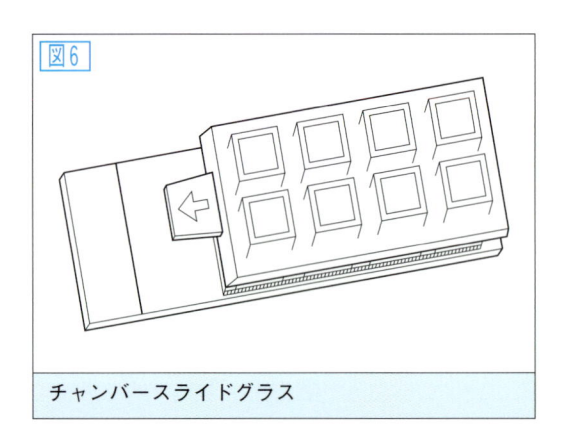

図5 レイトン管

図6 チャンバースライドグラス

b. 感染臓器の場合

1. 臓器を滅菌メスで切断し，切断面をカバーグラス上に押捺し，室温で乾燥させる。

2. スライドグラスの押捺面にアセトンを満載し，室温で10分間放置し，固定する。

3. 蛍光抗体法をすぐに行わない場合は，使用するまで4℃で保存する。

c. 組織片の場合

[パラフィン包埋]

1. 3mm角ほどに細切された組織を，4％パラホルムアルデヒド溶液中に4℃，6時間から一晩浸漬し，振盪しながら固定する。

2. PBS⁻で洗浄後，以下のように段階的にエタノールの濃度を変えながら脱水処理を行う*。

    ① 70％エタノール
    ② 80％エタノール
    ③ 90％エタノール
    ④ 純エタノール

3. エタノールを除くためにキシレンに浸漬する（10～20分間×3回）。

4. 42～44℃で溶解した軟パラフィンを用い包埋する。

5. ミクロトームを使って薄切し，スライドグラス上に切片を載せる。

6. 切片を伸展し，40℃前後で乾燥させる。

7. キシレンに5分間浸漬し，パラフィンを除く。

8. 純エタノール中に5分間浸漬する。

9. 90％エタノールに5分間浸漬する。

> [実験メモ・2]
> 試料を固定する場合，固定液には有機溶媒系であるエタノールやアセトン，アルデヒド系の中性ホルマリンやグルタルアルデヒドなどが一般的であるが，使用用途や抗原の種類などにより最適な固定液を選択する。

10 70%エタノールに5分間浸漬する。

11 水洗し、以下、[2]の抗原抗体反応を行う。

＊脱水処理は、組織の大きさにより、1時間から1日程度、時々攪拌しながら行う。

注：抗原の賦活化
パラフィン処理の過程で、抗原性が失活したりする場合があるので、タンパク質分解酵素、界面活性剤や緩衝液中での加温などにより、抗原賦活化を行う必要がある。

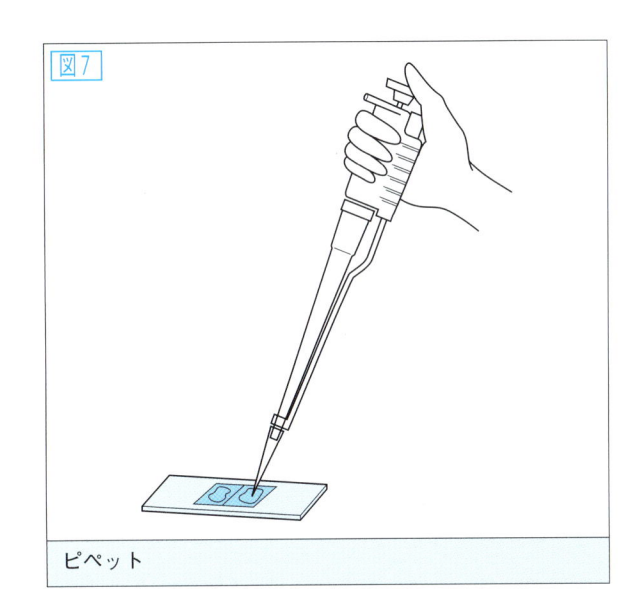

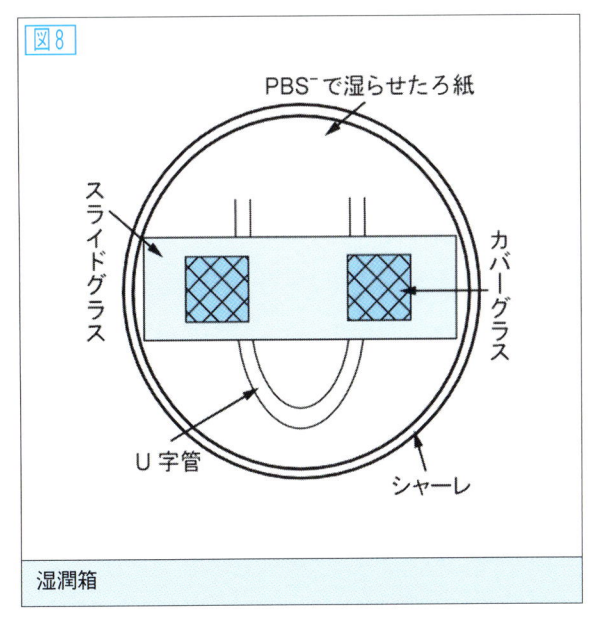

[凍結切片]

1 固定した組織を使用する場合は、パラフィン包埋の時と同様に固定・洗浄する。洗浄後10%ショ糖加PBS⁻に数時間浸漬し、次に20%ショ糖加PBS⁻に数時間浸漬する。

2 OCTコンパウンドに未固定の組織またはショ糖加PBS⁻で前処理した固定済み組織を入れる。

3 液体窒素またはドライアイスエタノール中に組織を入れ凍結する。

4 クリオスタットを使い薄切する。

5 あらかじめpoly-L-lysineなどで処理をしたスライドグラス上に切片を貼り付け、ドライヤーの冷風を用いて風乾する。

6 冷アセトンまたはパラホルムアルデヒド溶液で固定を行う。

7 以下の抗原抗体反応を行う。

[2] 抗原抗体反応

a. 直接法

1 固定済みの標本を、区分する場合はガラス鉛筆を用いて区分し（切片の場合は、陰性対照を含めた2枚用意する）、カバーグラスは被検材料面が上になるようにスライドグラスに載せる。

2 3%BSA加PBS⁻または正常血清2%を各標本上に載せ（図7）、図8のようなシャーレ中にPBS⁻で濡らしたろ紙を入れ、十分に湿度を保った状態のシャーレ（湿潤箱）中にカバーグラスを入れ、室温30分間処理する（図8）。

図7

ピペット

図8

湿潤箱

第22章　蛍光抗体法

3 カバーグラスを取り出し，PBS⁻を用いて洗浄する（図9-1，図9-2）。

4 標識された特異抗体または，同じ蛍光色素を標識された陰性抗体を各々の標本に載せ，湿潤箱に入れ37℃，60分間反応させる。

5 反応後，カバーグラスを取り出し，PBS⁻を用いて十分に洗浄する。

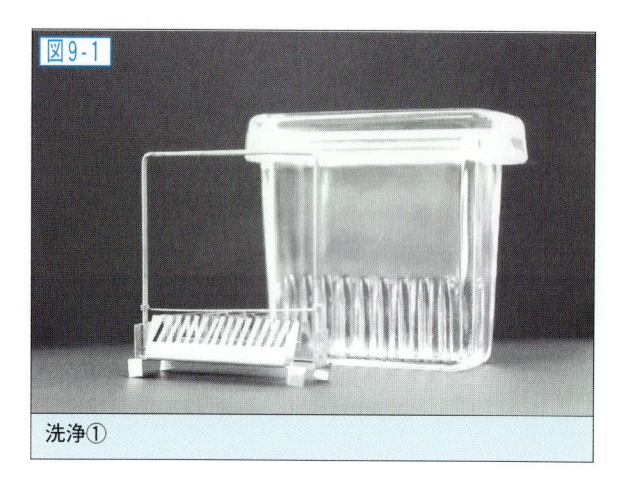

6 ドライヤーの冷風でカバーグラスを乾燥させる。

7 市販の封入剤または，緩衝グリセリン液でスライドグラス上に封入する（図10）。

8 蛍光顕微鏡下で観察する。

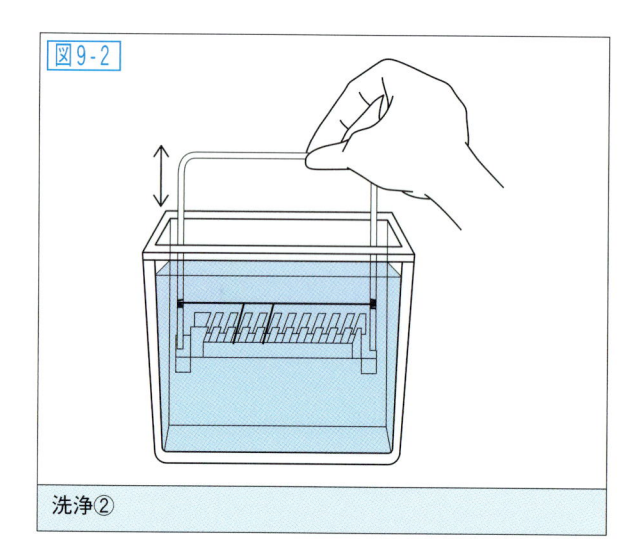

図9-1　洗浄①

図9-2　洗浄②

b. 間接法

1 直接法と同様に固定済み標本を，被検材料面が上になるようにスライドグラスに載せる。

2 3％BSA加PBS⁻または二次抗体を作製した動物由来の正常血清2％を各標本上に載せ，図8のように，十分に湿度を保った状態の湿潤箱中にカバーグラスを入れ，室温30分間処理する。

3 カバーグラスを取り出し，PBS⁻で洗浄する。

4 1区画には特異抗体，もう1区画には陰性抗体を載せる。

5 直接法と同様，湿潤箱中にカバーグラスを置き，37℃，60分間反応させる。

6 反応後，カバーグラスを取り出し，PBS⁻を用いて十分に洗浄する。

7 ドライヤーの冷風で乾燥後，被検材料面が上になるようにスライドグラスに載せる。

8 標識抗体を滴下し，カバーグラスを湿潤箱に入れ，37℃，60分間反応させる。

9 反応後，カバーグラスを取り出し，PBS⁻を用いて十分に洗浄する。

10 ドライヤーの冷風でカバーグラスを乾燥させる。

11 市販の封入剤または，緩衝グリセリン液でスライドグラス上に封入する（図10）。

12 蛍光顕微鏡下で観察する（図11）。

蛍光抗体法 第22章

図10

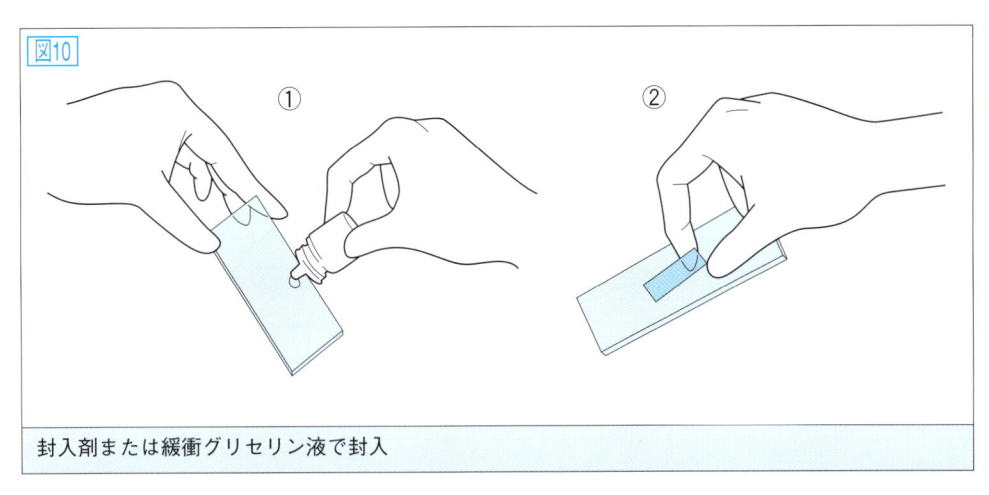

封入剤または緩衝グリセリン液で封入

図11

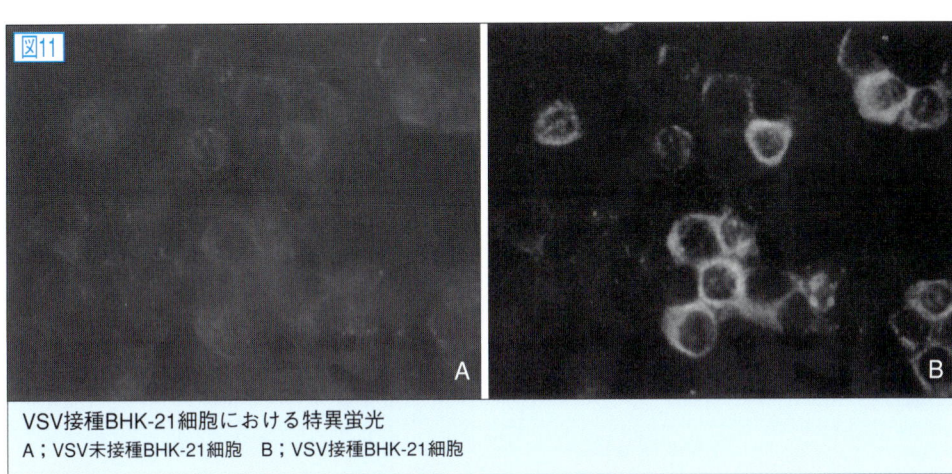

VSV接種BHK-21細胞における特異蛍光
A；VSV未接種BHK-21細胞　B；VSV接種BHK-21細胞

───── ポイント・メモ〈実験のコツ〉 ─────
［1］スライドグラスやカバーグラスは無蛍光のものを使用すること。
［2］ガラス鉛筆を使用する場合，赤色は自己蛍光が強いため，青色を用いる。
［3］非特異蛍光を抑えるために，特異抗体や標識抗体などは事前に適切な量を決めておくこと。
［4］特異蛍光と非特異蛍光や自己蛍光とを区別するためにも，必ず使用する抗体に対する対照を置くこと。
［5］反応温度は通常37℃，30〜60分間や4℃，一晩が一般的であるが，抗体価や検出したい抗原量によって最適な温度・時間を決定すること。

（田邊　太志）

第23章 免疫酵素抗体法

本実験の目的

［1］抗体を利用した検出法である，免疫酵素抗体法の原理を理解する。
［2］免疫酵素抗体法のひとつである，サンドイッチELISA法によるIgG抗体濃度の測定を学ぶ。

使用材料・機器

［1］実験素材
・精製マウスIgG
・濃度不明の検体（マウス血清など）
・1次抗体（補捉用抗体）：ウサギ抗マウスIgG
・HRP標識2次抗体（検出用抗体）：ラット抗マウスIgG

［2］卓上機器
・プレートリーダー・プレートウォッシャー

［3］大型機器
・インキュベーター

［4］消耗材
・96穴マイクロプレート・固相化用炭酸バッファー（0.1M, pH9.5）・ブロッキングバッファー（3％スキムミルク-PBS）・洗浄用バッファー（T-PBS：0.5％ Tween 20-PBS）・希釈用バッファー（1％スキムミルク-T-PBS）・発色基質液［ABTS：2,2'-アジノビス（3-エチルベンゾチアゾリン-6-スルホン酸）］・発色停止液（2N H_2SO_4）・過酸化水素水・プレートシール（サランラップでも代用可）・アルミホイル・試薬リザーバー（ディッシュ等でも代用可）・ピペットマンとチップ・マルチチャンネルピペット・エッペンドルフチューブ・キムタオル

実験概要

　免疫酵素抗体法は，特異抗体を用いて目的の物質を検出する方法である。検体中の微量の物質を測定するため，抗体の特異性を利用した検出法で，定量性，特異性に優れている。特異抗体の結合の有無や結合量は，ペルオキシダーゼ（HRP）やアルカリフォスファターゼ（ALP）などの酵素を結合させた抗体と発色基質を用いることで，可視化することができる。抗体を用いること，検出を酵素反応で行うことから，免疫酵素抗体法と呼ばれる。

　免疫酵素抗体法はウェスタンブロット法や免疫組織染色などに応用されているが，本実習ではELISA法（enzyme-linked immunosorbent assay）を例として免疫酵素抗体法を学ぶ。

　ELISA法には直接法とサンドイッチ法の2種類がある（図1）。直接法ではプラスチックなどの固相に，組織抽出液や血清など目的の抗原を含む溶液を接触させて固相に吸着させ（固相化という），そこに抗原に特異的な抗体を反応させて，結合した抗体を酵素反応で検出する。一方，サンドイッチ法では，まず目的の抗原に対する抗体を固相化した後に，抗原を含む溶液を反応させる。これにより，微量の抗原のみを固相化した抗体に捕捉することができ，目的の抗原が微量で検体中に目的の抗原以外のタンパクなどが沢山ある場合などに有用である。捕捉された抗原は，これを認識する酵素標識2次抗体と反応させて検出する。同じ抗原を認識する抗体を2種類使って抗原を捕捉，検出するため，サンドイッチ法と呼ばれる。ELISA法では，濃度の明らかな抗原液を標準液として使用することで，検体中の抗原量を定量することができる。

　本手法は獣医領域においても，異常プリオンタンパク質の検出やフィラリアやウィルス感染の有無など様々な感染症診断や，ホルモンの定量，アレルギー検査など幅広く利用されている重要な検査法である。

免疫酵素抗体法 第23章

図1

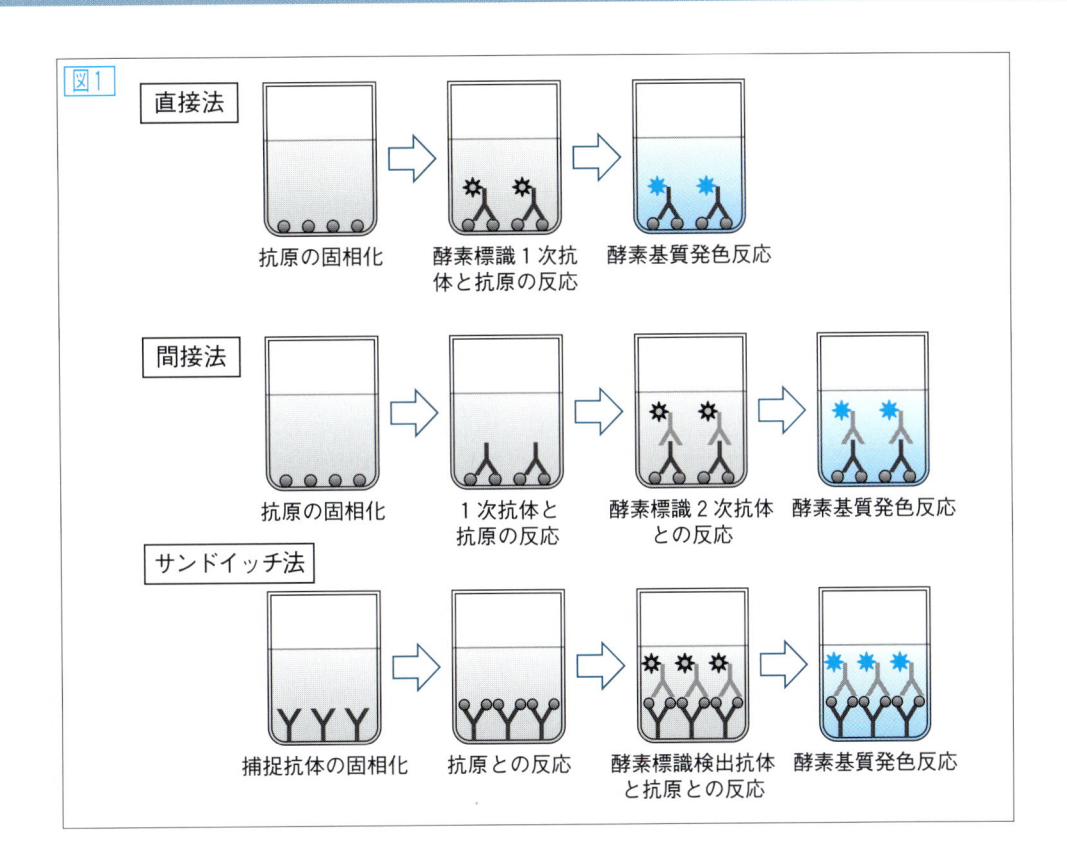

直接法
抗原の固相化 → 酵素標識1次抗体と抗原の反応 → 酵素基質発色反応

間接法
抗原の固相化 → 1次抗体と抗原の反応 → 酵素標識2次抗体との反応 → 酵素基質発色反応

サンドイッチ法
捕捉抗体の固相化 → 抗原との反応 → 酵素標識検出抗体と抗原との反応 → 酵素基質発色反応

実験の手順

[a] 前日からの準備

1. 捕捉用抗体の固相化。

捕捉用抗体を炭酸バッファーで5〜10μg/mLになるよう希釈し, 96穴プレートに50μLずつ分注する。本実験では, 1〜4列のA〜Hに添加する(図2)。

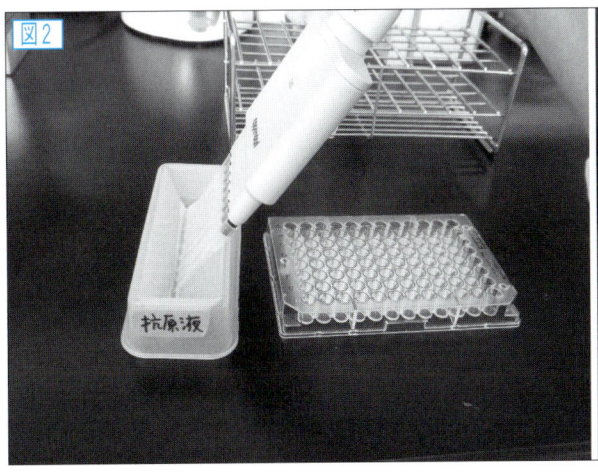

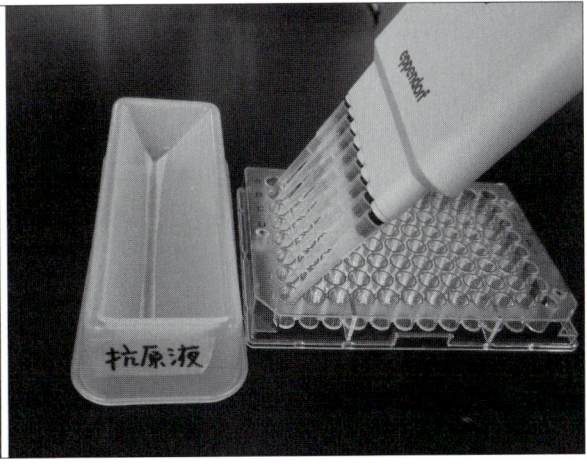

図2

第23章　免疫酵素抗体法

② プレートシールでシールし，冷蔵庫などで4℃にて一晩静置する（図3）。

[b] 実習当日

以降，作業中にウェルを乾燥させないよう注意すること。

[1] ブロッキング

① 固相化プレートを洗浄液で3回洗浄する（図4）。

② ブロッキング液を300μLずつ各ウェルに分注し，プレートシールでシールし，室温で1時間静置する（図5）。

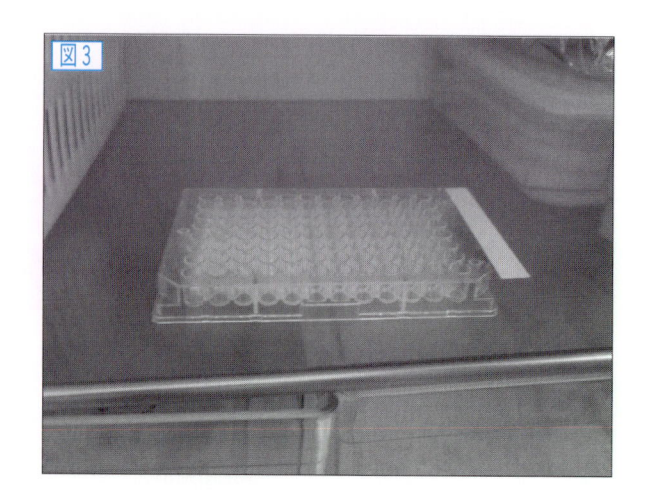

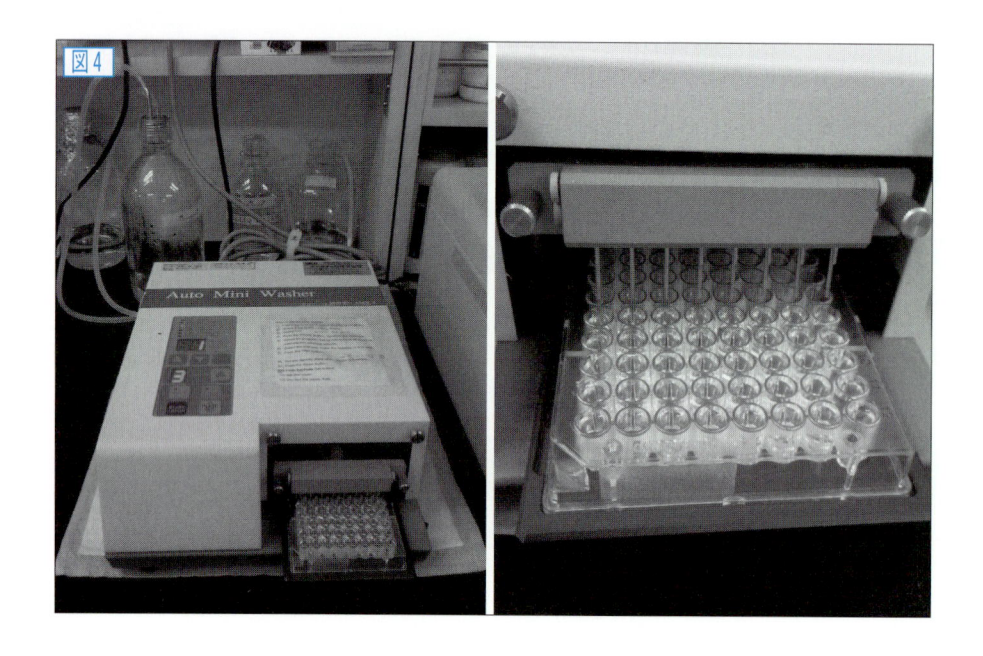

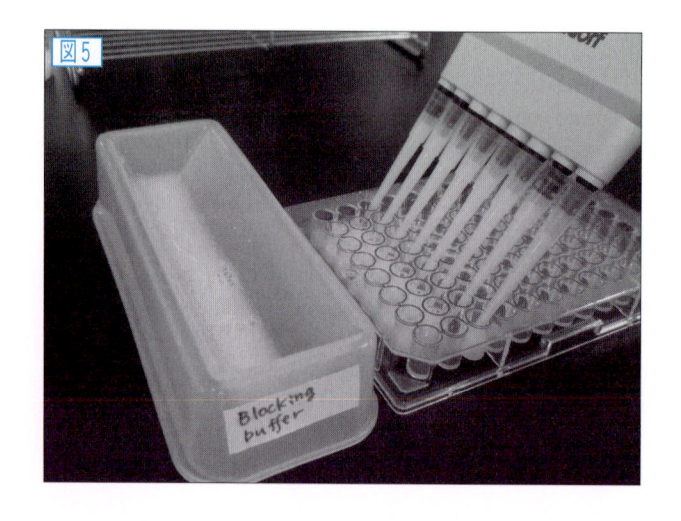

図3

図4

図5

［2］段階希釈による標準物質と検体の調整（図6）

1. チューブを8本並べ各チューブに1～7まで番号をラベルする。各チューブに希釈液を250μLずつ分注する。

2. 標準液である精製マウスIgG（1mg/mL）を250μLチップに採り，1番目のチューブに加え，ピペッティングでよく混ぜる。このとき泡立てないように注意する。この操作により，2倍希釈された標準液ができる。

3. チップを交換し，1番目のチューブから20μLを採り，2番目のチューブに加え，ピペッティングにより混和し，希釈する。これにより，最初の濃度から4倍希釈された標準液ができる。

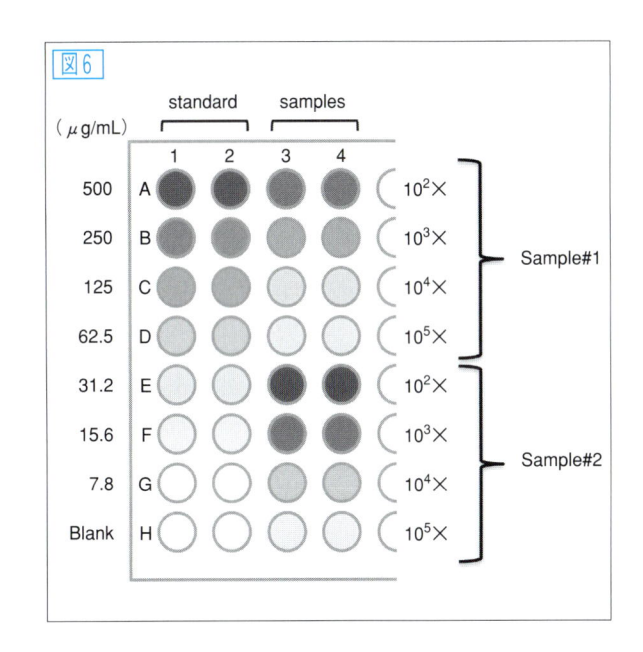

4. 以下，同様の操作を繰り返し，7番目のチューブまで2倍段階希釈を続ける（図7）。

5. 検体は10倍段階希釈を行う。検体希釈用のチューブ8本を用意し，ラベルをした後，希釈液を450μLずつそれぞれのチューブに添加する。

6. 検体を50μLチップに採り，1番目のチューブに加え，ピペッティングで混和・希釈する。これにより10倍希釈された検体ができる。

7. チップを交換し，希釈した検体液を50μL採り，2番目のチューブに加え，ピペッティングで混和・希釈する。これにより元の検体から100倍希釈された検体ができる。

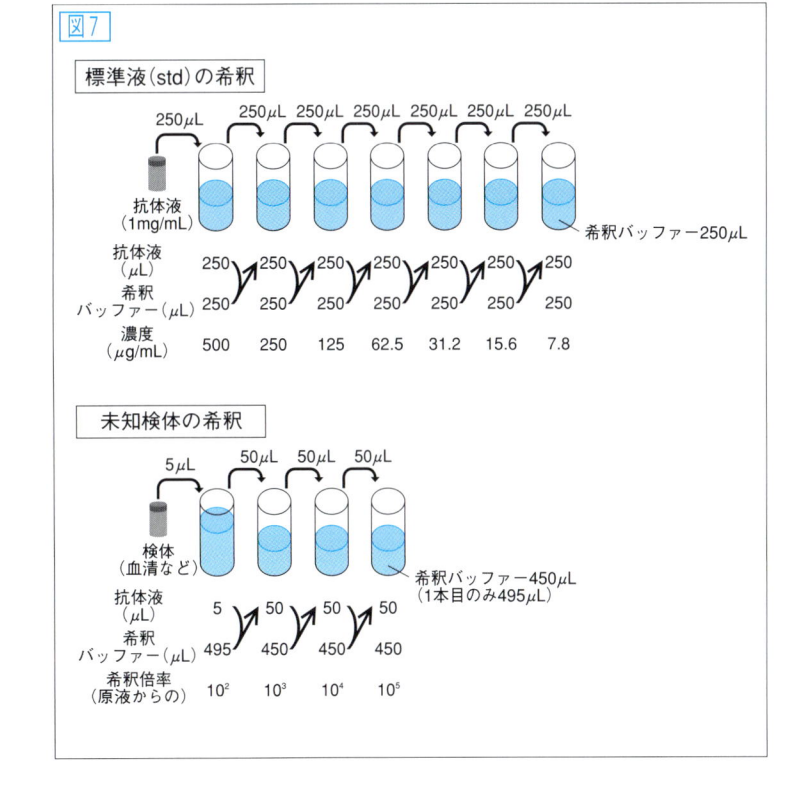

8. 以下，この操作を繰り返して，8番目のチューブまで10倍段階希釈を行う。

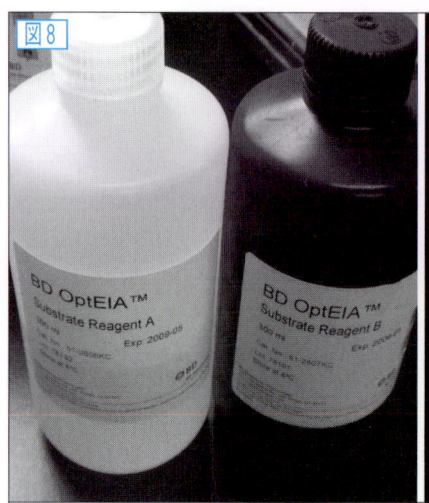

市販の発色基質キット（左）と発色反応中のプレート（右）

［3］ 標準液および検体との反応

1. ブロッキングしたプレートを洗浄液で3回洗浄する。

2. 同一検体について，2ウェル用意する。図6のようにプレートの第1および第2列に標準液を100μLずつ加える。H行には希釈液を加える。

3. 続いて，第3および第4列に希釈検体を100μLずつ順番に加える。

4. プレートをシールし，インキュベーター内で37℃，1時間反応させる。

［4］ 2次抗体との反応

1. 反応後，プレートを洗浄液で3回洗浄する。

2. 標識2次抗体を100μLずつ全てのウェルに分注する。

3. プレートをシールし，インキュベーター内で37℃，1時間反応させる（時間がないときは30分でも可。ただし発色反応は若干弱くなる）。

［5］ 発色反応と吸光度測定

1. プレートを洗浄液で5回洗浄する。

2. 発色基質液10mLに過酸化水素水10μLを加え，よく混和する。この操作は使用直前に行うこと。

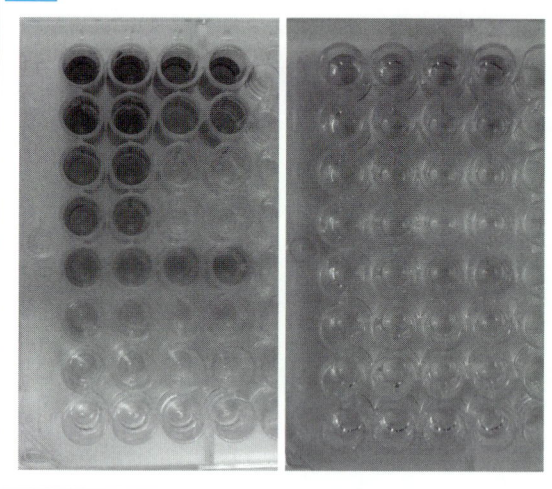

ELISAの発色例
左：TMBを基質として用いた場合，青色に発色する。この状態で吸光度を測定する場合は450 nmで測定する。
右：1N H_2SO_4で発色反応を停止させた場合。反応液は青色から黄色へと変化する。吸光度測定は405 nmで行う。

3. これを各ウェルに100μLずつ加え，アルミホイル（注：プレートシールは使用しない）などで遮光する（図8）。

4. 室温で30分間反応させる。時々発色の程度を観察すると良い。青緑色に発色する（図9左）。発色強度は，検体中のIgG濃度に依存する。発色強度は反応温度にも影響を受ける。部屋の気温に応じて発色時間は適宜調整する。

5. 反応停止液を50μL加え，発色を止める。停止液を加えると黄色に変色する（図9右）。バックグラ

免疫酵素抗体法　第23章

ンウンドが上がる前に発色を停めること。

6 プレートリーダーで405および492nmの吸光度を測定する（図10）。405nmの吸光度から492nmの吸光度を引き，これを測定値とする。また，このとき第1および第2列のH行のウェルをバックグラウンドとして設定するとよい。

図10

実験の結果

ELISAプレートの発色例を図11に示す。バックグランドでの発色がない，各ウェルの発色は希釈列に応じた発色強度であることを確認する。プレートリーダーにより得られた測定値をExcelなどに入力し，濃度を横軸に，吸光度を縦軸にとり，標準液の測定値をプロットし，標準曲線を作成する。標準曲線の一例を図12に示す。この標準曲線を元に，希釈直線性のあるところで，検体中のIgG濃度を求める。

図11 ELISAの発色例　カラーP参照

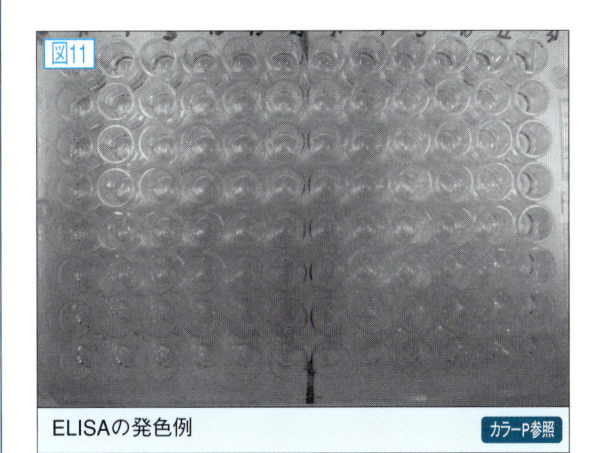

図12

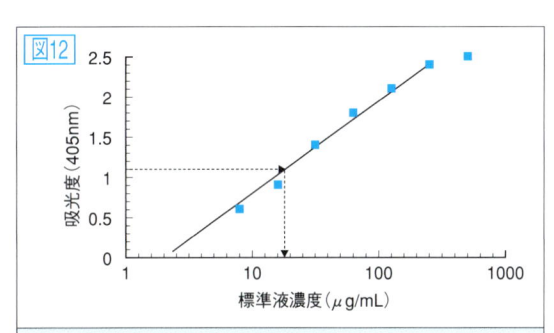

標準曲線と検体中のIgG量の定量
標準液濃度をX軸に，吸光度をY軸にプロットし，両対数グラフで標準曲線（検量線）を作成し，未知検体の濃度を求める。例えば，100倍希釈した未知検体の吸光度が1.1の場合，標準曲線を基に読み取った数値に希釈倍数をかけたもの（25μg/mL×100＝2.5mg/mL）が未知検体の濃度となる。

ポイント・メモ〈実験のコツ〉

●プレートウォッシャーがない場合の洗浄方法
（図13〜図16）
①プレートをしっかり握り，流しなどにプレート中の液体を勢いよく振り捨てる。②プレートを逆さまにして，キムタオルなどのペーパータオルを2，3枚重ねた上で数回たたき，水気を除く。③続いて洗浄液を各ウェルに分注し，再度流しに中身を振り捨て，水気をペーパータオルで除く。

この操作を繰り返して洗浄する。流しが浅い場合，洗浄時に液体が跳ね返るので，新聞紙などを敷いておくとよい。

図13 洗浄瓶で洗浄する場合

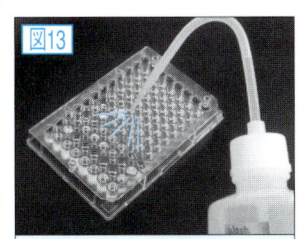

図14 流し台などに液体を捨てる。はねる場合は，新聞紙やペーパータオルなどを敷いておくとよい。

図15 プレートを裏返し，ペーパータオル等にパンパンとたたきつけて水気を除去する

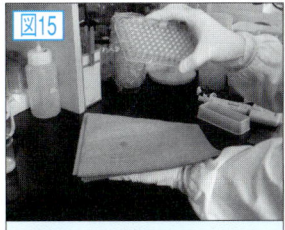

図16 十分，水分が飛ぶまで繰り返す。

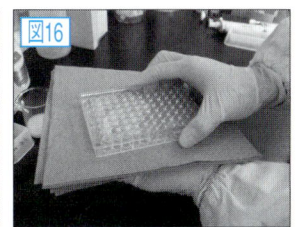

（川本　恵子）

第24章 補体結合反応

本実験の目的

モルモットの血清中に多く含まれる補体を利用し，赤血球とそれに対する抗体に補体が結合したとき，赤血球の溶血が起こることを利用して，肉眼的に抗体価を測定することを目的とする。

使用材料・機器

[1] 実験素材
- 抗原：ブルセラ菌不活化抗原
- 抗体：抗ブルセラ抗体含ウシ血清
- 補体：市販のものを用いる（モルモット血清を凍結乾燥させたもの）(図1)
- 希釈液：0.1M硫酸マグネシウム含生理食塩水
- ヒツジ赤血球：市販のものを用いる（Alsever液におよそ20％の割合に血球を含む）(図2)
- 溶血素：市販のものを用いる（ヒツジ血球を抗原としてウサギを免疫し，作った抗血清）

[2] 卓上機器
- 10mLピペット・安全ピペッター・8連マイクロピペッター（10μL～100μL）(図3右)・マイクロピペッター（10μL～100μL）(図3左)・マイクロ分注機（25μL, 50μL）(図4)・試験管（小試験管，中試験管）・滅菌用ホーロービーカーもしくはオートクレーブ可能な容器

[3] 大型機器
- マイクロプレート振揺機(図5)
- インキュベーター

[4] 消耗材
- U底96穴プラスチックマイクロプレート(図6)
- マイクロピペットチップ(図7)

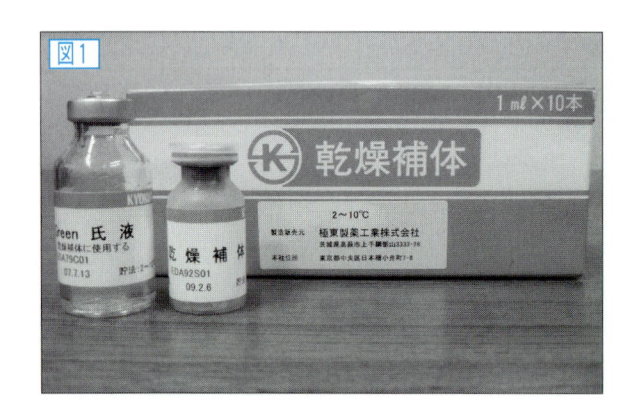

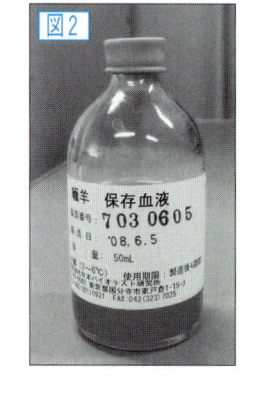

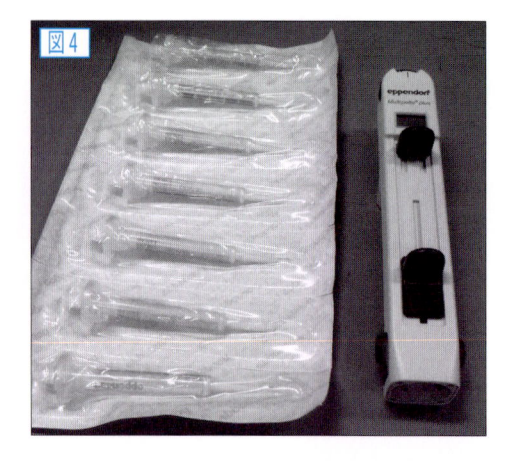

図1

図2

図3

図4

実　験　概　要

　補体結合反応（Complement fixation test，CF反応と略す）は抗原と抗体の結合物に補体が結合する性質を利用し，抗体価などを計測する方法で，ヒツジ赤血球を抗原としてウサギを免役して得られた血清を溶血素と称し，この血球と溶血素の結合物に補体が結合すると溶血が起こることを利用して，抗体量を測定するために開発された方法である。

　ウイルスの中和試験や血球凝集抑制（HI）反応に比べ感度は低いが，これら反応と異なる抗体を検出する方法として用いられる。

【原理】　反応系の因子は以下の5つ

```
抗原 ─┐    ╱赤血球
      ├補体              ：→ 溶血（－）  ［補体結合反応陽性］
抗体 ─┘(+) ╲溶血素

抗原 ─┐    ╱赤血球
      ├補体              ：→ 溶血（＋）  ［補体結合反応陰性］
抗体 ─┘(-) ╲溶血素
```

　抗原抗体反応が起こるものなら何でも検出可能な方法であるが，ときには抗原と抗体の種類により補体結合反応を示さない場合がある。肺炎球菌3型多糖質はウサギ免疫血清とは補体結合反応を示すが，ウマ免疫血清とは補体結合反応を示さない。各種動物の血清中には補体が存在し，抗補体作用を示すことがあるので，以下のように加温し抗補体作用をなくすことができる（表1）。

　血清を加温する場合は，各血清を1：5に生理食塩水で希釈して行うと，熱による血清成分の凝固を防ぐことができる。またニワトリの抗血清を用いると，補体結合反応を示さないので注意する。

表1　動物種別血清の抗補体作用をなくす加温条件

動物種	抗補体作用をなくす加温条件
ヒト，ウマ，マウス	60℃　20分
サル	62℃　20分
イヌ，ウサギ，ハムスター	65℃　20分

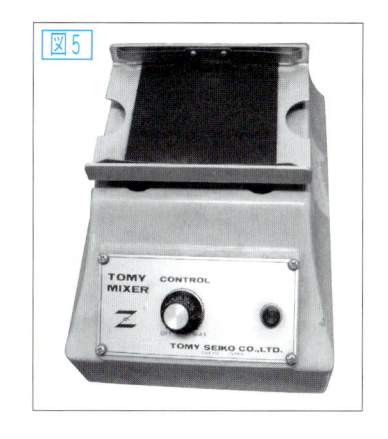

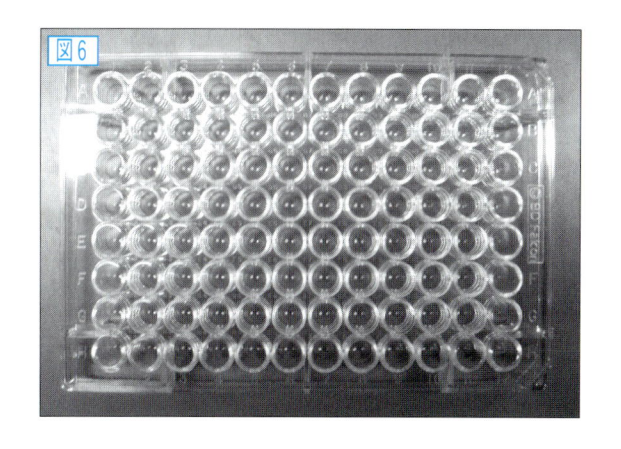

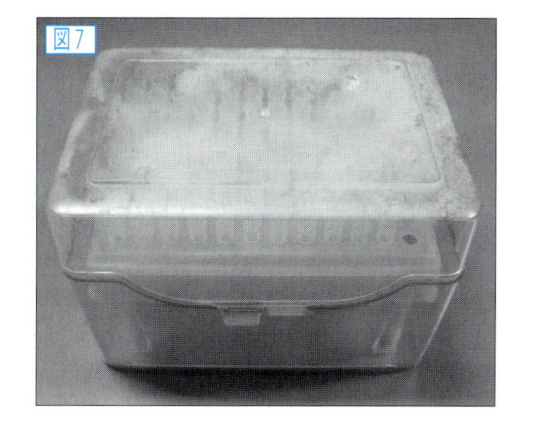

第24章 補体結合反応

実　験　の　手　順

[1] 実験素材，機器の準備

1. **抗原**：補体結合反応を行うためのブルセラ可溶化抗原は市販のものを用いるが，製造法は以下の通りである。
   ① ブルセラ・メリテンシス99株を，10％ウシ血清加寒天培地に37℃で48〜72時間培養後，生理食塩水に浮遊させたものを菌液とする。
   ② 菌液をさらに培養した培養菌液を遠心し，生理食塩水で3回洗浄して得られた沈査（湿菌）を材料として抽出抗原を作製する。
   ③ 湿菌1gに対して2％フェノール加生理食塩水を10mLの割合になるように加えて，均等な浮遊液とし，22℃で14日間静置して抗原抽出を行う。
   ④ その抽出液を6,000Gで30分間遠心し，上清を採取する。
   ⑤ この上清を，生理食塩水および0.5％フェノール加食塩水で透析したものが可溶化抗原である。

2. **抗体**：市販抗原に添付されている参照陽性血清を用いる。ブルセラ・メリテンシスに感染したウシの血清で，補体結合反応抗体価が1,280倍のもの。

3. **希釈液**：補体結合反応に使用する血球，溶血素，補体，抗原および抗体の希釈には0.1M硫酸マグネシウム含生理食塩水を用いる。

4. **赤血球**：
   ① 市販のヒツジ脱線血を購入し，生理食塩水で2回洗浄する。
   ② 上記を用いて，2％ヒツジ赤血球液を用意する。

5. **卓上機材**：
   ① U底の96穴マイクロプレートを，検査材料の数に合わせて必要な枚数，用意する。
   ② 容量25μLおよび50μL計量できる8連マイクロピペットおよびマイクロピペットを用意し，それらに装着可能なチップを用意する。
   ③ 希釈液をマイクロプレートに分注するときに用いる連続分注機を用意するが，なければ8連マイクロピペットで代用する―その場合ディスペンサーが必要となる。

6. **電気振揺機**：マイクロプレートを装着し，振揺できる電気振揺機を用意する。

[2] 溶血素単位の測定（表2-a，表2-b）

① 1：40 補体とヒツジ2％血球を用いて溶血素の完全溶血最高希釈（1単位）を知る。
② 2単位含むように溶血素を希釈する。これと2％血球を等量混合し，感作血球を調整する（37℃，30分）

表2-a　希釈液の作り方（中試験管を用いる）

溶血素		生食	希釈度
1：100	0.2 mL	1.8 mL	1：1000
1：100	0.2 mL	2.8 mL	1：1500
1：100	0.2 mL	3.8 mL	1：2000
1：100	0.2 mL	4.8 mL	1：2500
1：100	0.2 mL	5.8 mL	1：3000
1：100	0.2 mL	6.8 mL	1：3500
1：100	0.2 mL	7.8 mL	1：4000

表2-b　溶血素単位の測定（小試験管を用いる）

	溶血素 0.25 mL 赤血球			補体 1：40　生食		
1	1：1000	0.25 mL	室温10分間放置	0.5 mL	0.5 mL	37℃ Water bath 30分間
2	1：1500	0.25 mL		0.5 mL	0.5 mL	
3	1：2000	0.25 mL		0.5 mL	0.5 mL	
4	1：2500	0.25 mL		0.5 mL	0.5 mL	
5	1：3000	0.25 mL		0.5 mL	0.5 mL	
6	1：3500	0.25 mL		0.5 mL	0.5 mL	
7	1：4000	0.25 mL		0.5 mL	0.5 mL	
8	1：1000	0.25 mL		0	1.0 mL	
9	0	0.25 mL		0.5 mL	0.75 mL	
10	0	0.25 mL		0	1.25 mL	

［3］補体単位の測定(表3)

完全溶血を示す補体の最小量（X mL，1単位）を知り0.5 mL中に2単位含まれるように希釈する。

$40 \times 0.5 / 2X$ が求める補体希釈倍数

表3　補体単位の測定(小試験管を用いる)

	補体 1：40	＊抗原 1：100	生食	感作 血球		使用希 釈倍数 2単位 ・0.5 mL
1	0.09 mL	0.25 mL	0.66 mL	0.5 mL	37℃ Water bath 30分 間	111
2	0.1 mL	〃	0.65 mL	〃		100
3	0.11 mL	〃	0.64 mL	〃		90
4	0.12 mL	〃	0.63 mL	〃		83
5	0.13 mL	〃	0.62 mL	〃		76
6	0.14 mL	〃	0.61 mL	〃		71
7	0.16 mL	〃	0.59 mL	〃		62
8	0.18 mL	〃	0.57 mL	〃		55
9	0.2 mL	〃	0.55 mL	〃		50
10	0.22 mL	〃	0.53 mL	〃		45
11	0 mL	0 mL	1.00 mL	〃		—

完全溶血を示す補体の最小単位を正単位とする。ふつう，抗原単位測定・本試験には2正単位を用いる。本試験・抗原単位測定には補体は0.5 mLに2正単位含まれるように希釈する。

例えば1：40希釈0.16 mLが正単位なら，使用量はその倍の0.32 mLであるから40×50／32＝62すなわち1：62希釈0.5 mLを使えばよいことになる。

――― ＊：ポイント・メモ〈実験のコツ〉 ―――
［1］補体単位の測定には，使用する抗原を加えるのが原則だが，まったく抗補体作用のないことの分かっている抗原では，便宜的にこれを省略することがある。この場合は抗原の代わりに生理食塩水を加えればよい。
［2］抗補体作用や，逆に溶血促進作用を有する抗原では，様々な希釈列で数列並行して補体単位を測定することもある。

［4］本試験

マイクロプレートの穴に希釈抗原・希釈抗体を各々25 μLおよび補体50 μLを入れる。

【操作】（表4-a，表4-b）

1. エッペンドルフ連続分注機（図8）を使って各穴に0.01％MgSO₄生理食塩水を25 μL入れる。

2. ①希釈した抗血清をマイクロピペットで取り，抗体（×2）の穴に入れる。
②8連マイクロピペット（25 μL）で撹拌（順次同様に×1,280まで希釈する）（図9）。

3. 各々の倍率に希釈した抗原希釈液を各々の穴（列）に25 μLずつ滴下する（図10）。

4. 軽く振揺後，補体を50 μLずつ全ての穴に滴下する。

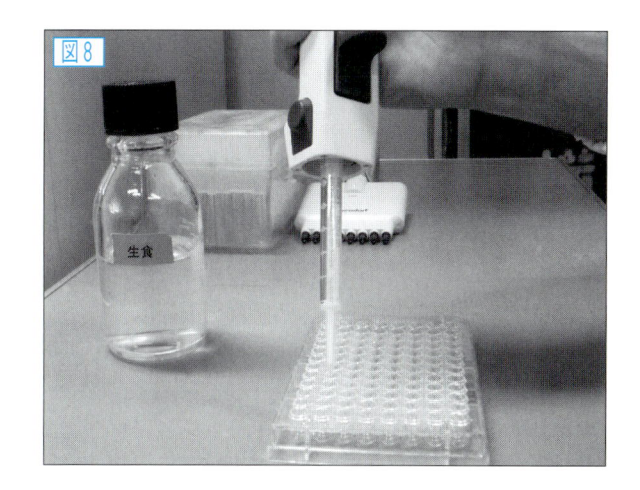

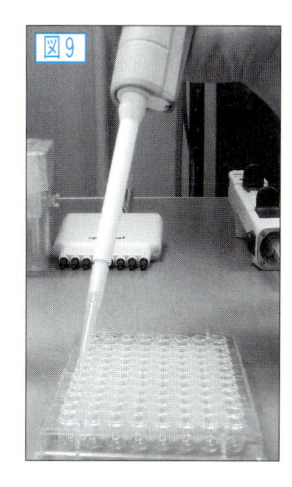

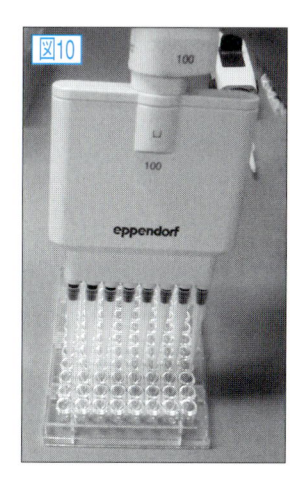

第24章 補体結合反応

⑤ ①2（補体100μL），1.5（補体75μL，生食25μL），1（補体50μL，生食50μL），0.5（補体25μL，生食75μL），0（生食100μL）のコントロール（補体対照）を作る。
②よく振揺後，冷蔵庫に一晩静置。
③翌日，室温に10分間静置した後に，感作血球を50μLずつ入れ（図11），よく振揺（軽くプレートの角を指でたたく）した後に，
④インキュベーター（37℃）に１時間静置。判定する。

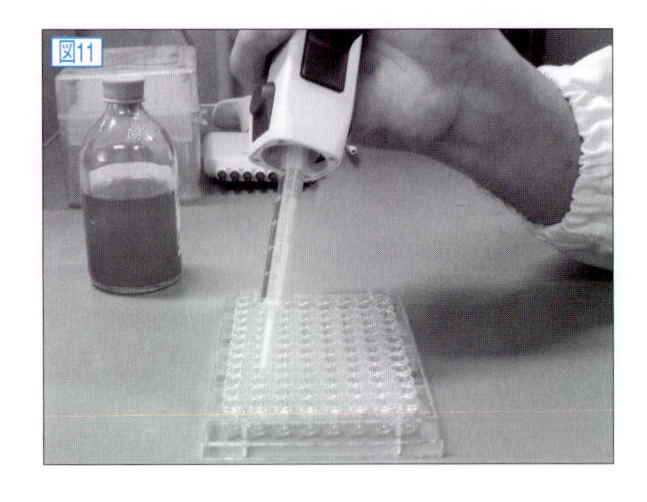

図11

表4-a　判定

4	＋	100％溶血阻止
3	＋	75％溶血阻止
2	＋	50％溶血阻止
1	＋	25％溶血阻止
0	－	完全溶血

表4-b　補体結合反応本試験

抗体 抗原	1:20	1:40	1:80	1:160	1:320	1:640	1:1280	抗原コントロール	補体対照
1:100								各希釈の抗原に生食25μL，補体50μLを加える	補体100μL
1:200	抗原（25μL）＋抗体（25μL）＋補体（50μL）。 抗体は８連マイクロピペットで希釈し，別に試験管に希釈してある抗原を各列に滴下する								補体75μL＋生食25μL
1:400									補体50μL＋生食50μL
1:800									補体25μL＋生食75μL
1:1600									生食100μL
1:3200									
1:6400									
抗体コントロール	各希釈の抗体に生食25μLを加え，補体を50μL加える							生食50μL＋補体50μL	

ポイント・メモ〈実験のコツ〉

［１］補体は熱に弱く，活性がすぐに低下するので，試験中は補体だけでなく，本試験に使用する２％ヒツジ血球，希釈用の0.1％硫酸マグネシウム添加生理食塩水など全て粉砕氷中で冷やしながら試験を行う。

［２］市販のヒツジ赤血球は冷蔵庫に保存すれば，１週間くらい使用可能であるが，２％ヒツジ赤血球浮遊液は冷蔵庫に３日くらいしか保存できない。

［３］抗体を希釈する場合の８連マイクロピペットのチップはマイクロプレートの底につけてリズムよく液を出し入れし撹拌しながら，隣の列にチップを移動させ行う。

［４］抗原はあらかじめ，２倍階段希釈しておき，希釈の高い方からマイクロピペットでチップを交換せずに分注してゆく。

［５］補体は補体力価測定で算定した希釈倍率で，生理食塩水を使って希釈し，連続分注器で50μLずつウェルから飛び出ないように注意して，分注してゆく。

［６］感作血球を分注する１時間前に必ず，プレートを室温に戻し，速やかに反応が出るようにする。連続分注機により感作赤血球浮遊液を分注する場合は，ウェル内に入っている補体および抗原抗体混合液がウェル外に飛び出ないように，ウェルの壁面に当てて感作赤血球浮遊液を注入するようにする。

＊実際に現場で行われている補体結合反応では溶血素および補体の力価があらかじめ調べられており，本実験のようにここまで厳密に行う必要はない。また抗原力価も明確な場合は抗原を一定の濃度に希釈し希釈した抗体に加え，補体結合反応の力価を測定することができる。

補体結合反応　第24章

実験の結果

①溶血素の力価測定：図12の一番右側の試験管は溶血素の希釈が1：2,000で次から5本目まで1：2,500，1：3,000，1：3,500，1：4,000である。ここまで溶血が認められ，残りの左側3本の試験管は左から補体および溶血素を含まないコントロール，溶血素を含まないコントロールおよび補体を含まないコントロールで，この試験では最大希釈まで溶血が確認された(図12)。

②補体の力価測定：図13の一番右側の試験管は1：40補体の量が0.22mLで次から左に0.2mL，0.18mL，0.16mL，0.14mL，0.13mL，0.12mL，0.11mL，0.1mL，0.09mLである。そして右側から4本目(0.16mL)まで溶血が認められている。試験管立て外側の1本は生食のみのコントロールで感作血球の溶血は認められない(図13)。

③補体結合反応本試験結果：図14で，抗体は20倍に希釈したものを左側2列目から2倍階段希釈を行っており，抗原は最上列から100倍希釈のものを2倍階段希釈したものを分注している。溶血していない感作血球はプレート底に沈殿し日の丸状を呈しており，最上列から3段目まで左から4列目まで溶血が認められない(図14)。したがって，抗体の力価は160倍となる。

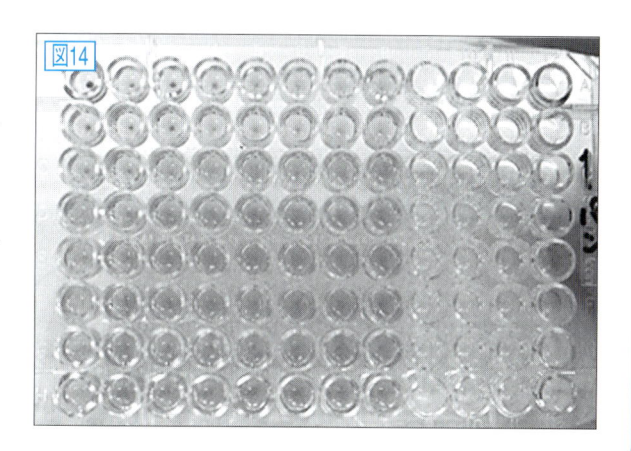

（白井　淳資）

第25章 サイトカイン

本実験の目的

様々なサイトカインの測定法の原理を理解し，技術を習得する。

実験概要

サイトカインの測定は，生体の免疫反応の解析に重要な位置を占める。その方法は，大きく分けて，サイトカインの活性を利用した機能試験と，物質としてのサイトカインを検出する試験（ELISAなどの蛋白定量やreal time PCRによるmRNA定量など）がある。

[A] 活性を利用したサイトカイン測定（バイオアッセイ）

[A] の実験概要

IL-2に依存して増殖するCTLL 2細胞や，IL 6に依存して増殖するマウスのMH60細胞など，特定のサイトカインに依存して増殖する細胞の増殖を測定することで，サイトカインを定量することができる。増殖活性の測定にはトリチウム標識したチミジンの取り込みによるRI検出系や，BrdUの取り込みを応用した非RIの発色検出系などがある。

逆に，TNF（tumor necrosis factor 腫瘍壊死因子）により細胞死を誘導するL929細胞を利用して，TNFの測定をすることができる。ここでは試薬の観点から比較的簡便に実行可能な，細胞死によるTNF活性の測定法を紹介する。

> [実験メモ]
> [1] 本試験ではTNF-alphaとTNF-betaを識別することができないが，例えば抗TNF-alpha抗体処理による活性阻害試験を行えば，TNF-alpha特異的な活性を見ることができる。
> [2] TNF-alphaを誘導する方法として，骨髄由来マクロファージを培養し，LPS処理をすることなどが挙げられる。
> [3] L929細胞はマウス由来細胞だが，TNF活性については，マウス以外でも，ヒトやサル，ラットの活性測定は可能である。

使用材料・機器

[1] 実験素材
- L929細胞(TNF感受性のもの，必要に応じて細胞のクローニング)
- TNFスタンダード
- TNF未知サンプル

[2] 器具
- 血球計算盤・マイクロピペット(マルチピペッター)

[3] 卓上機器
- 倒立顕微鏡・遠心機・プレートミキサー

[4] 大型機器
- クリーンベンチ・CO_2インキュベーター・高圧蒸気滅菌器(オートクレーブ)・プレートリーダー(550nmの波長測定)

[5] 消耗材
- 増殖培地(RPMI+10%FCS)・96穴平底細胞培養用プレート・PBS^-*(表1)・トリプシン-EDTA・アクチノマイシンD[500μg/mLのストックを作成し，-20℃で分注保存，用事調整(4μg/mLに増殖培地で希釈)]・PBS^+・25% グルタルアルデヒド[PBS^+で希釈]・3% クリスタルバイオレット[PBS^+で希釈]・1% SDS[水で希釈]

表1 *PBS^-の組成(必要ならHClでpH7.4に調整)

	最終濃度	作成例
NaCl	137mM	8 g
Na_2HPO_4 $12H_2O$	8.10mM	2.9 g
KCl	2.68mM	0.2 g
KH_2PO_4	1.47mM	0.2 g
超純水		1000mLにメスアップ

(その後，オートクレーブ)

*PBS^+は，オートクレーブ済みのPBS^-に，ろ過滅菌した 1 M $CaCl_2$ (最終濃度：0.9mM; 1000mLのPBSに対して900uL)と 1 M $MgCl_2$ (最終濃度：0.33mM; 1000mLのPBSに対して330uL)を加える。PBS^+はオートクレーブをかけられないので，無菌的に扱う場合は滅菌済みの各試薬を混合して作成する。

実験の手順

[1] 1日目：L929細胞の調整
(第15章「細胞培養の継代とウイルス接種(P126)」，参照)

1. 付着細胞であるL929細胞(L細胞)をPBS^-で洗い，トリプシン-EDTAで剥がす。

2. 増殖培地(RPMI+10%FCS)を加えてトリプシンを中和すると共に，よくピペッティングして細胞をバラバラ(single cell suspension)にする。

3. 遠沈管に細胞を移し，遠心後，上清を捨てる。

4. 沈澱している細胞を新しい増殖培地で再浮遊する。

5. 細胞数を $3×10^5$/mLに調整する。

6. 図1のように96穴平底プレートの各穴に50μLずつ細胞浮遊液を入れる(図1)。

図1

	1	2	3	4	5	6	7	8	9	10	11	12
A	S1						S9					
B	S2						S10					
C	S3						S11					
D	S4						BL					
E	S5						X1					
F	S6						X2					
G	S7						X3					
H	S8						X4					

S1〜S11：TNFスタンダード(希釈列)
BL：ブランク(陰性対照)
X1〜X4：TNF未知サンプル

(ここの例ではプレートの2〜4, 8〜10のウェル(well)に細胞を蒔く；トリプリケートで行う)。

7. 37℃，5% CO_2存在下で一晩培養する。

第25章　サイトカイン

[2] 2日目

1. 倒立顕微鏡でL細胞がシートを形成して（confluentになって）いることを確認する（図8）。（Well# A～H／2～4　および8～10に細胞が培養してある）

■ [TNFスタンダードの1/2希釈系列をつくる]

2. 図2のように，S1～S11とBLのWell（Well# B～H1およびA～D7）に増殖培地（RPMI＋10%FCS）を100μLずつ加える（図2）。

3. TNFスタンダード原液（500ng/mL）を100μL，A1（S1）のWellに加え，2～3回ピペッティングしてから100μLをB1（S2）に加え，2倍段階希釈をしていく（図3）。

図2

	1	2	3	4	5	6	7	8	9	10	11	12
A	S1						S9					
B	S2						S10					
C	S3						S11					
D	S4						BL					
E	S5						X1					
F	S6						X2					
G	S7						X3					
H	S8						X4					

図3

	1	2	3	4	5	6	7	8	9	10	11	12
A	S1						S9					
B	S2						S10					
C	S3						S11					
D	S4						BL					
E	S5						X1					
F	S6						X2					
G	S7						X3					
H	S8						X4					

4. H1（S8）の次の希釈をA7（S9）で行い，A7（S9）からC7（S11）まで2倍段階希釈をする [D7は陰性対照BLなので加えないことに注意／また，E7（X1）～H7（X4）は空である]（図4）。

図4

	1	2	3	4	5	6	7	8	9	10	11	12
A	S1						S9					
B	S2						S10					
C	S3						S11					
D	S4						BL					
E	S5						X1					
F	S6						X2					
G	S7						X3					
H	S8						X4					

■ [試験液をL細胞に加え，トリプリケートで反応させる]

5. 図5のようにアクチノマイシンD（4μg/mL）を25μLずつ，細胞の生えているWellに加える（図5）。

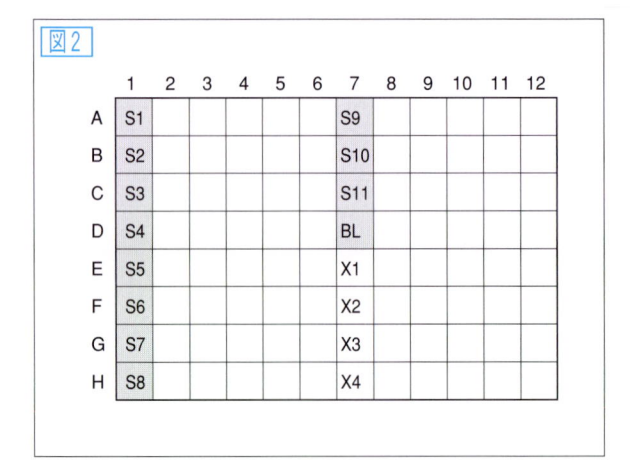

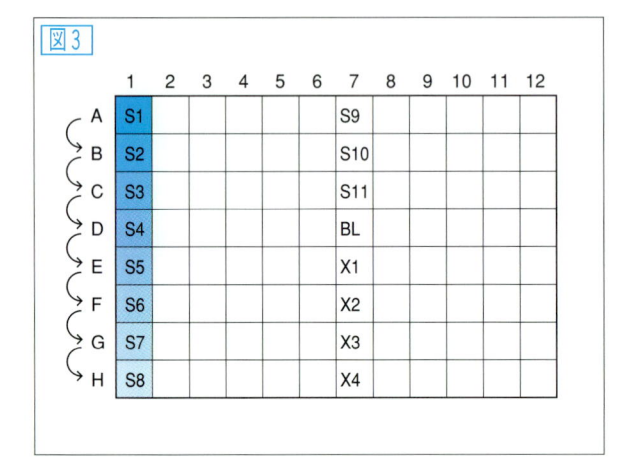

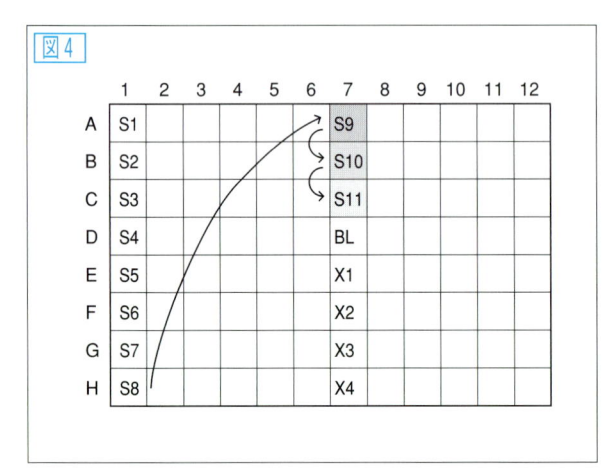

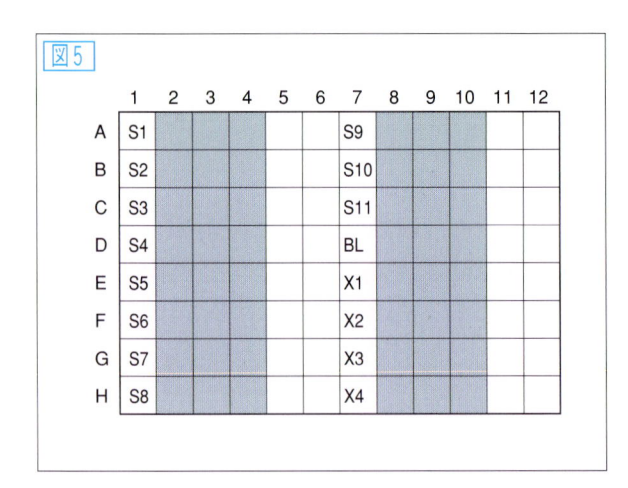

図5

	1	2	3	4	5	6	7	8	9	10	11	12
A	S1						S9					
B	S2						S10					
C	S3						S11					
D	S4						BL					
E	S5						X1					
F	S6						X2					
G	S7						X3					
H	S8						X4					

6. D7（BL）のコントロールから順に，各列の横3つのL細胞が生えているWell#8～10または2～4に25 μLずつ，TNFスタンダード希釈液を加えていく（図6）。

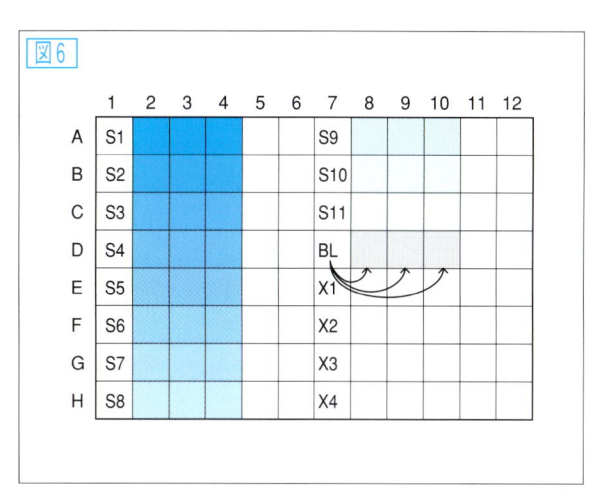

図6

7. TNF未知サンプル1～4（1.5 mLチューブ入り）をE～H，8～10に25 μLずつ加える（図7）。

8. 37℃，5％CO_2存在下で24時間培養する。

図7

[3] 3日目

（無菌的に行う必要はないので，クリーンベンチ外で作業可）

1. 倒立顕微鏡でL細胞が溶解していることを確認する（図8～図10）。

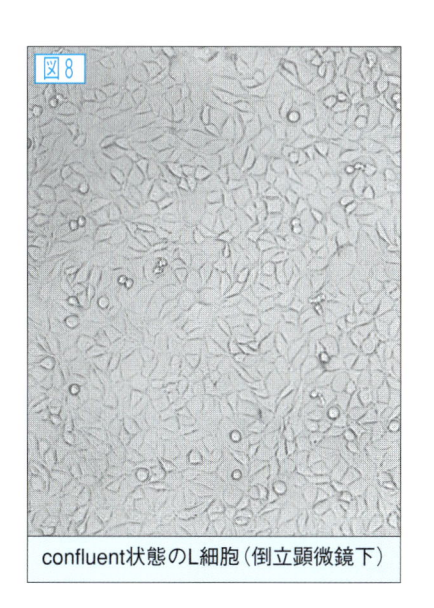

図8
confluent状態のL細胞（倒立顕微鏡下）

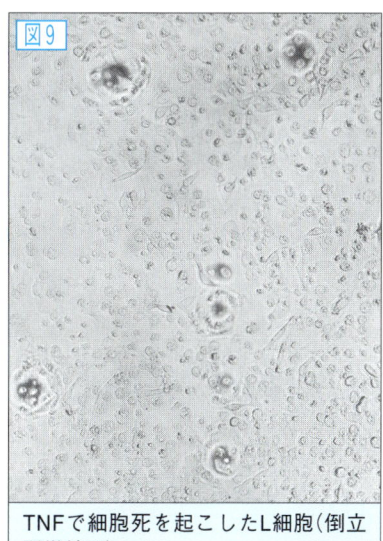

図9
TNFで細胞死を起こしたL細胞（倒立顕微鏡下）

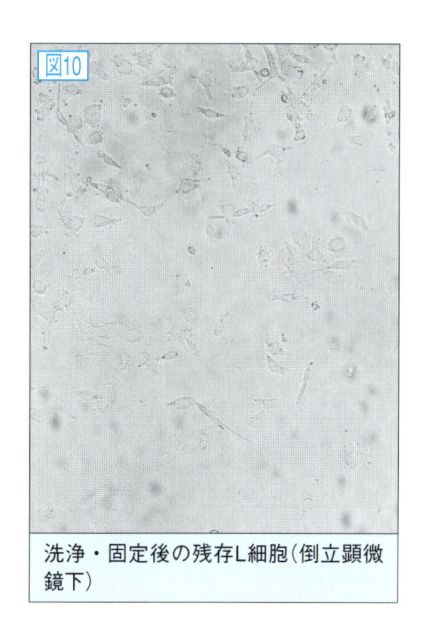

図10
洗浄・固定後の残存L細胞（倒立顕微鏡下）

第25章　サイトカイン

② プレートを逆さにして上清を捨て，各穴を100μLのPBS+で2回洗う（図11）。

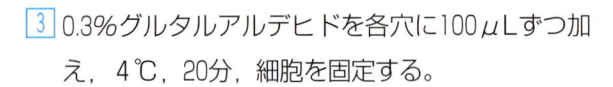

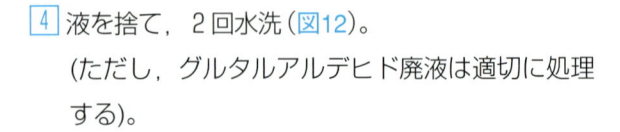

図11　プレートを逆さにして上清を捨てる

③ 0.3%グルタルアルデヒドを各穴に100μLずつ加え，4℃，20分，細胞を固定する。

④ 液を捨て，2回水洗（図12）。
（ただし，グルタルアルデヒド廃液は適切に処理する）。

図12　プレートを上向きのまま，バット内の水道水中に静かに没し，ウェル内の空気を除いてから緩やかに上下させる

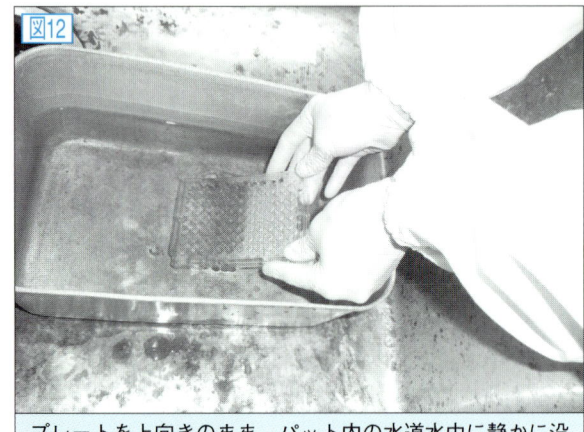

⑤ 水を捨て，ペーパータオル上でプレートを逆さにしてたたき，水気をよく取る（図13）。

⑥ 0.3%クリスタルバイオレットを各穴に50μLずつ加え，室温で20分，細胞を染色する（図14）。

図13　ペーパータオル上でプレートを逆さにしてたたき，水気をよく取る

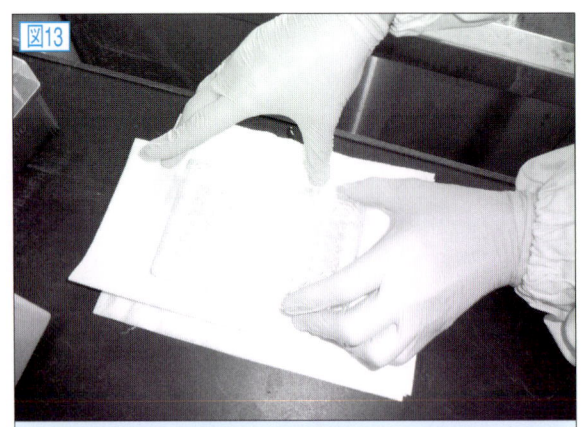

図14　0.3%クリスタルバイオレットを各穴に50μLずつ加える

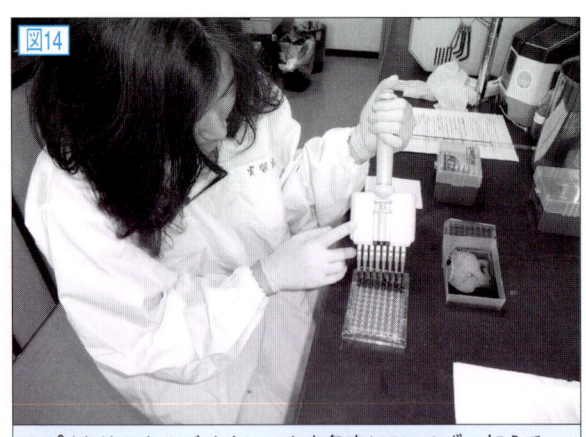

7 水洗する（ウェルの側壁に色素が残らない程度まで）（図15）。

図15 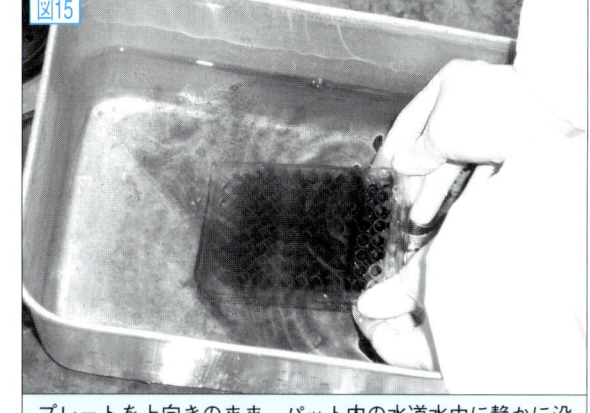
プレートを上向きのまま，バット内の水道水中に静かに没した後，プレートを逆さまにしてウェル内の洗浄水を捨てる。バット内の水道水を換えてこの作業を繰り返し，ウェルの側壁に色素が残らない程度まで洗浄する

8 よく乾燥させる。

9 1％ SDSを各穴に100μLずつ加え，プレートミキサーで撹拌して，細胞を溶解する（図16，図17）。

図16 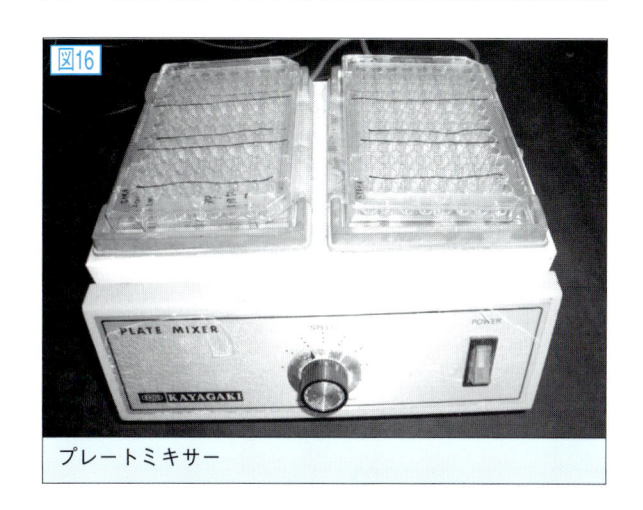
プレートミキサー

10 プレートリーダーで測定する（測定波長：550nm/ref.w.l.：450nm）。

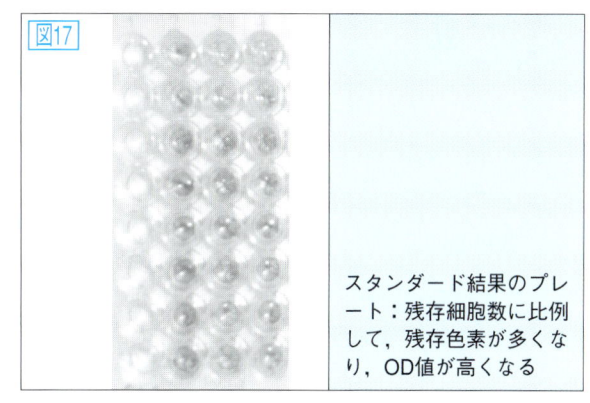

図17
スタンダード結果のプレート：残存細胞数に比例して，残存色素が多くなり，OD値が高くなる

11 上記の結果に基づき，TNF未知サンプルの濃度を求める。
　①トリプリケートのOD値の平均を求める。
　②スタンダードのTNF濃度とOD値をグラフにプロットする（図18）。
　③TNF未知サンプルのOD値と，②のグラフから，未知サンプルのTNF濃度を求める。
　④OD値から，陰性対照のL細胞生存率を100％として，各サンプルの生存率％を求めてもよい。

図18 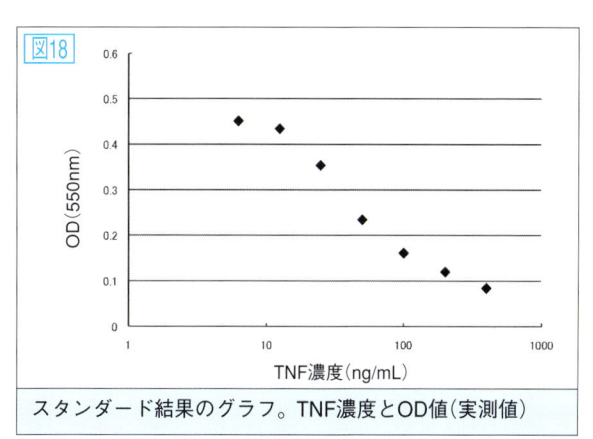
スタンダード結果のグラフ。TNF濃度とOD値（実測値）

193

第25章 サイトカイン

[B] ELISAを利用したサイトカイン測定

[B] の実験概要

サイトカインを認識する特異抗体を利用した蛋白定量である。動物種によっては市販のキットが入手可能なものがあり，高価だが，その使用説明書に従って行えば通常は良好な結果が得られる。以下に，一般的なサンドイッチELISAによる検出法の原理と手順を示す（図19）。

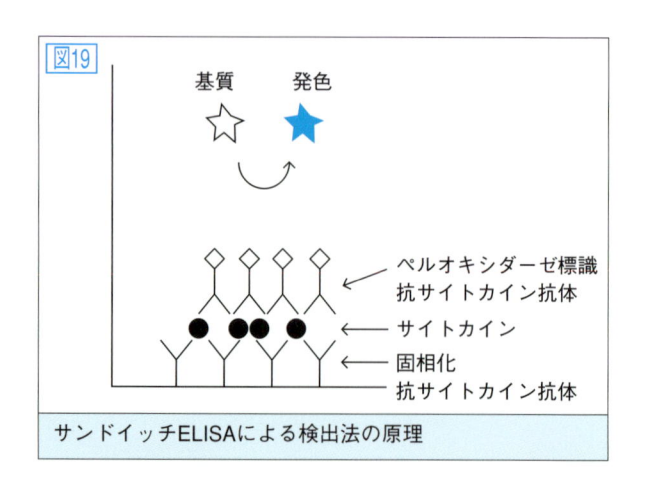

図19

サンドイッチELISAによる検出法の原理

実験の手順

1. サイトカイン捕捉用抗体（抗サイトカイン抗体）をコーティング用バッファーで希釈し，ELISA用の96穴プレートの各ウェルに50μLずつ加える。

2. プレートをカバーし，4℃で一晩，抗体を吸着させる。

3. 洗浄液（0.05% Tween 20/PBS⁻など）で2回洗浄する。プレートを逆さまにして洗浄液を捨てた後，ペーパータオルの上に強く叩き付け，液を完全に取り除く。

4. ブロッキング液を各ウェルに200μLずつ加える。

5. プレートをカバーし，室温で2時間，非特異反応のブロッキングを行う。

6. 洗浄液で2回洗浄する。

7. 10% FCS/PBS⁻で，サイトカインのスタンダードの2倍段階希釈列を作成し，該当するウェルに100μLずつ加える。

8. 未知サンプルも同様に10% FCS/PBS⁻で適当に（測定値がスタンダードの希釈列の最大と最小の間に収まるように）希釈し，該当するウェルに100μLずつ加える。

9. プレートをカバーし，4℃で一晩，反応させる。

10. 洗浄液で3～4回洗浄する。

11. 検出用のペルオキシダーゼ標識した抗サイトカイン抗体を10% FCS/PBS で適当に希釈し，各ウェルに100μLずつ加える。

12. プレートをカバーし，室温で1時間，反応させる。

13. 洗浄液で3～6回洗浄する。

14. 発色液を使用直前に調整し，各ウェルに100μLずつ加える。

15. プレートをカバーし，アルミフォイルで包んで遮光して，室温で15～30分，基質を反応させる。

16 反応停止液を各wellに50μLずつ加えて（図20）反応を停止させた後，30分以内にプレートリーダーにより，吸光度（ATBCの場合，測定波長450nm）を測定する（図21）。

― ［実験のヒント］ ―
自分で抗体を貼付ける場合，使用するプレートによっては良好な結果が得られないことがある。MaxiSorp（Nunc社）など，蛋白をよく貼付けるELISA用のプレートを用いる。

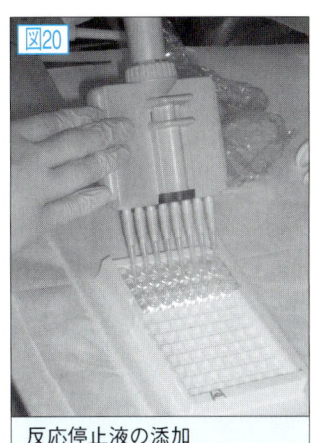

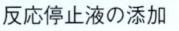

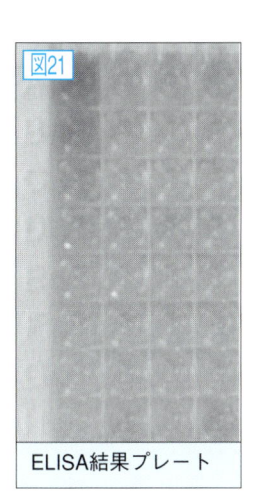

図20 反応停止液の添加

図21 ELISA結果プレート

応用編

a. Bio Plex / Luminex(FCM)等によるサイトカイン測定

近年ビーズに抗体を結合させ，少量（25uL程度）のサンプルから複数のサイトカイン等を同時に測定できるビーズアレイシステムが開発され，普及してきているので，参照されたい。

［手順概略］
①サンプル調整（血清，細胞培養上清等）
②専用の96穴プレートで1次抗体付きビーズと反応
③96穴プレートのウェル内で洗浄
④二次抗体（ビオチンラベル抗体）と反応
⑤96穴プレートのウェル内で洗浄
⑥ストレプトアビジン溶液（Str-PE）と反応
⑦専用の機械，あるいはフローサイトメータにより解析

また，サイトカイン産生細胞を抗体で反応させて検出する，ELISPOTや細胞内サイトカイン染色（FCMにより検出）も普及している。

b. RT-PCRによるmRNA測定

動物種によっては特異抗体の入手が難しいことがある。しかしその遺伝子情報がある場合に，サイトカインの蛋白ではなく，mRNAを測定することで定量化することが可能である。

（芳賀　猛）

第26章 リンパ球の幼若化反応

本実験の目的

［1］リンパ球幼若化反応は，刺激剤（mitogenマイトジェン）に対するリンパ球の応答を調べる実験手法であり，リンパ球機能不全の有無を調べるための臨床検査法にも応用されている。

［2］Ｔ細胞系の異常による免疫不全症においては，その測定値が低下する。そのため，Ｔ細胞不全を合併するような疾患やその疾患に対する重症度を，マイトジェンに対するＴ細胞の応答能により調べることができ，免疫機能・疾病予後の経過観察などの評価にも利用される。

リンパ球の幼若化反応とは

生体内では，免疫記憶細胞（抗原感作リンパ球）が対応する抗原と接触すると，DNA合成が促進され幼若化（芽球化）し，そのリンパ球は分裂し，分化する。

この現象と類似するリンパ球の幼若化反応をin vitroで誘導することが可能なマイトジェンが，Concanavalin A（Con A），Phytohemagglutinin（PHA）あるいはPokeweed mitogen（PWM）などの植物性由来のレクチンである。

これらのマイトジェンは末梢血Ｔ細胞に対して刺激能を有し，ヘルパーＴ細胞およびサプレッサーＴ細胞の両方を活性化する。しかし，Ｔ細胞に対するその刺激はマイトジェンにより若干異なり，Con AがCD8陽性細胞を強く活性化するのに対し，PHAはCD8陽性細胞よりもCD4陽性細胞を強く活性化する。

PWMは，Ｔ細胞とＢ細胞の両細胞を活性化することが知られている。

使用材料・機器

［1］実験素材
- ヘパリン加で採血した新鮮な血液　5～10mL

［2］卓上機器
- ピペット各種（1～10mLの数種類）
- マイクロピペット
  ① シングル：（20～200μL，100～1,000μLを採取可能なもの）
  ② マルチチャンネル（8連）：プレートに細胞を分注するときに使用
- アスピレータ（上清を吸い取るときに便利）
- ガスバーナー（クリーンベンチがあれば不用）

［3］大型機器
- クリーンベンチ（バイオハザード対応の場合は安全キャビネット）
- 遠心分離機（3,000回転まで遠心分離可能なもの）
- マルチウェル分光光度計（マイクロプレートリーダー，波長域540-690nm）

［4］消耗材
- ピペットチップ（滅菌済み）
- リザーバー（滅菌済み）
- 遠心管（15，50mL）
- 96穴プレート（平底滅菌済み蓋付）
- 70％エタノール（スプレーと綿花を用意する）

試薬ならびにその調整法

❶ 培地：RPMI 1640（SIGMA #R8758など）

❷ ウシ胎児血清（FCS）（市販品を56℃，30分処理したもの）

❸ リン酸緩衝液（PBS, SIGMA #D5652など）

❹ Concanavalin A（Con A, SIGMA #C2010）
  a. 10mg/mLのストック液としてPBSに溶解し，−30℃保存

❺ 溶血剤（塩化アンモニウム溶血剤）

  $\begin{cases} NH_4Cl & 8.26g \\ KHCO_3 & 1.0g \\ EDTA\text{-}4Na & 0.037g \end{cases}$

  これらを蒸留水（DW）1Lに溶解する。→ろ過滅菌（0.2μm）後，4℃で保存。

❻ MTT試薬（SIGMA #M5655）
  黄色のテトラゾリウム塩（MTT：3,［4, 5-dimethylthiazol-2-yl］-2, 5-diphenyltetrazolium bromide）がミトコンドリアの呼吸鎖に関連する脱水素酵素によって，MTTとNADHの間に酸化還元反応が起こり，MTTがフォルマザンに還元され，NADHがNAD^+に酸化される反応を利用して測定する。その反応は，代謝活性を持つ生細胞数が結果に反映する。
  例）MTT試薬5 mg/mLとなるようにPBSで溶解する。→ろ過滅菌（0.2μm）後，マイクロチューブに小分け分注し，−30℃保存
  ＊MTS試薬：MTT試薬で不溶性のフォルマザンが生成されるのに対し，MTSは可溶性の反応生成物を生じるため，フォルマザンを可溶化する手順を省略できる。MTSアッセイキットとして市販されている（Promega社 #G3582など）。

❼ フォルマザン溶解液（MTT試薬を用いた場合）
  a. SDS 40gをDWでtotal 200mLに溶解する。
  b. N-Nジメチルホルムアミド 200mLをさらに加える。
  c. 混和後，密栓し室温保存。

❽ Ficoll−Conray液

  ■使用試薬・器具：
  ・Conray 400（コンレイ400注，第一三共〈株〉）
  ・Ficoll 400（GE Healthcare UK Ltd）・比重計・メスシリンダー（100～200mL），・スターラー・200mLコルベンなど

  〈Ficoll−Conray液・調整法　100mL〉
  a. 9％ Ficoll液を作成する。→例）：9gをDWでtotal 100mLに十分溶解（20分位）。
  b. Conray 400のアンプル1本（20mL）をDWで2倍希釈し，33.4％溶液40mLを作成する。
  c. 上記a.b.で作成した溶液を100mLメスシリンダー内で混合して比重計により，1.084～1.085の液を調整する。
  ＊ウシリンパ球の場合：Ficoll液 44mL＋Conray液18mLでほぼ比重1.084になる。比重の微調整は，各試薬を少量加える（Ficoll液：比重を下げる，Conray液：比重を上げる）。
  d. ろ過滅菌（0.2μm）後，4℃保存。

〈参考〉動物種により比重が異なるので注意する。リンパ球分離試薬は，各社から様々なものが市販されているので用途に合わせて選択する。

実験概要

本稿では，ウシの末梢血単核球を用いたリンパ球幼若化反応の方法を紹介する。

動物から血液を採取し，密度勾配遠心法で末梢血単核球を分離する。これを適当な細胞数に調整し，そこにCon A（PHA，PWMなど）のリンパ球を活性化するマイトジェンを添加したあと，一定時間培養後，リンパ球の増殖をテトラゾリウム塩であるMTTの還元に伴う不溶性フォルマザン色素（青紫色）の呈色反応を利用して測定する。呈色反応はマイクロプレートリーダーで測定（波長：550nm～600nm）し，測定値からSI（stimulation index）値を算出し，リンパ球の幼若化程度を評価する。

$$SI = \frac{\text{mitogen添加リンパ球の測定値（OD値）}}{\text{mitogen無添加リンパ球の測定値（OD値）}}$$

第26章　リンパ球の幼若化反応

実験の手順

[A] PBMC（末梢血単核球）分離

[1] 準備

ウシ血液（ヘパリン加），Ficoll-Conray，溶血剤，RPMI 1640，15mL・50mL遠心管，ピペット，PBS，FCS（ウシ胎児血清）。

[2] 手順

（操作時のチェックシートを兼ねる）

1. ヘパリン加で採血した血液を準備する（5～10mL）（図1）。

2. 血液をPBSで3～5倍に希釈する（図1）。

3. 希釈血液を15mL遠心管に10～12mL分注する（図1）。

4. Ficoll-Conray液を遠心管の底から血液を重層させるように3mL入れる（図1）。

5. 遠心分離　室温 1,500～2,000rpm 20～30分。

   ※遠心分離機のアクセルとブレーキはOFFにする（手動であれば，目標回転数まで徐々に回転数を上げ，急激な回転上昇を避ける）（図2）。

6. 単核球層（PBMC）を回収し，新しい試験管に移す。

7. PBSで洗浄する（回収したPBMC液量の5倍量のPBS）。
   ※赤血球混入がある場合は溶血液（液量の3倍量）を加え，溶血させる。

8. 遠心分離　1,000～1,500rpm 5分。

9. 上清を除去する（この操作を3回行う）（図3）。

10. 無血清RPMI 1640を5mL加えて細胞を浮遊。

【PMBC分離のフローチャート】

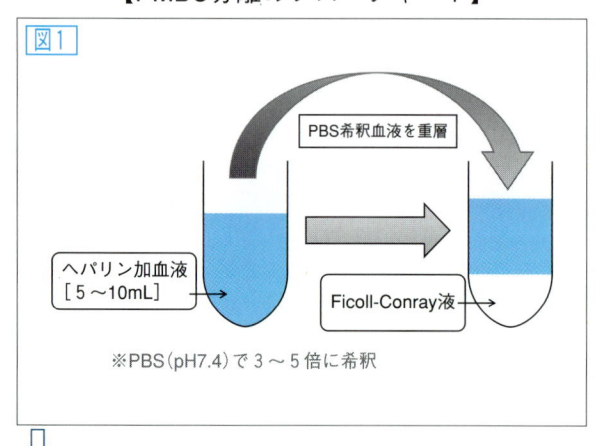

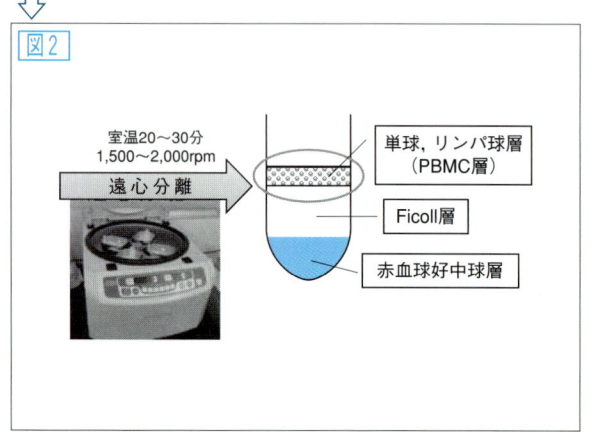

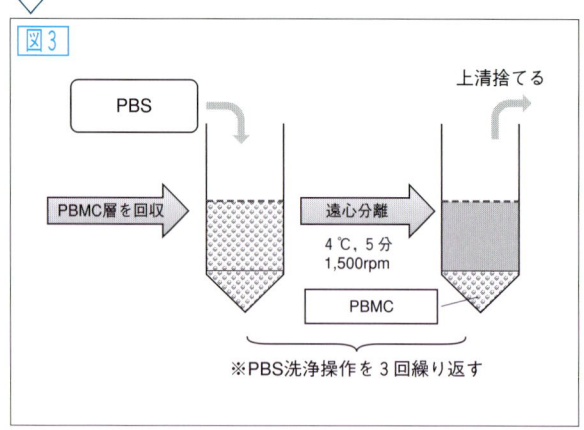

図1　PBS希釈血液を重層／ヘパリン加血液［5～10mL］／Ficoll-Conray液
※PBS（pH7.4）で3～5倍に希釈

図2　室温20～30分 1,500～2,000rpm　遠心分離／単球，リンパ球層（PBMC層）／Ficoll層／赤血球好中球層

図3　PBS／PBMC層を回収／遠心分離 4℃，5分 1,500rpm／上清捨てる／PBMC
※PBS洗浄操作を3回繰り返す

11 遠心分離　1,500rpm　5分。

12 上清を除去する。

13 10%FCS加RPMI 1640，5 mLを加え，ピペットで均一な細胞浮遊液を作成する（図4）。

14 細胞浮遊液中の細胞数を血球計算盤で測定*。

15 目的の細胞数濃度（10^6/mL）に調整する。

*細胞数を測定する際に，トリパンブルーを用いて生細胞数を算出して調整する。

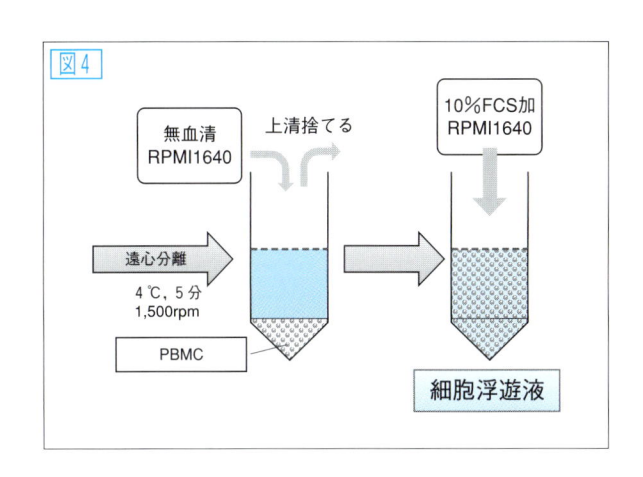

図4

> **ポイント・メモ〈実験のコツ〉**
> PBMC分離は，血液を希釈した方がよく分離する。また，採血後の処理時間が長くなると生細胞の割合が減少するので注意。Ficoll液は，温度により比重が変化するので遠心分離するときは室温（20℃程度）で行う。

[B] リンパ球幼若化能試験（Con Aを用いた場合）

[1] 準備

細胞数を調整したPBMC（10^6個/mL），96ウェルプレート，Con A，MTT試薬，フォルマザン溶解液（図5）。

【リンパ球幼若化反応のフローチャート】

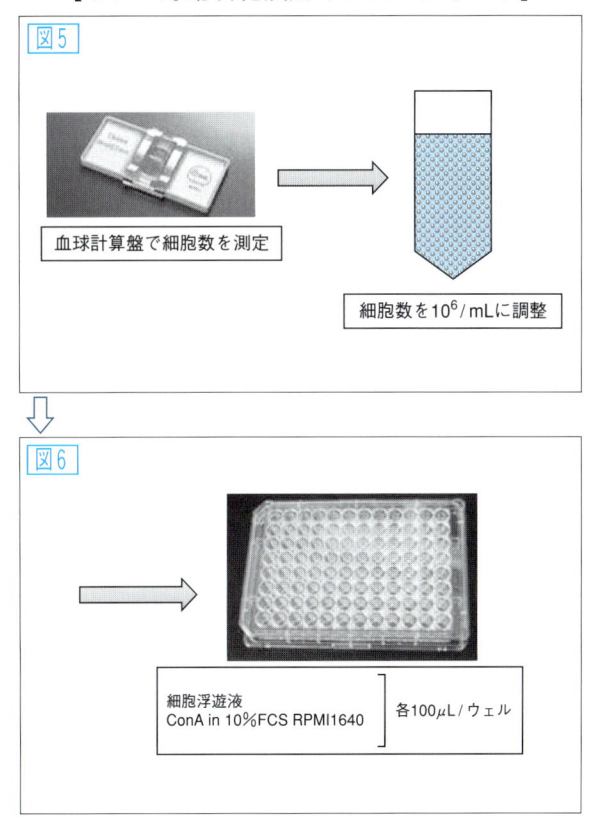

図5 血球計算盤で細胞数を測定 / 細胞数を10^6/mLに調整

[2] 手順

1 細胞浮遊液（10^6個/mL）をよく攪拌しリザーバーにあける。

2 マルチチャンネルピッペットを用いて100μLずつ96穴プレートに分注する（図6）。
 ＊1検体あたり刺激・未刺激として3ウェルずつ準備する。

3 Con AをFinal，3〜5 μg/mLになるように10%FCS加RPMI 1640で調整し，刺激する検体のウェルに100μL入れる。

図6 細胞浮遊液 ConA in 10%FCS RPMI1640　各100μL/ウェル

第26章　リンパ球の幼若化反応

4　5％ CO₂インキュベーターで37℃，72時間培養後（図7），MTT試薬（total量の1/10）加える（図8）。

5　5％ CO₂インキュベーターで37℃，4時間反応。

6　顕微鏡下でフォルマザンを確認したら，フォルマザン溶解液を100μL加え（図9），完全にフォルマザンが溶解したらマイクロプレートリーダー（波長550〜570 nm）で測定（図10）。

7　得られた測定値からSI値を求める（図11）。

ポイント・メモ〈実験のコツ〉

Con Aは，動物種により最適反応濃度が若干異なるので，事前に濃度を変えて試験しておくことを勧める。

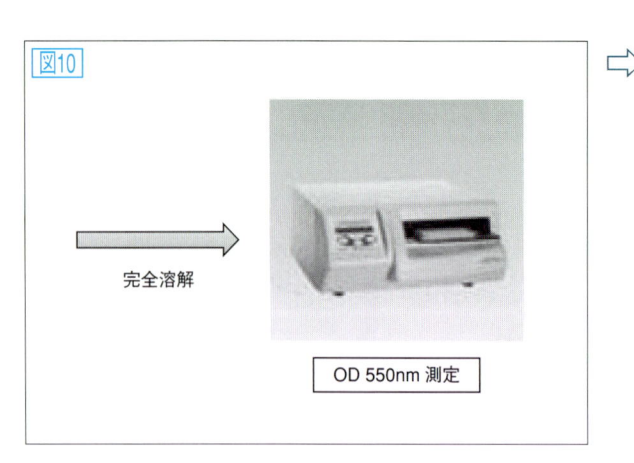

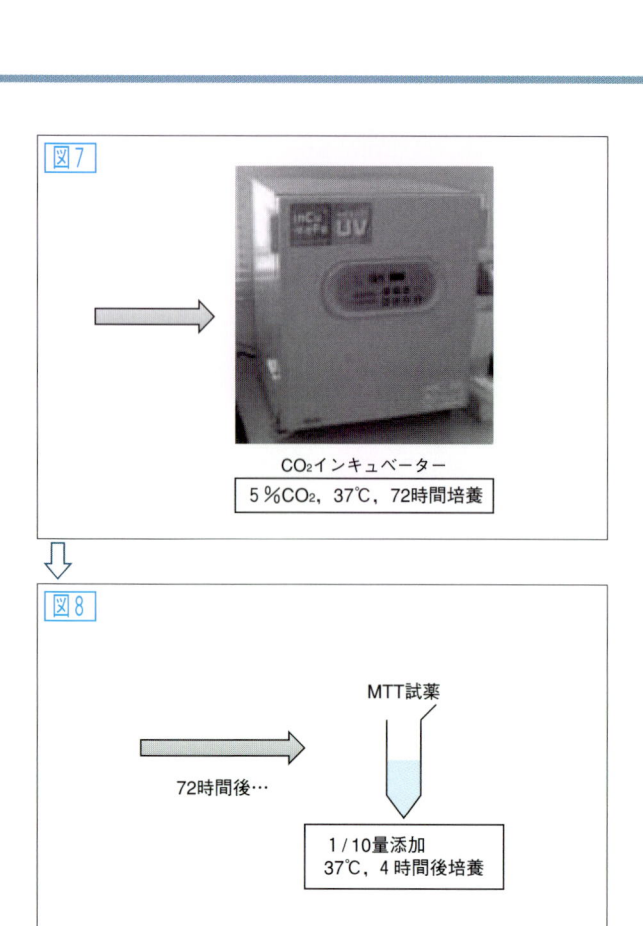

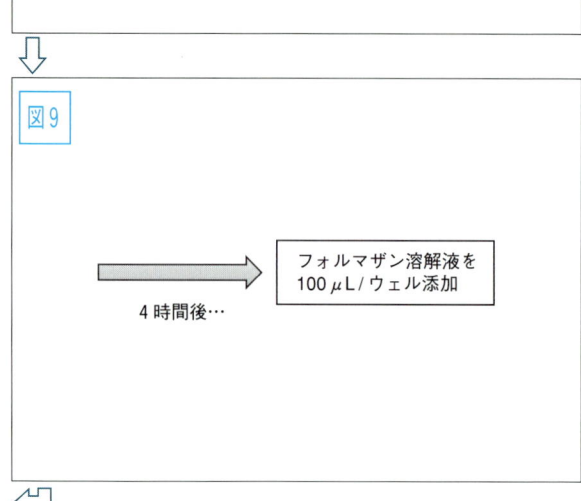

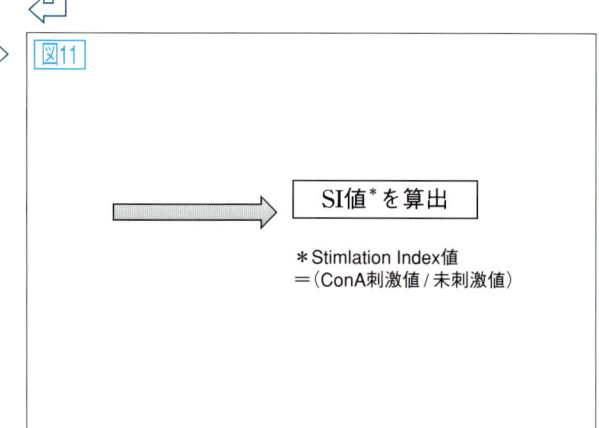

図7　CO₂インキュベーター　5％CO₂，37℃，72時間培養

図8　MTT試薬　72時間後…　1/10量添加　37℃，4時間後培養

図9　4時間後…　フォルマザン溶解液を100μL/ウェル添加

図10　完全溶解　OD 550nm 測定

図11　SI値*を算出
＊Stimlation Index値
＝（ConA刺激値/未刺激値）

実験結果の整理

［1］フォルマザン溶解後，測定結果を整理する。
［2］各測定サンプルの平均値と標準偏差値を計算する。
　　＊同一サンプルの測定値のばらつきが大きいときは正確なSI値は算出できない。
［3］各サンプルの平均値から計算式に基づきSI値を求める。

実施例）：疾病罹患牛(No.1)と健康牛(No.2)のCon Aに対する反応性の違い。

個体番号	No.1		No.2	
	Control	Con A	Control	Con A
測定値（OD値）	0.223	0.581	0.231	1.441
	0.237	0.573	0.226	1.568
	0.229	0.502	0.219	1.565
平均値	0.230	0.552	0.225	1.525
標準偏差	0.007	0.043	0.006	0.072
SI値		2.403		6.766

（萩原　克郎）

第27章 フローサイトメトリーによるT細胞サブセットの解析

本実験の目的

［1］フローサイトメトリーによる解析の代表例として，マウスリンパ球表面抗原解析法を学ぶ。
［2］直接免疫染色法と2重免疫染色法を学ぶ。
［3］マウスの免疫臓器の観察と胸腺と脾臓の摘出，細胞の調整法を学ぶ。
［4］中枢および末梢リンパ組織における，CD4/CD8の分布の違いを学ぶ。

使用材料・機器

［1］実験素材
 ・実験用マウス（ICR, C57BL/6, BALB/cなど）

［2］プラスティック器具
 ・ピペット，ピペットマン，チップ
 ・1.5 mLマイクロチューブ
 ・15 mLプラスティックチューブ
 ・プラスティックシャーレ
 ・スライドグラス（白縁磨フロスト）あるいはマイクロチューブ用ペッスル
 ・試験管スタンド
 ・チューブスタンド

［3］卓上機器
 ・解剖用具（ハサミ，ピンセット，解剖台）
 ・顕微鏡（血球計算用）
 ・血球計算板
 ・数取器
 ・高速微量遠心機（ちびたんでも可）

 ・低速遠心機（冷却機能がなくてもよい）
 ・ボルテックス

［4］大型機器
 ・フローサイトメーター

［5］消耗剤，その他
 ・0.1% BSA-PBS（血清不含培地でも可）
 ・FACSバッファー（0.1% BSA, 0.1% NaN_3-PBS）
 ・溶血剤（0.85% NH_4Cl）
 ・ナイロンメッシュ（40 μm）
 ・表面マーカー特異抗体（FITC標識抗マウスCD4 PE標識抗マウスCD8a）
 ・アイソタイプコントロール（FITC標識Rat IgG2a, κおよびPE標識Rat IgG2a, κ）
 ・アイスボックス

実験時，特に注意すべき事項

実験前に，所有しているフローサイトメーターのレーザースペックを確認し，検出可能な蛍光抗体を用いる。

実験概要

フローサイトメトリーとは，細胞などの浮遊液を高速で流して測定し，個々の細胞を光学的に解析する手法のことである。本手法の応用範囲は広く，免疫学や分子生物学，微生物学などの基礎分野だけでなく，臨床検査や診断などの医療分野も含め様々な分野で用いられている。フローサイトメトリーの用途として，最も多いのが特異抗体による表面抗原の解析であろうが，これ以外にも細胞の大きさや内部

第27章 フローサイトメトリーによるT細胞サブセットの解析

構造の複雑さ，核酸量の測定による細胞周期解析や細胞内のサイトカイン産生，シグナル伝達分子の活性化など様々な解析を行うことができる。また，上位機種では，解析だけでなく，目的の細胞を無菌的に分取（ソーティング）することもできる。

フローサイトメトリーの原理についてはBeckman Coulter社のウェブサイト（http://www.bc-cytometry.com/FCM/fcmprinciple.html）に詳しいので，これを参照にされたい。一般的なフローサイトメーターでは，アルゴンレーザーの488nmの波長を励起波長として，FL1，FL2，FL3の3種類の蛍光を一度に検出できる（図1）。検出に使用される代表的な蛍光色素を表1に示す。これらの蛍光波長による信号は検出器でデジタル変換され，連結しているパソコンに表示される。

本実験では，フローサイトメーターを用いた代表的な解析例として，マウスリンパ球の表面抗原解析を行う。表2に示すように，リンパ球はその機能により様々なサブセットに分類されているが，本実験では，T細胞サブセット解析として，中枢リンパ組織である胸腺と末梢リンパ組織のひとつである脾臓中のCD4発現ヘルパーT細胞とCD8発現キラーT細胞を解析し，T細胞の分化段階による表面マーカーの発現の違いや，存在比の違いを調べる。

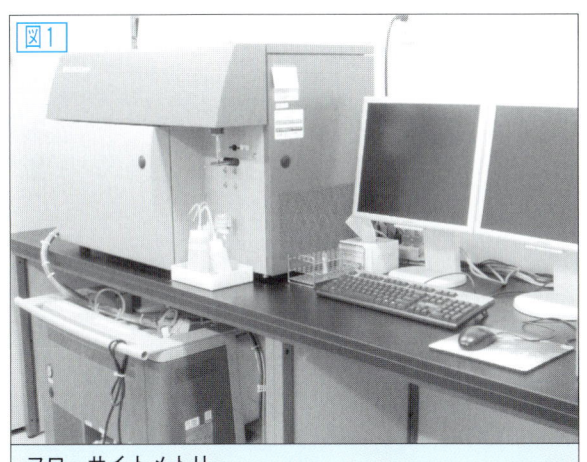

図1 フローサイトメトリー
写真はBD社のFACScanto。機器本体，データの取り込み設定や解析を行うコンピュータから構成される。

表1　検出に使用される代表的蛍光色素

蛍光色素	励起波長	最大蛍光波長
FITC	488	530
Alexa 488	488	520
PE	488-540	575
PE-Texas Red	488 / 590	615
PC5（PE-Cy5）	488 / 565 / 650	670
PC7（PE-Cy7）	488 / 565	779
APC	650	660
Alexa 647	650	668
PI	488 / 536	617

多重染色を行う場合は，使用する機器のスペックに留意して，蛍光色素を選択する。

表2　リンパ球の機能による分類　〈○は発現を示す〉

CD抗原	分子・機能	T細胞	B細胞	樹状細胞	単球/マクロファージ
CD1	脂質・糖脂質の提示	○（胸腺細胞）		○（ランゲルハンス細胞）	
CD3	TCRシグナル伝達複合体構成タンパク	○			
CD4	MHC classII 分子を認識	○（ヘルパーT細胞）			
CD8	MHC class I分子を認識	○（細胞障害性T細胞）			
CD11b	CR3（補体レセプター）				○
CD11c	CR4（補体レセプター）			○	○
CD19	B細胞補助レセプター		○		
CD20	Caイオンチャネル		○		
CD45	白血球共通抗原	○	○	○	○
CD74	Li（MHC class IIインバリアント鎖）		○	○	○
CD178	Fasリガンド	○（活性化細胞）			

CD（cluster of differentiation）抗原は，免疫細胞を中心とした様々な細胞の表面に存在する分子の国際分類である。
表ではヒトリンパ球のCD抗原の一部を示したが，動物により異なるので注意する。毎年，開かれるワークショップで改訂されており，最新の情報はhttp://www.hcdm.org/MoleculeInformation/tabid/54/Default.aspx等で入手できる。

第27章 フローサイトメトリーによるT細胞サブセットの解析

実験の手順

[1] 脾臓および胸腺の摘出

1. 頸椎脱臼などによりマウスを安楽死させ，解剖台（ゴム板や発泡スチロールの蓋などでも可）の上に左脇腹が上になるよう横向きに置き，全身に消毒用アルコールを噴霧する（図2）。

2. 左脇腹の皮膚に1cmほどの切り込みを入れ，皮膚を上下にぐっと引っ張って，皮を剥ぐ（図3）。

3. 腹膜越しに脾臓が見えるので，位置を確認後，腹膜を切り開き，脾臓を摘出する（図4）。

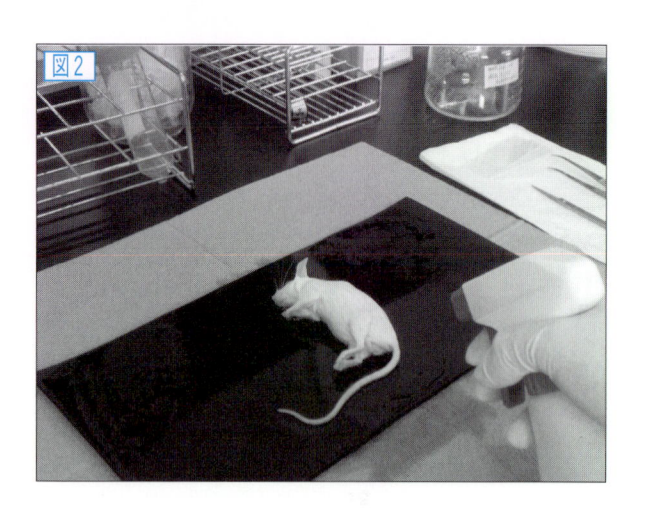

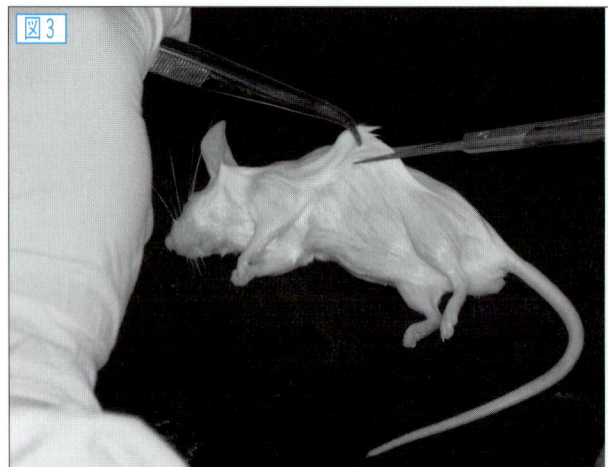

図2

図3

左：左脇腹に切れ目を少し入れる

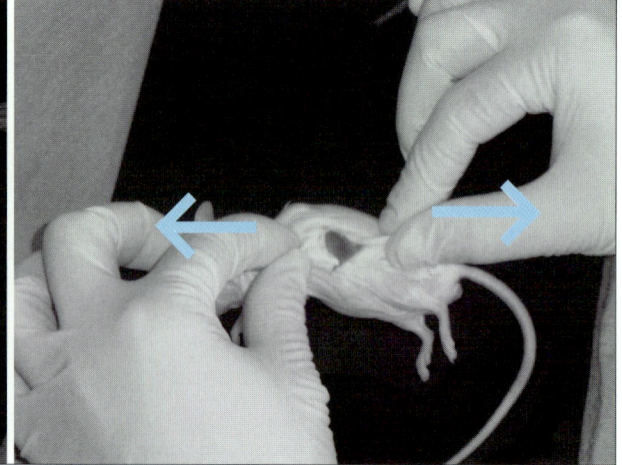

右：切れ目の両側の皮膚をつまみ，反対側へ引っ張り，皮を剥ぐ

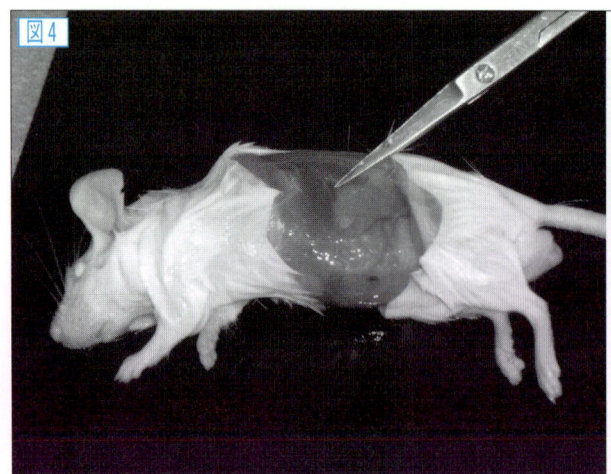

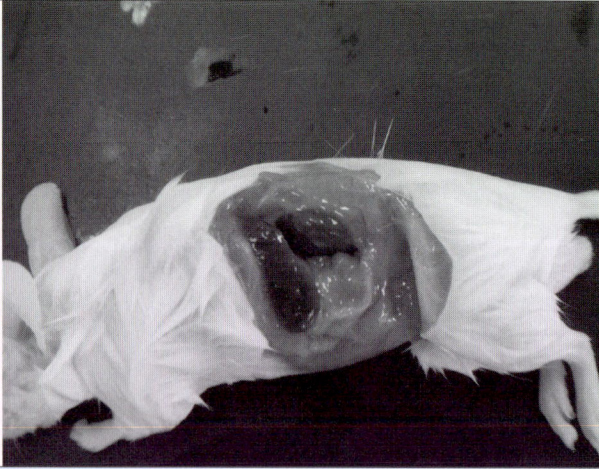

図4

腹壁越しに臓器が透けて見える。ハサミで指しているのが脾臓。余分な組織を除去しながら取り出す

フローサイトメトリーによるT細胞サブセットの解析 第27章

4 続いて，マウスを仰向けにし，肋骨の両端を切り，ピンセットなどで剣状突起をつかんで上に持ち上げ，胸腔を露出する．心臓の上部を覆うような白い逆ハート型をした臓器が胸腺である（図5-1, 図5-2）．

図5-1

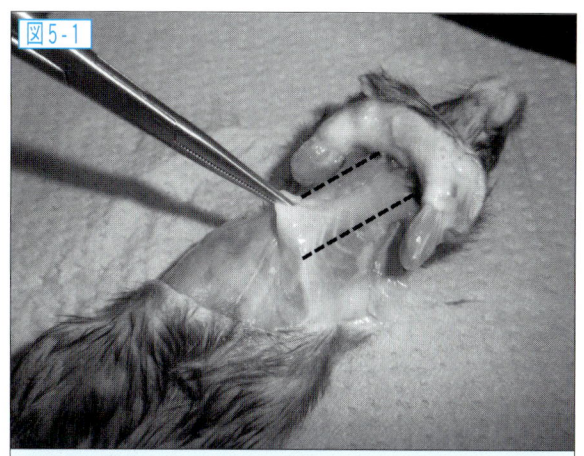

胸腺の摘出-1
剣状突起を鉗子やピンセットでつまみ，点線で示すように両端の肋骨をハサミでカットする．続いて，鉗子を頭方向に持ち上げると胸腔を露出できる．

図5-2

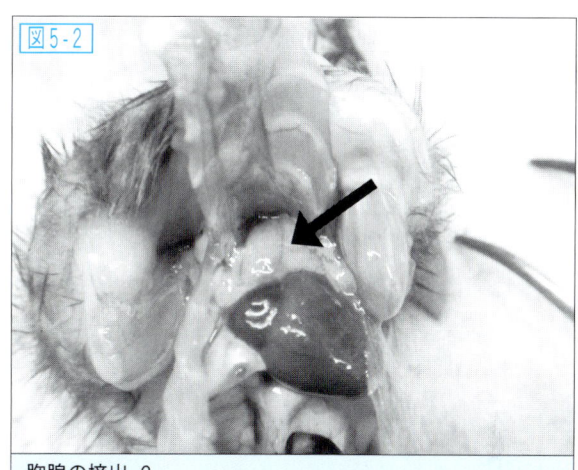

胸腺の摘出-2
心臓の上部に，一見，脂肪のようにも見える白い臓器が胸腺である．胸腔の開き方によっては，胸壁の裏にくっついている場合もある．

［2］細胞の調整

1 あらかじめ10mLの0.1%BSA加PBSを入れたシャーレに摘出した臓器を入れ，ハサミで適当な大きさに断片化する（図6）．

2 スライドグラスのフロスト面を利用して臓器を挟みながらすりつぶし，細胞を分散させる（図7）．ピペッティングで細胞懸濁液を数回懸濁した後，

図6

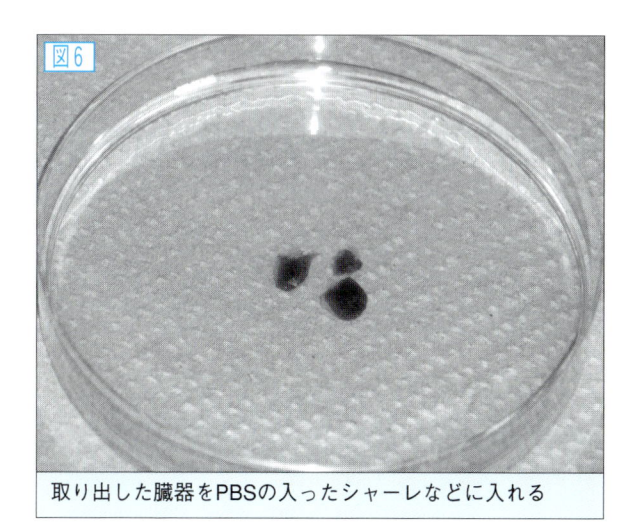

取り出した臓器をPBSの入ったシャーレなどに入れる

図7

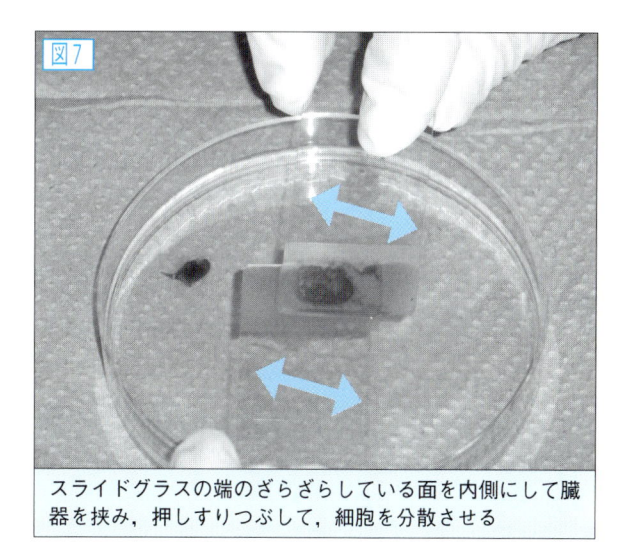

スライドグラスの端のざらざらしている面を内側にして臓器を挟み，押しすりつぶして，細胞を分散させる

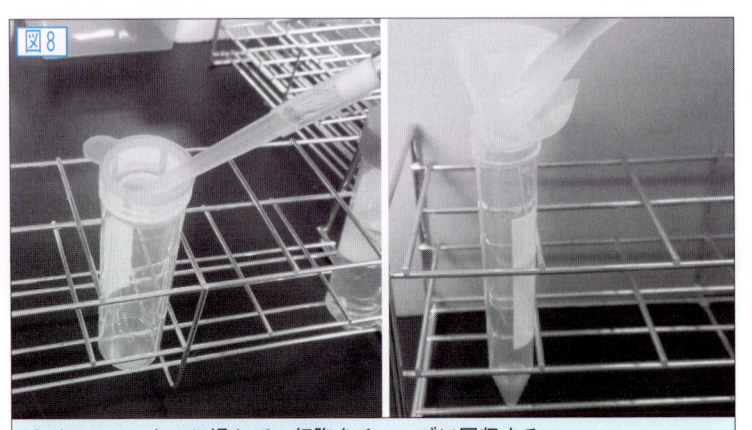

第27章　フローサイトメトリーによるT細胞サブセットの解析

図8　ナイロンメッシュに通して，細胞をチューブに回収する
左：セルストレーナーという茶こしタイプのフィルター。
右：シートタイプのナイロンメッシュ。

ナイロンメッシュに通して，15 mLのコニカルチューブに回収する（図8）。

3　1,500 rpm，5分間遠心を行い，上清をデカントで捨てる。

4　ボルテックスで細胞ペレットをほぐした後，溶血剤1 mL加え，ピペットでよく懸濁し，室温で5分間静置する。

5　0.1% BSA-PBSを10 mL加え，転倒混和した後，1,500 rpm，5分間遠心を行い，上清をデカントで捨てる。溶血処理によりペレットは白っぽくなっている（図9）。溶血が不十分な場合は，4～5の操作を繰り返す。

6　0.1% BSA-PBSを10 mL加え，細胞をピペッティングにより懸濁する。懸濁液の一部を採取し，血球計算板を用いて細胞数をカウントし，細胞密度が10^7 cells/mLになるよう調整する※。染色に使用するまで氷上に保存しておく。

※実習室の設備や時間の関係で細胞数のカウントを行うのが難しい場合——。
　成熟マウスの場合，脾臓1個あたり約10^8個の細胞を回収できる（赤血球は含まない）。そのため，溶血後の細胞ペレットを0.1% BSA-PBSを10 mLで懸濁すると概ね10^7 cells/mLの細胞懸濁液を調整することができる。

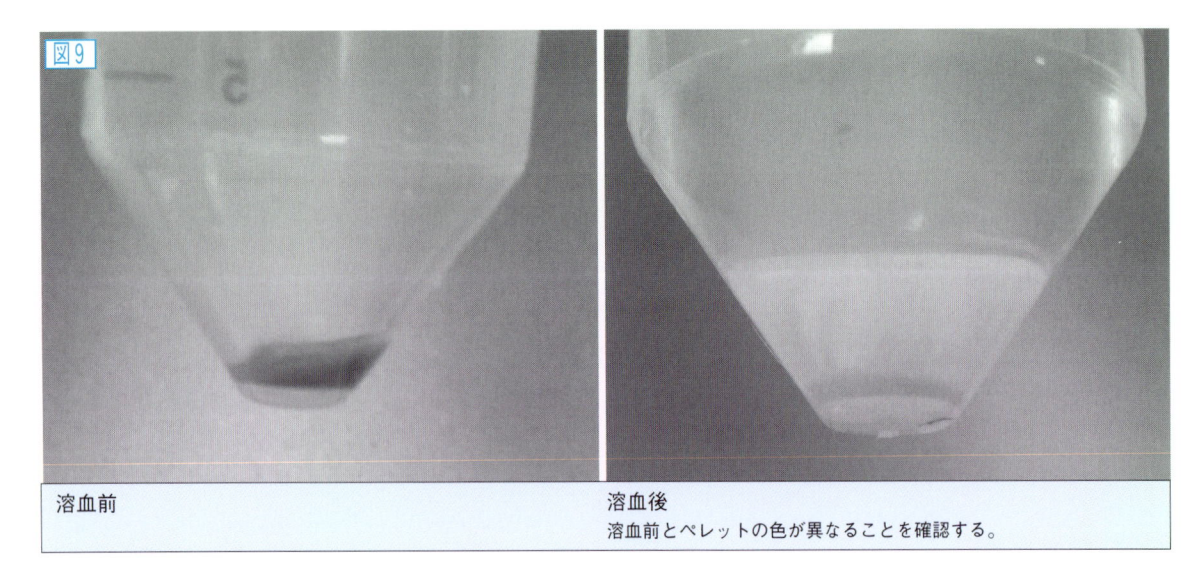

図9
溶血前 ／ 溶血後
溶血前とペレットの色が異なることを確認する。

[3] 2重免疫染色

1. 抗体液のカクテルを作る。

　特異抗体およびアイソタイプコントロールの2種の抗体カクテル液を1反応あたり100μLになるよう作製する。抗体の濃度については試薬データシートを参照し，最適濃度になるよう調整する。最適濃度が不明な場合，細胞10^6個に対し，0.5～1.0μgの抗体量を用いるとよい。表に抗体液の調整例を示す（表3）。

表3　抗体液の調整例

抗体	抗体濃度	試薬量※
FITC標識抗CD4	200μg/mL	5μL（1μg）
PE標識抗CD8a	1000μg/mL	1μL（1μg）
FACS buffer		94μL
Total volume		100μL

※1反応（細胞10^6個）あたりの抗体量を1μgとした場合

《アイソタイプコントロールも同様にして調整する》

2. エッペンドルフチューブを4本用意し，胸腺細胞および脾細胞を各2本のチューブに100μLずつ分注する。

3. 4℃にて3,000rpm，5分間遠心し，上清を捨てる。

4. ボルテックス等でペレットをほぐす。

5. 一方のチューブに陰性対照としてアイソタイプコントロールを，もう一方に特異抗体液をそれぞれ100μLずつ加え，アルミホイルで遮光し，4℃で15分間反応させる（図10）。

6. 各チューブにFACS bufferを1mL加えて，4℃にて3,000rpm，5分間遠心し，上清を捨てる。この洗浄操作をもう一度繰り返す。

7. ペレットを500μLのFACS bufferに懸濁し，ナイロンメッシュに通して，フローサイトメーター用の専用チューブ（各機器メーカーによって異なる）に移す（図11）。

図10 蛍光標識抗体との反応中はアルミホイル等で遮光し，褪色を防ぐ

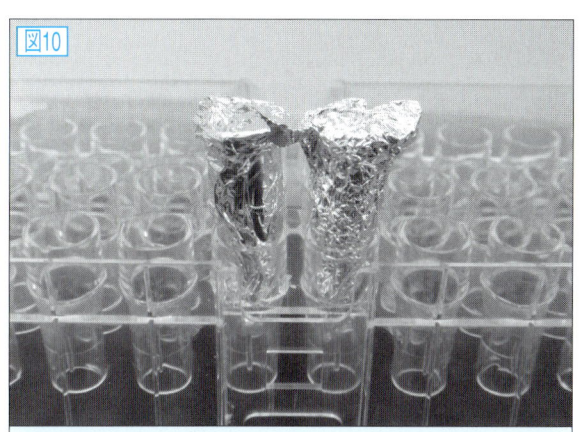

図11 フィルターを通して，デブリを除く

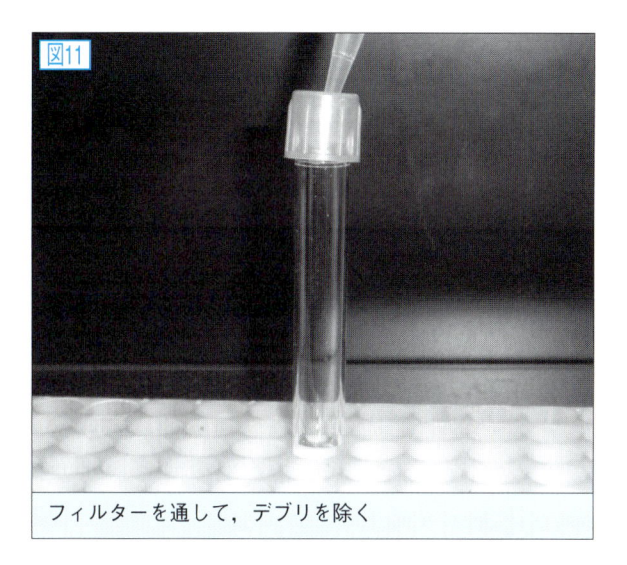

[4] フローサイトメーターによる解析

1. フローサイトメーターの使用法については各機種のマニュアルに従って使用されたい。国内で普及しているフローサイトメーターにはBeckman Coulter社のEPICSシリーズとBD社のFACSシリーズなどがある。

　以下は，BD社のFACScantoIIで解析した場合の操作法を示す。

2. FACSの電源とソフトウェアを立ち上げる。FSCとSSCのドットプロット（リニア）とFL1とFL2のドットプロット（ログ）画面を作成する。DetectorやCompensation，Acquisition画面を表示する。

第27章　フローサイトメトリーによるT細胞サブセットの解析

3. アイソタイプコントロールで染色した細胞液をフローサイトメーターの台座に載せて，細胞を流す（図12）。FSCは細胞の大きさをSSCは細胞の内部構造の複雑さを示す。細胞集団がプロットに現れるように，FSCとSSCの検出器感度を調整する。

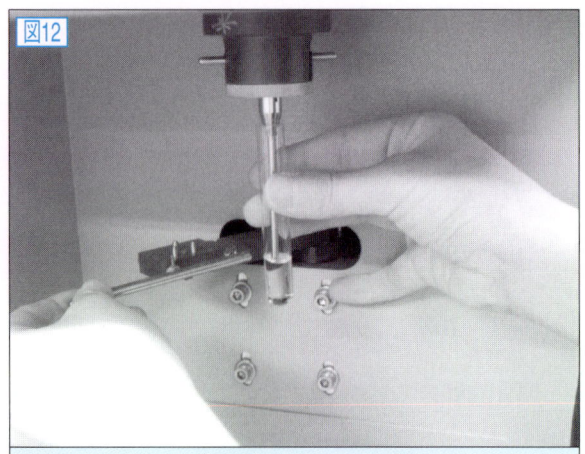

図12
サポートアームを横にずらして，FACS用のチューブを台座にセットする

4. FSC/SSCプロットでリンパ球と思われる細胞集団にゲートをかける（図13）。

5. ゲート集団のみを表示するようにFL1/FL2プロットを設定する。

6. FL1およびFL2の検出器感度を調整して，細胞集団の相対的蛍光強度が10^1以下にくるようにする（図14）。

7. アイソタイプコントロールのチューブを台座から取り，特異抗体染色サンプルを載せ，細胞を流す。

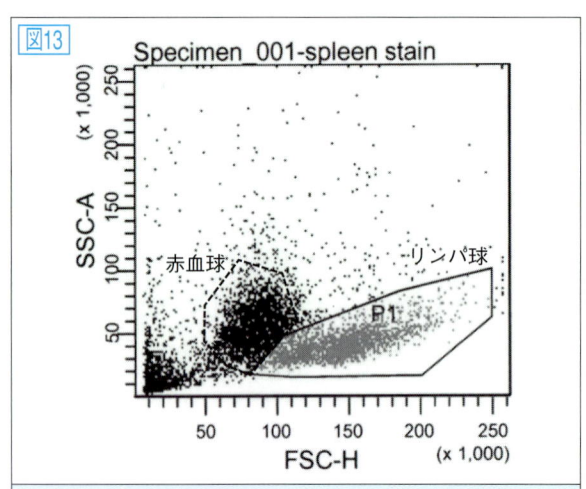

図13　Specimen_001-spleen stain

リンパ球に相当する集団にゲートをかける（図中P1）
溶血が不十分だと，図のようにリンパ球集団より低いFSC値に赤血球の集団が現れる。

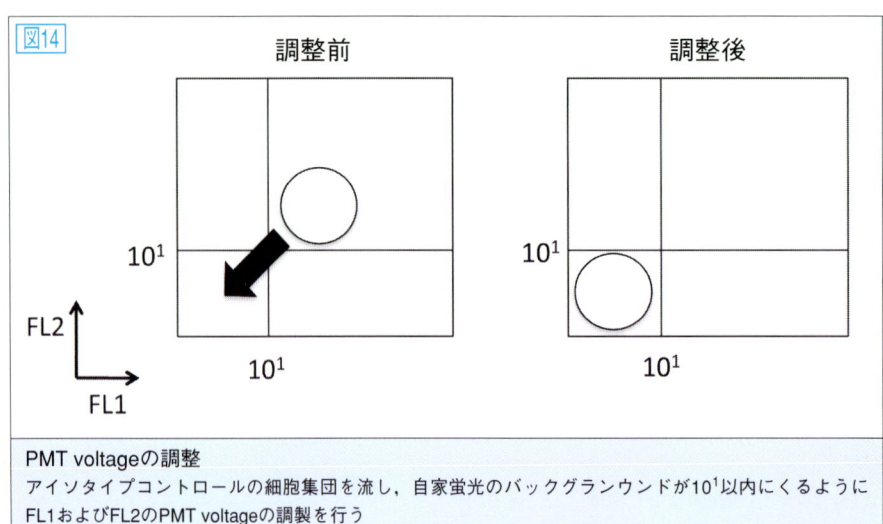

図14　調整前　調整後

FL2　FL1

PMT voltageの調整
アイソタイプコントロールの細胞集団を流し，自家蛍光のバックグランウドが10^1以内にくるようにFL1およびFL2のPMT voltageの調製を行う

第27章 フローサイトメトリーによるT細胞サブセットの解析

8　FL1/FL2プロットを確認し，必要な場合はcompensationによる補正を行う（図15）。これでデータ取り込みのための設定が完了する。

9　各サンプルのデータの取り込みを行う。ゲート中の細胞を試料あたり10,000個取り込むように設定する。細胞が少ない場合は5,000個でもよい。

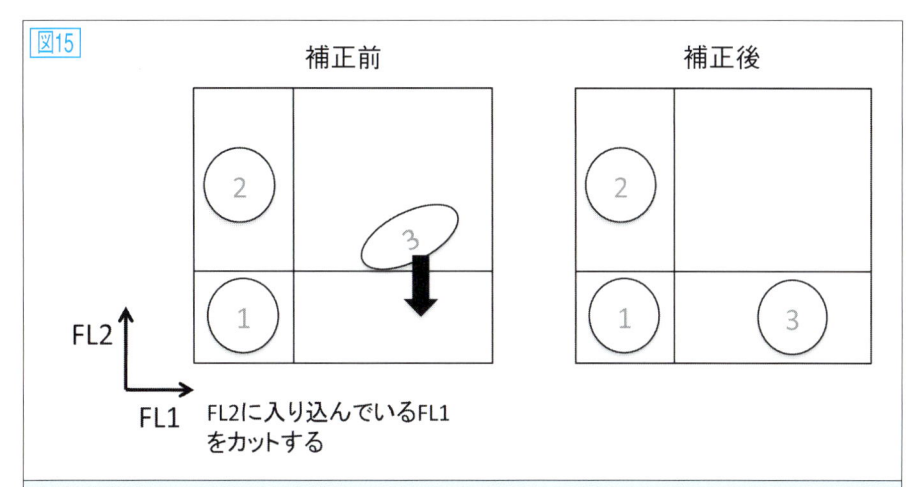

図15　補正前／補正後

FL2に入り込んでいるFL1をカットする

蛍光補正（compensation）の調整
スペクトルが重なる複数の蛍光色素を用いて多重染色解析を行なう場合，しばしば一部の蛍光色素のシグナルが別の検出器に漏れこむ場合がある。左図では本来はFITCシングルポジティブの細胞集団が補正前の画面ではダブルポジティブのように分布している。この場合，FL2検出器に入り込んだFITCのスペクトルをカットして，細胞集団が適切に収まるように調製する。

実験の結果

代表的な実験結果を図16に示す。胸腺では，CD4$^+$CD8$^+$ダブルポジティブを示す未分化なT細胞が大部分を占めるのに対し，末梢の脾臓では，CD4$^+$CD8$^-$あるいはCD4$^-$CD8$^+$のシングルポジティブのT細胞が観察される。

なぜ，このような分布になるのか，T細胞の分化を考えながら考察する。

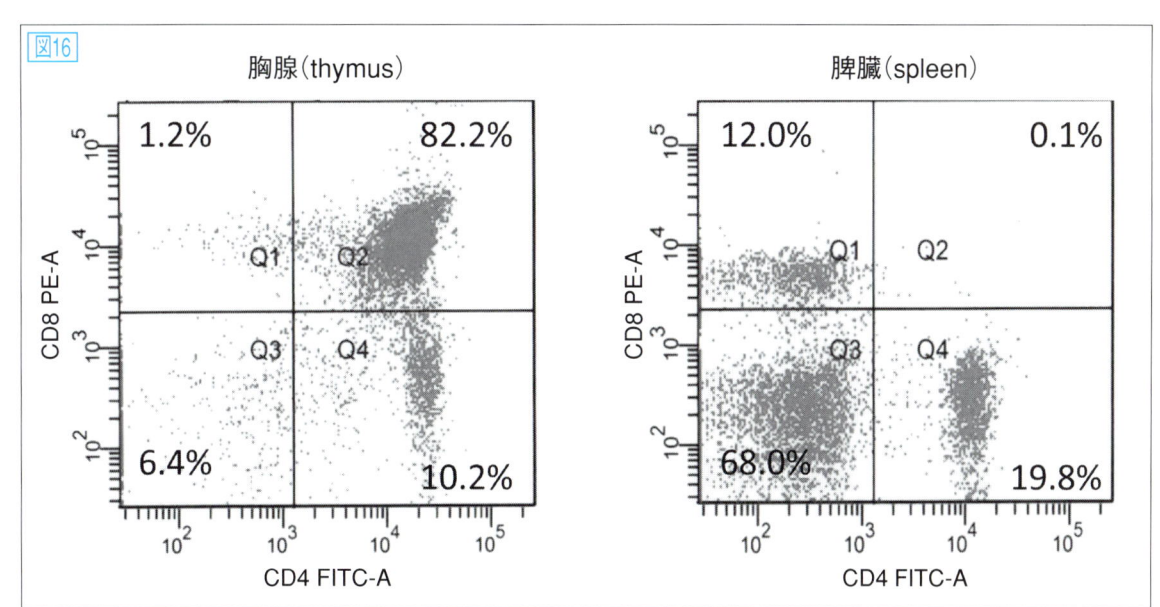

図16

胸腺（thymus）: Q1 1.2%, Q2 82.2%, Q3 6.4%, Q4 10.2%
脾臓（spleen）: Q1 12.0%, Q2 0.1%, Q3 68.0%, Q4 19.8%

軸：CD8 PE-A（縦），CD4 FITC-A（横）

胸腺と脾臓におけるCD4，CD8T細胞のドットプロット
予想される結果の一例を示す。T細胞の分化を担う胸腺と末梢リンパ組織である脾臓におけるCD4，CD8陽性細胞の割合や表面マーカーの発現パターンの違いに着目する。脾臓におけるCD4，CD8ダブルネガティブ細胞にはどんな細胞集団が含まれるか考えてみよう

（川本　恵子）

参考文献

第1章　無菌操作とバイオセーフティ
1）東京大学医科学研究所学友会（編），微生物学実習提要 第2版，丸善株式会社（1998）
2）中山広樹・西方敬人，バイオ実験イラストレイテッド！分子生物学実験の基礎，秀潤社（1995）

第2章　消毒と滅菌
1）東京大学医科学研究所学友会（編），微生物学実習提要 第2版，丸善株式会社（1989）
2）中山広樹・西方敬人，バイオ実験イラストレイテッド！分子生物学実験の基礎，秀潤社（1995）
3）見上彪（監），獣医微生物学 第2版，文英堂出版（2003）

第4章　液体培養と生菌数測定
1）明石博臣・原澤　亮他（編），動物微生物学 第一版，朝倉書店（2008）
2）東京大学医科学研究所学友会（編），微生物学実習提要 第2版，丸善株式会社（1998）

第5章　染色と顕微鏡観察
1）東京大学医科学研究所学友会（編），微生物学実習提要 第2版，丸善株式会社（1998年）
2）坂崎利一（編），図解臨床細菌検査 第2版，文光堂（2001）

第6章　通性嫌気性菌の培養
1）明石博臣・木内明男・原澤　亮・本多英一（編），動物微生物学　初版，朝倉書店（東京）（2008）
2）Barrow, G. I. & Feltham, R. K.（著），坂崎利一（鑑訳），医学細菌学同定の手びき 第3版，近代出版（東京）（1996）
3）東京大学医科学研究所学友会（編），微生物学実習提要 第2版，丸善株式会社（東京）（1998）
4）坂崎利一（鑑），新細菌培地学講座-上 第2版，近代出版（東京）（2000）
5）坂崎利一（鑑），新細菌培地学講座-下Ⅰ 第2版，近代出版（東京）（1998）
6）坂崎利一（鑑），新細菌培地学講座-下Ⅱ 第2版，近代出版（東京）（2000）
7）吉田眞一・柳　雄介（編），戸田新細菌学 改訂32版，南山堂（東京）（2004）

8）Murray, P. R., Baron, E. J., Pfaller, M. A., Tenover, F. C. & Yplken, R. H. Manual of Clinical Microbiology 7th Edition, American Society of Microbiology（Washington D. C., U. S.A.），1999.
9）de la Maza, L. M., Pezzlo, M. T., Shigei, J. T. & Peterson, E. M. Color atlas of medical bacteriology, American Society of Microbiology（Washington D. C., U. S.A.），2004.

第7章　嫌気培養法
1）東京大学医科学研究所学友会（編）微生物学実習提要 第2版，丸善株式会社（2002）
2）根井外喜男（編），微生物の保存法，東京大学出版会（1977）
3）栄研マニュアル（第10版）栄研化学株式会社（1996）
4）Murray P.R. et al. Manual of Clinical Microbiology（9th edition）2007 ASM Press
5）吉田真一・柳　雄介編，戸田新細菌学（改訂32版）南山堂（2002）

第8章　真菌の培養
1）シスメックス・ビオメリュー株式会社　アピＣオクサノグラム（API 20C AUX）添付文書（2008）
2）明石・木内・原澤・本多（編）動物微生物学　朝倉書店（2008）

第9章　抗生物質感受性試験
1）CLSI Document M100-S18,（2008）
2）東京大学医科学研究所学友会（編），微生物学実習提要 第2版，丸善株式会社（1998）
3）臨床微生物学ハンドブック 第3版，三輪書店

第10章　プラスミドの検出
1）Macrina, F.L., Kopecko, D.J., Jones, K.R., Ayers, D.J., and McCowen, S.M.（1978）A multiple plasmid-containing *Escherichia coli* strain: convenient source of size reference plasmid molecules. Plasmid 1: 417-420.
2）Pedraza, R.O., and Diaz Ricci, J.C.（2002）In-well cell lysis technique reveals two new megaplasmids of 103.0

and 212.6 MDa in the multiple plasmid-containing strain V517 of *Escherichia coli*. Lett. Appl. Microbiol. 34: 130-133.

3）Birnboim, H.C., and Doly, J. (1979) A rapid alkaline extraction procedure for screening recombinant plasmid DNA. Nucleic Acids Res. 7: 1513-1523.

第11章　薬剤耐性プラスミドの伝達

1）東京大学医科学研究所学友会（編），微生物学実習提要 第2版，丸善株式会社（1998）
2）平松啓一，中込　治，標準微生物学，医学書院

第13章　血清反応

1）北里研究所，ブルセラ・カニス凝集反応用菌液（犬ブルセラ病診断用菌液）使用説明書（2008）
2）日生研株式会社，日生研精製伝貧ゲル沈抗原（馬伝染性貧血診断用沈降反応抗原）使用説明書（2003）
3）明石・木内・原澤・本多（編），動物微生物学，朝倉書店（2008）

第14章　初代細胞培養法

1）日本組織培養学会・日本植物組織培養学会（編），組織培養辞典，学会出版センター（1993）
2）日本組織培養学会（編），組織培養の技術 第3版，基礎編・応用編，朝倉書店（1996）
3）許　南浩（編），細胞培養なるほどQ&A 意外と知らない基礎知識＋とっさに役立つテクニック，羊土社（2003）

第15章　培養細胞の継代とウイルス接種

1）東京大学医科学研究所学友会（編），微生物学実習提要 第2版，丸善株式会社（1988）
2）細胞工学 別冊　目で見る実験ノートシリーズ・バイオ実験イラストレイティッド，秀潤社
3）平松啓一，中込　治（編），標準微生物学，医学書院
4）小沼　操他（編），動物の感染症 第二版，近代出版

第16章　鶏卵接種

1）東京大学医科学研究所学友会（編），微生物学実習提要 第2版，丸善株式会社（1998）
2）国立予防衛生研究所学友会（編），ウイルス実験学総論 改定二版，丸善株式会社（1973）（本書は絶版になっているが，発育鶏卵接種法については詳細に記述されているので，必要があれば図書館等で参照されたい）

第17章　細胞変性効果の観察

1）稲澤譲治他（監），細胞工学 別冊　目で見る実験ノートシリーズ・顕微鏡フル活用術イラストレイティッド・基礎から応用まで，秀潤社
2）東京大学医科学研究所学友会（編），微生物学実習提要 第2版，丸善株式会社（1998）
3）北村　敬，ウイルス検査のための組織培養術，近代出版（1976）

第18章　ウイルス感染価の測定

1）東京大学医科学研究所学友会（編），微生物学実習提要 第2版，丸善株式会社（2002）
2）北村　敬，ウイルス検査のための組織培養技術，近代出版（東京）（1978）
3）国立予防衛生研究所学友会（編），ウイルス学実験学 総論（改訂2版）丸善株式会社（1973）
4）甲野礼作・石田名香雄・沼崎義夫（編），臨床ウイルス学 手技編，講談社（1978）
5）永井美之・石浜　明（監），ウイルス実験プロトコール，株式会社メジカルビュー社（1995）
6）Brian, WJ. Mahy and Hillar, O. Kangro, ed., Virology Methods Manual 1996 Academic Press（London, San Diego, New York, Boston, Sydney, Tokyo, Tronto）

第20章　中和試験

1）国立予防衛生研究所学友会（編），ウイルス学実験学 総論 改訂2版，丸善株式会社（1973）
2）東京大学医科学研究所学友会（編），細菌学実習提要 改訂5版，丸善株式会社（1976）
3）国立感染症研究所病原体検出マニュアル　HP：http://www.nih.go.jp/niid/reference/index.html
4）OIE　Manual of Diagnostic Tests and Vaccines for Terrestrial Animals 2008　HP：http://www.oie.int/Eng/Normes/Mmanual/A_summry.htm

第21章　赤血球凝集反応と赤血球凝集抑制反応

1）国立予防衛生研究所学友会（編），ウイルス実験学総論 改訂二版，pp214-225，丸善株式会社（1973）
2）国立予防衛生研究所学友会（編），ウイルス実験学各論 改訂二版，pp192-202，丸善株式会社（1982）

参考文献

3）堀内貞治(編)，鶏病診断，pp595-598，社団法人家の光協会(1982)

第22章　蛍光抗体法

1）渡辺慶一，酵素抗体法 〜理論・手技解説とその応用〜，学際企画株式会社(1981)
2）甲野礼作・石田名香雄・沼崎義夫(編)，臨床ウイルス学 手技編，講談社(1978)
3）井関祥子・太田正人(編)，実験医学別冊 バイオ実験で失敗しない！免疫染色・イメージングのコツ，羊土社(2007)
4）高田邦明・斎籐尚亮・川上速人，実験医学別冊 染色・バイオイメージング実験ハンドブック，羊土社(2006)

第24章　補体結合反応

1）国立予防衛生研究所学友会(編)，ウイルス実験学総論 改訂二版，pp226-252，丸善株式会社(1973)
2）医科学研究所学友会(編)，細菌学実習提要 改訂5版，pp259-279，丸善株式会社(1976)
3）国立予防衛生研究所学友会(編)，ウイルス実験学各論 改訂二版，pp203-206，丸善株式会社(1982)

第25章　サイトカイン

1）東京大学医科学研究所学友会(編)，微生物学実習提要 第2版，丸善株式会社(2002)
2）中内啓光(編)，免疫学的プロトコール，羊土社(2004)

第26章　リンパ球の幼若化反応

1）Mosmann, T. et al.（1983）J. Immunol. Methods 65, 55-63.
2）Tada, H. et al.（1986）J. Immunol. Methods 93, 157-165.
3）Denizot, F. & Lang, R.（1986）J. Immunol. Methods 89, 271-277.
4）Gerlier, D. & Thomasset, N.（1986）J. Immunol. Methods 94, 57-63.
5）Hansen, M. B., Nielsen, S. E. & Berg, K.（1989）J. Immunol. Methods 119, 203-210.
6）Vistica, D. T. et al.（1991）Cancer Res. 51, 2515-2520.
7）Maehara, Y. et al.（1986）Eur. J. Cancer Clin. Oncol. 23, 273-276.

索　引

日本語索引

【 あ〜お 】

- アガロースゲル電気泳動 … 96
- アスコリー沈降管 … 113
- アネロパック法 … 78
- イーグルMEM培地 … 119
- 位相差顕微鏡 … 145
- イヌジステンパーウイルス … 156
- 犬ブルセラ病 … 112
- インドール試験 … 71
- インフルエンザウイルス … 165
- 液体培地希釈法 … 39, 50
- エチジウムブロマイド … 99
- オーエスキー病ウイルス … 126, 144
- オートクレーブ … 24
- オキサノグラフ法 … 88
- オキシダーゼ試験 … 70
- オクタロニー法 … 113
- オプトヒン・バシトラシン感受性試験 … 68

【 か〜こ 】

- 火炎滅菌 … 23
- ガスパック法 … 78
- ガス滅菌 … 23
- 画線塗抹 … 31
- 芽胞染色 … 60
- 乾熱滅菌 … 25
- ギムザ液 … 155
- 凝集反応 … 110
- クックトミート培地 … 79
- グラム染色 … 57
- クリスタルバイオレット染色 … 58
- 蛍光抗体法 … 170
- 鶏胚線維芽細胞 … 118
- 血液寒天培地 … 28
- 血清希釈法 … 159
- 高圧蒸気滅菌 … 24
- 抗酸菌染色 … 61
- 混釈法 … 39
- コンラージ棒 … 37, 47

【 さ〜そ 】

- 最確数法 … 40, 52
- 細胞変性効果 … 140
- サブロー・ブドウ糖寒天(SDA)培地 … 87
- 酸化還元電位 … 75
- 集落形成単位 … 38
- 消毒 … 23
- 漿尿膜接種法 … 137
- スチールウール(ガス置換)法 … 76
- 生菌数測定 … 37
- 石炭酸フクシン液 … 61
- 赤血球吸着反応 … 151
- 赤血球凝集抑制(HI)反応 … 164
- 赤血球凝集(HA)反応 … 164
- 全菌数測定法 … 54
- 増殖曲線 … 39
- ソルビトール・マッコンキー培地 … 35
- ソルビトール発酵性 … 35

【 た〜と 】

- 大腸菌群 … 33
- ダルハム管 … 40
- チオグリコレート培地 … 75
- チャンバースライドグラス … 172
- 中和試験 … 158
- 沈降反応 … 113
- ディスク拡散法 … 91
- 透過型蛍光顕微鏡 … 171
- 倒立顕微鏡 … 145
- トランスイルミネーター … 99
- トリパンブルー … 199
- トリパンブルー染色 … 123
- トリプシン液 … 119
- トリプトース・フォスフェイト・ブロス … 119

【 な〜の 】

- ニューカッスル病ウイルス … 165
- 乳糖分解菌 … 33
- ニュートラルレッド … 33
- 尿膜腔内接種法 … 135
- 鶏アデノウイルス … 142
- 猫カリシウイルス … 140
- ネコパルボウイルス … 156
- ネコヘルペスウイルス … 156

【 は～ほ 】

- ハート・インフュージョン寒天培地 …… 64
- バイオセーフティ …… 16
- パイフェル液染色 …… 59
- 発育鶏卵 …… 119
- 発芽管試験 …… 87
- 白金耳 …… 19
- 白金線 …… 20
- ヒアルロニダーゼ …… 67
- 皮膚糸状菌 …… 81
- プレートリーダー …… 181
- ファージ液 …… 107
- ファージ型別 …… 106
- フォーカス形成 …… 150
- フォルマザン …… 200
- 普通ブイヨン …… 107
- 物理的滅菌 …… 23
- プラック形成法 …… 148
- ブルセラ・メリテンシス …… 184
- フローサイトメトリー …… 202
- 平板塗抹法 …… 39, 47
- 偏性嫌気性菌 …… 75
- ポック形成 …… 152
- 補体結合反応 …… 183
- 補体単位 …… 185
- ポテトデキストロース寒天（PDA）培地 …… 82

【 ま～も 】

- マイトジェン …… 196
- マクファーランド比濁法 …… 54
- マッコンキー寒天培地 …… 33
- 無菌操作 …… 17
- メイグリュンワルド染色液 …… 155
- 滅菌 …… 23
- メンブレン・フィルター法 …… 48

【 や～よ 】

- 薬剤耐性プラスミド …… 102
- 融合集落 …… 38
- 油浸レンズ …… 62
- 輸送用培地 …… 38
- 溶血性試験 …… 32
- 溶血素 …… 183
- 溶血素単位 …… 184

【 ら～ろ 】

- 落射型蛍光顕微鏡 …… 171
- 卵黄嚢内接種法 …… 138
- リンパ球幼若化能試験 …… 199
- レイトン管 …… 154, 172
- ろ過滅菌（除菌） …… 26

外国語索引
【 A～Z 】

- BGLB培地 …… 40
- CAMP test …… 68
- CAMP試験 …… 31
- CFU …… 38
- Con A …… 196
- CPE …… 140
- CRFK細胞 …… 141
- CTLL 2 細胞 …… 188
- DHL寒天培地 …… 103
- Eagle's MEM …… 127
- ELISA法 …… 176
- FACS …… 207
- Ficoll-Conray液 …… 197
- Kirby-Bauer法 …… 91
- L929細胞 …… 188
- Lancefieldの血清群別 …… 68
- m. o. i. …… 159
- MacConkey寒天培地 …… 70
- McFarland 濁度標準液 …… 90
- MH60細胞 …… 188
- MPN表 …… 40
- MTT試薬 …… 197
- Mueller-Hinton培地 …… 90
- OF試験 …… 71
- PHA …… 196
- PWM …… 196
- PYG培地 …… 79
- Reed and Muenchの方法 …… 147
- RPMI 1640 …… 197
- SIM培地 …… 71
- SI値 …… 197
- SK-L細胞 …… 126
- $TCID_{50}/mL$ …… 146
- TNF …… 188
- Vero細胞 …… 144
- VP test …… 72
- Ziehl-Neelsen法 …… 56

■監修者プロフィール

原澤 亮（はらざわ　りょう）

岩手大学動物医科学系・農学部獣医微生物学教室　教授。1973年麻布獣医科大学卒業，1978年東京大学大学院博士課程修了，理化学研究所研究員，米国国立衛生研究所(NIH)研究員，宮崎大学助教授，米国アラバマ大学招聘研究員，東京大学助教授を経て2004年から現職。1990年日本獣医学会賞受賞，2003年日本マイコプラズマ学会北本賞受賞。国際マイコプラズマ学会評議員，日本マイコプラズマ学会理事，国際微生物分類命名委員会委員などを併任。岩手大学室内楽倶楽部（ヴィオラ，ヴァイオリン）主宰。将棋六段。
主な著書：『家畜微生物学三訂版』（分担執筆，1987年，朝倉書店），『最新家畜微生物学』（共編著，1998年，朝倉書店），『動物微生物学』（共編著，2008年，朝倉書店）。

本多 英一（ほんだ　えいいち）

東京農工大学農学部獣医学科獣医微生物学教室　教授。1970年東京農工大学卒業，1975年北海道大学大学院獣医学研究科博士課程修了，1976年北海道大学獣医学部助手，1980年東京農工大学助教授，1995年11月東京農工大学農学部教授，現在に至る。農水省獣医事審議会会長，薬事・食品衛生審議会薬事分科会動物用医薬品部会動物用生物学製剤調査会員，および動物用医薬品再評価調査会員などを併任。
主な著書：『新獣医学辞典』（分担執筆，2008年，チクサン出版社），『動物の感染症』（共著，2006年，近代出版），『動物微生物学』（共著，2008年，朝倉書店），『イヌ・ネコ家庭動物の医学大百科』（分担執筆，2006年，ピエ・ブックス）など。

獣医微生物学実験マニュアル

2009年9月20日　第1刷発行
2017年2月20日　第3刷発行Ⓒ

監修者	原澤 亮，本多英一
発行者	森田 猛
発　行	チクサン出版社
発　売	株式会社 緑書房 〒103-0004 東京都中央区東日本橋2丁目8番3号 TEL 03-6833-0560 http://www.pet-honpo.com
デザイン	有限会社 オカムラ，株式会社 メルシング
印　刷	三美印刷株式会社

ISBN978-4-88500-664-7　Printed in Japan
落丁，乱丁本は弊社送料負担にてお取り替えいたします。

本書の複写にかかる複製，上映，譲渡，公衆送信（送信可能化を含む）の各権利は株式会社緑書房が管理の委託を受けています。

JCOPY〈(一社)出版者著作権管理機構 委託出版物〉
本書を無断で複写複製（電子化を含む）することは，著作権法上での例外を除き，禁じられています。本書を複写される場合は，そのつど事前に，(一社)出版社著作権管理機構（電話03-3513-6969，FAX03-3513-6979，e-mail：info@jcopy.or.jp）の許諾を得てください。
また本書を代行業者等の第三者に依頼してスキャンやデジタル化することは，たとえ個人や家庭内の利用であっても一切認められておりません。